同济大学本科生教材出版资助基金项目

高等学校教材

简明
电化学

Concise Electrochemistry

郑俊生 编著

化学工业出版社

·北京·

内容简介

《简明电化学》主要介绍基本电化学知识与常用化学电源技术，包括电化学热力学、电化学动力学和电化学技术应用等内容。电化学知识与原理部分主要阐述基本的电化学原理知识与理论，包括电极/电解液界面结构与性质、电极电位与电极可逆性、电化学体系、传质过程及其对电化学反应规律的影响，以及电子转移步骤对电化学反应过程的影响等；电化学技术应用主要包括目前最常用也是最重要的电源技术，包括化学电源技术基本概念、锂离子电池、超级电容器与燃料电池等。

本书可作为高等院校非电化学专业，如车辆工程、机械工程、动力机械及工程、储能与新能源技术等专业的电化学教材，也可以作为从事新能源技术、车用新能源技术与新能源汽车、化学电源技术等相关工作的科学技术人员的参考书。

图书在版编目（CIP）数据

简明电化学/郑俊生编著.—北京：化学工业出版社，2022.1

ISBN 978-7-122-40196-0

Ⅰ.①简… Ⅱ.①郑… Ⅲ.①电化学-高等学校-教材 Ⅳ.①O646

中国版本图书馆 CIP 数据核字（2021）第 219596 号

责任编辑：成荣霞　　　　文字编辑：毕梅芳　师明远
责任校对：王　静　　　　装帧设计：王晓宇

出版发行：化学工业出版社（北京市东城区青年湖南街 13 号　邮政编码 100011）
印　　装：天津盛通数码科技有限公司
710mm×1000mm　1/16　印张 12¾　字数 228 千字
2022 年 6 月北京第 1 版第 1 次印刷

购书咨询：010-64518888　　　　售后服务：010-64518899
网　　址：http://www.cip.com.cn
凡购买本书，如有缺损质量问题，本社销售中心负责调换。

定　　价：49.80 元

序

随着工业与信息业的不断发展，以及人们对全球变暖、环境污染、石油枯竭和能源独立等问题的担忧，由电化学技术带来的清洁能源在许多重要的技术应用中已经发挥了至关重要的作用。例如，储能器件不仅在移动设备和车辆能量存储方面很重要，而且在可再生能源转换方面实现削峰填谷也很重要。储能技术已经成为各国争相竞争的技术热点。

我与郑俊生博士相识已有十余年。我们在同济大学和美国佛罗里达州立大学多次合作，并且在超级电容器、锂离子电池、锂-硫电池和燃料电池等方面共同发表了不少合作成果。尤其是在燃料电池领域，郑俊生博士有着扎实的理论和丰富的实践经验，我从中受益匪浅。这次，我又十分荣幸能成为郑俊生博士撰写的《简明电化学》一书最早的读者之一。此书是郑俊生博士在电化学领域近 20 年教学和科研的经验总结，他巧妙地将电化学的基本理论与各种储能技术以及一些最新技术动向结合在一起，使全书不仅有较强的可读性，而且具有一定的前瞻性。

电化学是一门发展迅速的学科，尤其是在学科的应用方面。这本书不仅较完整地阐述了电化学基本知识和理论，而且较详细地介绍了电化学的应用技术。这既是一本适合电化学初学者的优秀教科书，也可以作为电化学科研人员阅读的有益参考书。

郑剑平

2021 年 4 月

前言

Preface

电化学的发展从亚历山德罗·伏特（Count Alessandro Giuseppe Antonio Anastasio Volta）发明第一个化学电池开始，已经经过了两个多世纪。现在电化学已经成为国民经济与工业中不可缺少的一部分，在不同领域都发挥着重要作用。人们日常生活中有许多应用都与电化学技术密切相关：手机、手提电脑、无线耳机等移动电子设备均由电化学电池提供能量；日常使用的非贵金属首饰、五金用品等大部分金属部件都需要通过电镀来实现可靠耐用；天然气管道、运输货物的轮船通常都依据电化学的原理进行防腐。除此以外，电化学技术还在汽车工业、医疗检测与分析、生物医药、环境工程、化学品的制备与生产等领域得到了广泛应用。

近年来，出于调整能源结构以及控制大气污染等战略的考虑，国家大力支持新能源汽车、电化学能量储存与转化等行业的发展，电化学科学和技术得到了快速发展。目前，新能源汽车的产量已经超过传统汽车年产量的6%，并持续快速增长；电化学储能产业规模一直在快速增长，截至2018年底，电化学储能的累计装机规模位列储能总体装机容量的第二位。

在这种背景下，很多高校在车辆工程、机械工程、动力机械及工程、储能与新能源技术等专业下增设新能源技术、新能源汽车技术、燃料电池技术等专业方向。电化学和电化学能源转换技术是这些专业方向的学科基础。目前，上述专业学生主要在机械、能源、车辆工程等学院进行培养，学生一般没有系统学习过化学知识。同时，这些专业安排电化学知识学习的目的主要是了解电化学知识在本专业领域的应用，与化学、化工和材料等专业对电化学知识的要求不同。

2012年，同济大学汽车学院设置了车用新能源技术专业方向，在车辆工程专业背景下，对学生进行车用新能源技术及相关知识的讲授，以促进汽车行业的“新四化”进程。在车辆工程专业的学生中系统开展“电化学原理与测量技术”课程，针对车辆工程背景的学生开展电化学知识的讲授，积累了较为丰富的教学经验。然而，在此过程中也遇到了一些困难，首先就是很难找到契合这种新情况的教材。鉴于此，结合多年的教学实践，笔者编写了这本《简明电化学》。

本书面向车辆工程、机械工程、动力机械及工程、储能与新能源技术等非化学、材料类专业的学生，致力于满足车用新能源技术、储能科学与技术以及电源技术、新能源汽车动力系统等学科的要求，以便开展课程教育。主要内容包括电化学热力学、电化学动力学、电化学技术应用等。

电化学是一门极为深奥的科学，具有较为完善的学科体系，相关知识对于没有系统地学习化学的学生理解较为困难。为了解决这个问题，本书结合车辆工程、机械工程的学科背景，引入电化学的概念和内容，并经过系统地梳理整合，旨在打造最为简洁明了的电化学教程。针对非化学、材料类专业学生的化学基础，尤其是物理化学基础相对薄弱的现实，本书在保持电化学学科体系完整性的前提下，尽量地简化，减少公式推导、浅显易懂、简明扼要。

本书重点介绍电化学的基本原理，尤其是基本概念、基本规律和基本理论，包括电极/电解液界面结构与性质、电极电位与电极可逆性、电化学体系、传质过程及其对电化学反应规律的影响，以及电子转移步骤对电化学反应过程的影响等。重点突出学以致用的特点，对目前主要的化学电源技术，包括锂离子电池、超级电容器和燃料电池均进行了分析与讨论。本书适合于车辆工程、机械工程、动力机械及工程、储能与新能源技术等专业的学生使用。同时，也能为新能源相关专业的后续课程，如“车用电源技术”“新能源汽车动力系统”等，打下基础和提供必要的知识储备。

由于时间仓促，水平有限，书中难免存在疏漏或不妥之处，敬请广大读者批评指正。

编著者

2021 年 4 月

目录
Contents

第1章 绪论

化学是研究物质的组成、结构、变化与性质，以及不同物质间相互作用关系的一门科学。化学研究的对象涉及物质之间的相互关系，或物质和能量之间的关联。传统的化学常常都是关于两种物质接触、变化，或者是一种物质变成另一种物质的过程。

作为化学的重要分支，电化学主要研究电子导体（如金属或半导体）及离子导体（如电解质溶液）界面上所发生的电荷分布及电子转移过程，也是研究“化学能”和“电能”之间内在联系、相互转化及相关规律的学科。

1.1 电化学的发展

人类对化学最早的认识可以追溯到对火的认识。对原始人来说，火非常神奇，它可以使物质发生改变，让食物变得更加可口。对火的认识，也被认为是人类文明的开始。

说到化学的发展，炼金术和炼丹术不得不提。当人类发现了黄金这种贵金属之后，很多人开始研究怎样把其它物质变成黄金。公元前 300 年至公元 1500 年，炼金术士们广泛研究如何将便宜的金属，如铁、铜等转化成黄金，因此积累了有关金属提取和处理的技术。在东方，术士们更加关注如何制造“长生不老”的药物，即炼丹术。现在看来，炼金术和炼丹术当然荒谬，但也不可否认它们在很大程度上促进了化学的发展。

早期的化学作为独立的科学体系大约在 18 世纪出现。1773 年，法国化学家拉瓦锡（Lavoisier）提出了质量守恒定律。1869 年，俄国科学家门捷列夫（Менделеéев）总结出了元素周期表，奠定了化学作为独立科学的基础。

现代化学的发展始于20世纪初蓬勃发展的量子力学。量子力学的发展引起了物理学革命，也为现代化学的发展提供了支撑。莱纳斯·卡尔·鲍林（Linus Carl Pauling）引入量子力学解释化学键的本质，极大地促进了化学发展。之后，随着质子、中子和电子的发现，人类可以真正从原子尺度来理解化学反应。同时，随着量子力学和电子学的发展，人类开发了许多新型仪器来探索和分析化合物的结构和成分，如原子和分子光谱仪、X射线、核磁共振和质谱仪等。

目前，化学已成为引导未来产业的最尖端科学，是信息技术、纳米技术、生物技术、环境技术和航空技术等的基础科学，也是现代化工业的重要学科。

电化学的发展和其它学科有些差异。大多数学科的发展是在理论的推动下进行的，而纵观电化学学科的建立和发展历史，可以发现，它是在技术进步的基础上通过总结形成理论的一门学科，与生产实践和实验技术（研究方法、科学仪器与装备等）进步的关系更加密切。

16世纪50年代，英国科学家威廉·吉尔伯特（William Gilbert）进行了磁学与电学研究。在此基础上，1663年，德国物理学家奥托·冯·格里克（Otto von Guericke）发明了第一台静电起电机（图1-1）。这台由球形玻璃罩中的巨大硫黄球和用来转动硫黄球的曲轴组成的机器，可以通过摩擦产生静电，并用作电学实验的电源，为电化学的发展提供了最初的工具。

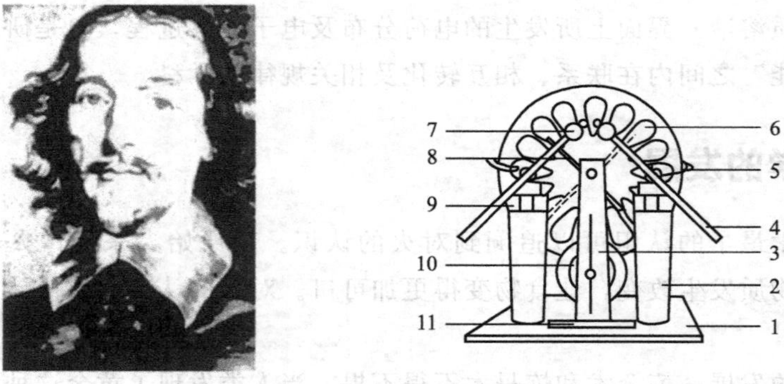

图1-1　奥托·冯·格里克（a）和他发明的静电起电机（b）

1—底座；2—莱顿瓶；3—支架；4—放电叉；5—悬空电刷；6—铝箔片；7—放电小球；8—固定电刷；9—莱顿瓶盖；10—驱动轮；11—连接片

18世纪中叶，法国物理学家夏尔·杜菲开展了静电研究，他发现并命名了“玻璃电”和“松香电”两种不同的静电。1791年，伽伐尼（Galvani）在进行青蛙生理功能的研究时，偶然构成了电化学回路。人们从这个实验现象第一次深刻地认识到生物学和电化学的联系。

1799年，意大利物理学家亚历山德罗·伏特发明了第一个化学电源（图1-2）。

伏特把银片和锌片相间地叠放，在它们中间放一块用盐水浸湿的麻布片。只要将两条金属线分别与顶面上的锌片和底面上的银片焊接，就可以持续对外供应电能。这就是赫赫有名的伏打电堆。至此，人类第一次获得了可提供持续电流的电源。

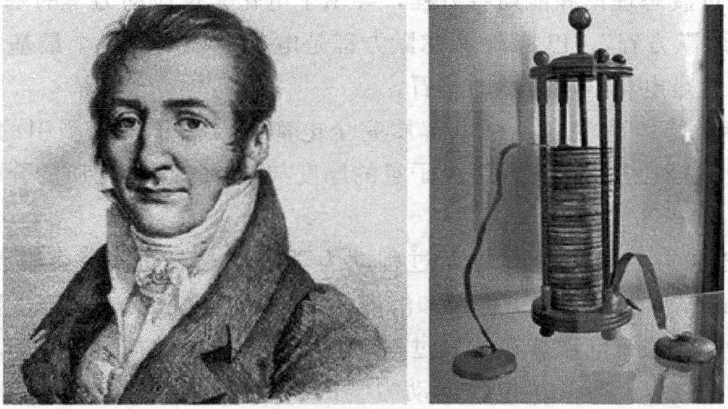

(a) (b)

图 1-2 伏特（a）和他发明的伏打电堆（b）

1800 年，英国化学家安东尼·卡莱尔（Anthony Carlisle）和威廉·尼科尔森（William Nicholson）在用伏打电堆电解水时，发现两个电极上均有气体析出。这是电解水的第一次尝试，成功地将水分解为氢气和氧气。

1807 年，戴维（Humphry Davy）用电解熔融氢氧化钾和氢氧化钠的方法成功得到金属钾和金属钠。这使得利用电化学法得到活泼金属单质成为可能，电化学在生活中的作用越来越大。当然，该阶段电化学刚刚起步，科学家主要关注电化学现象，而对电化学机理并没有深入理解。

1834 年，法拉第（Michael Faraday）在总结前人实验现象的基础上，提出了著名的法拉第电解定律，使电化学理论获得了重要发展。这是电化学最基本的定律，基于法拉第电解定律，科学家可以定量地研究电化学现象。

1839 年，格罗夫（William Robert Grove）提出了燃料电池的原理，之后由英国的培根在 20 世纪 30 年代实现了燃料电池的应用。

1880 年，亥姆霍兹（Helmholtz）发现两个不同物体接触会因电荷分离而在两相间产生电势的现象，由此提出双电层概念。1887 年，瑞典物理学家阿伦尼乌斯（Svante August Arrhenius）提出电解质溶液的电离学说。

1889 年，能斯特（Nernst）提出用以定量描述电极电位关系的能斯特方程。能斯特方程可用于计算电极相对于标准电势的平衡电位。这一方程把化学能和原电池电极电位联系起来，成为化学电源技术的基础，也有力推动了电化学的发展。

1905年塔菲尔（Tafel）在总结前人实验的基础上，提出了塔菲尔公式。塔菲尔公式第一次对电化学过程进行了定量描述，为电化学动力学奠定了基础。在塔菲尔提出公式的20多年后，巴特勒（Butler）和福尔默（Volmer）应用化学动力学中的过渡态理论和能斯特方程，导出了电化学反应动力学的基本方程——“巴特勒-福尔默方程”。巴特勒-福尔默方程是电化学领域的一个最基本的动力学关系，被认为是电化学动力学的基石。

1923年，德拜-休克尔从强电解质完全电离以及离子互相吸引的观点出发，提出了离子氛的概念，并解释了离子氛的厚度与溶液浓度、介质的介电常数等的关系。

20世纪40年代，电化学界面过程动力学有了长足进步。苏联的弗鲁姆金（A. N. Frumkin）学派抓住了电极和溶液的净化对电化学反应动力学数据重现性有重要影响这一关键问题，在析氢过程动力学和双电层结构研究方面取得了重要进展，从实验技术上打开了电化学动力学的新局面。1949年，在英国召开的法拉第学会年会开创了电化学动力学研究的新天地。

进入20世纪50年代，Bockris、Parsons和Conway也在电化学领域做出了奠基性的工作。之后，Grahame用滴汞电极系统地研究了两类导体界面，形成了以电化学反应速率及其影响因素为主要研究对象的电化学动力学——现代电化学的主体。

1962年，苏联化学家弗鲁姆金教授出版了其电化学研究成果的著作《电极过程动力学》，系统地阐述了电化学动力学的基本理论。

1970年以后，随着固体力学、量子力学等学科研究的深入，以及非稳态传质过程动力学、表面转化步骤及复杂电化学动力学理论方面和界面交流阻抗法、暂态测试方法、线性电位扫描法、旋转圆盘电极等电化学实验技术的发展，电化学学科的研究发展到从分子、原子水平来阐明电化学界面结构、界面动力学的新阶段，且渗透到其它学科，形成了众多的电化学交叉学科，如能源电化学、光谱电化学、有机电化学合成与工程、半导体光电化学、生物电化学等，其应用也和日常生活越来越紧密，电化学也进入了新的发展阶段。

1.2 电化学基本概念

1.2.1 电化学热力学与电化学动力学

化学热力学是物理化学和热力学的一个交叉学科。它主要研究物理和化学变化中所伴随着的能量变化，并对化学反应的方向和进行的程度作出准确的判断。

电化学热力学是电化学和化学热力学相互联系的桥梁，主要研究平衡电位下，也就是电流为零的情况下的电化学状态，并对电化学反应的方向和进行的程度作出准确的判断，主要用能斯特方程描述。

化学动力学也称反应动力学、化学反应动力学，是物理化学的一个重要分支，研究化学反应的反应速率及反应机理。化学动力学往往是化工生产过程中的决定性因素。

电化学动力学主要研究在过电位下，也就是当电极的电流不是零时，电极电位偏离平衡电极电位的情况，并研究过电位与电流密度的关系。

1.2.2 电子导体与离子导体

导体是指电阻率很小且易于传导电流的物质。导体中存在大量可自由移动的带电粒子。在外电场作用下，带电粒子做定向运动，形成电流。导体主要可以分为两类：

① 电子导体。主要指金属以及石墨等固体导电材料。这类导体主要由自由电子做定向移动而导电，在导电过程中导体本身不发生变化，导电总量全部由电子提供。随着温度升高，导体电阻也会升高。

② 离子导体。一般指电解质溶液与熔融电解质等。这类导体主要由正、负离子做反向移动而导电。导电总量由正、负离子共同提供。与电子导体不同，这类导体随着温度升高，电阻下降。

1.2.3 正极与负极、阴极与阳极

正极与负极、阴极与阳极是电化学的基本概念。通常把电势高的电极称为正极，而把电势低的电极称为负极，电流从正极流向负极，电子从负极流向正极。

阴极、阳极由电极上发生的反应来定义。通常把发生还原反应的电极称为阴极，发生氧化反应的电极称为阳极。

1.2.4 法拉第定律

法拉第定律描述了电极上通过的电量与电化学反应物质量/物质的量之间的关系，又称为法拉第电解定律。它是电化学发展过程中的一个里程碑。

法拉第定律包含两部分。法拉第第一定律指出，电极界面上发生化学变化物质的质量与通入的电量成正比。法拉第第二定律指出，通电于若干个串联的电解池线路中，当所取的基本粒子的荷电数相同时，在各个电极上发生反应的物质的

量相同，析出物质的质量与其摩尔质量成正比。

法拉第定律的方程式可以表示如下：

$$M^{z+}+ze^- \longrightarrow M$$

$$A^{z-}-ze^- \longrightarrow A$$

如得失的电子数为 z，通入的电量为 Q，则反应的物质的量 n 为：

$$n=\frac{Q}{zF} \tag{1.1}$$

电极上发生反应的物质的质量 m 可以表示为：

$$m=nM=\frac{Q}{zF}M \tag{1.2}$$

式中，z 为转移电荷数；F 为法拉第常数；M 为摩尔质量。

法拉第定律是电化学最早的基本定律之一，它揭示了通入的电量与析出物质的量（质量）之间的定量关系。该定律在任何温度、任何压力下均适用，具有广泛性。

通常把 1mol 元电荷❶所具有的电量称为法拉第常数（F）。元电荷的电量 $e_0=1.6021892\times10^{-19}$C，阿伏伽德罗常数 $L=6.02214\times10^{23}\,\mathrm{mol^{-1}}$，这样就可以计算出法拉第常数。具体如下：

$$\begin{aligned}F&=Le_0\\&=6.022\times10^{23}\,\mathrm{mol^{-1}}\times1.6022\times10^{-19}\,\mathrm{C}\\&=96484\mathrm{C\cdot mol^{-1}}\approx96500\mathrm{C\cdot mol^{-1}}\end{aligned} \tag{1.3}$$

法拉第常数的单位是 $\mathrm{C\cdot mol^{-1}}$，代表每摩尔电子所携带的电量，是最重要的物理常数之一。

1.2.5 原电池

原电池是重要的电化学体系，是通过氧化还原反应产生电流的装置，也可以说是把化学能转变成电能的装置。原电池放电时，负极发生氧化反应，正极发生还原反应。图 1-3 是铅酸电池放电过程示意图，这是一个典型的原电池。其正极主要成分是二氧化铅，负极主要成分是铅，电解液是硫酸溶液，两极用导线相连组成原电池。平时使用的干电池、锂离子电池等，都是根据原电池原理制成的。在原电池中，阳极是负极，阴极是正极。

---

❶ 元电荷 e_0，又称基本电量。由实验测定的自然界存在的最小电量，电量 $e_0=1.6021892\times10^{-19}$C，是基本物理常数之一。

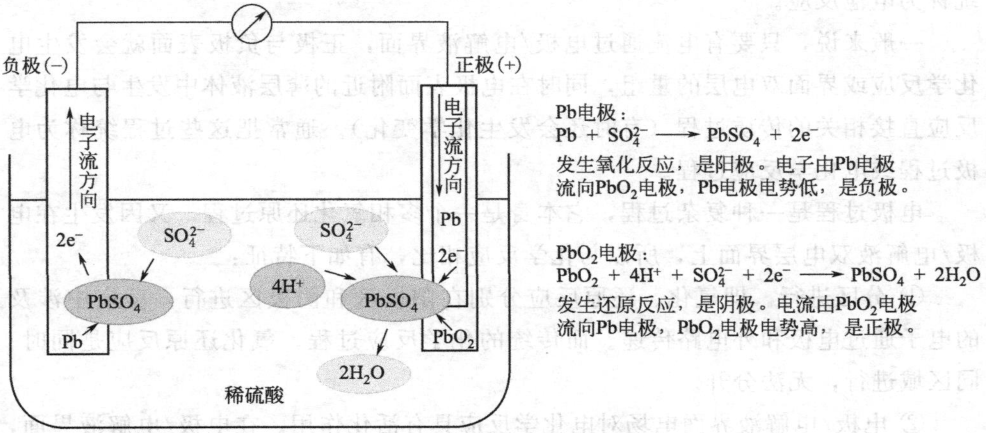

图 1-3　铅酸电池放电过程示意图

1.2.6　电解池

电解池可以认为是原电池的逆过程，是将电能转化为化学能的装置，主要应用于工业生产制备纯度高的活泼金属、电镀以及电解合成各种化工产品等。图 1-4 是与图 1-3 对应的铅酸电池的充电过程，是一个典型电解池反应的示意图。在电解池中，阴极是负极，阳极是正极。

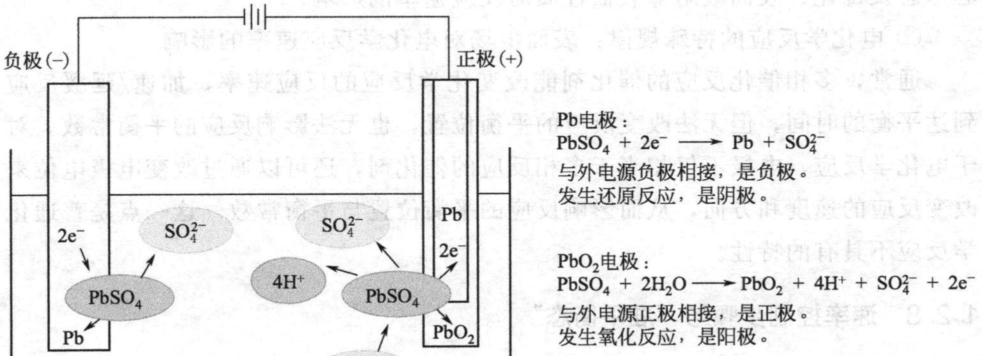

图 1-4　典型的电解池示意图

1.2.7　电池反应和电极过程

如前所述，电解池将外部电源供给的电能转化为化学能，原电池通过电池反应将化学能转化为电能。不论是电解池还是原电池中的电化学反应，在电化学中统称为电池反应。

一般来说，只要有电流通过电极/电解液界面，正极与负极表面就会发生电化学反应或界面双电层的重组，同时在电极表面附近的薄层液体中发生与电化学反应直接相关的传质过程（有时还会发生化学变化）。通常把这些过程统称为电极过程或电化学反应过程。

电极过程是一种复杂过程，它本身是一个多相氧化还原过程，又因发生在电极/电解液双电层界面上，所以与化学反应相比，有如下特征：

① 分区进行。即氧化、还原反应分别在阳极区和阴极区进行，反应中涉及的电子通过电极和外电路传递。而传统的化学反应过程，氧化还原反应是同时、同区域进行，无法分开。

② 电极/电解液界面电场对电化学反应具有活化作用。在电极/电解液界面，通过改变电极电位改变界面电场的强度和方向，有可能实现在一定范围内随意地控制反应表面的“催化活性”与反应条件，并在相应范围内连续改变电化学反应的活化能和反应速率。

所以，电化学反应过程是一种很特殊的异相催化反应，这是电化学反应的一个重要优势——连续调节电极电位从而影响电化学反应过程。

因此，影响电化学反应的基本动力学规律可以分为两大类：

① 影响多相催化反应的一般规律：如电极元素组成、真实表面积、活化中心形态及毒化、表面吸附等表面性质对反应速率的影响。

② 电化学反应的特殊规律：表面电场对电化学反应速率的影响。

通常，多相催化反应的催化剂能改变化学反应的反应速率，加速/延缓反应到达平衡的时间，但无法改变反应的平衡位置，也无法影响反应的平衡常数。对于电化学反应，电极不仅相当于多相反应的催化剂，还可以通过改变电极电位来改变反应的速度和方向，从而影响反应的平衡位置与平衡常数。这一点是普通化学反应不具有的特性。

1.2.8 速率控制步骤与“准平衡态”

电化学反应过程主要由电极/电解液界面上的阴极过程、阳极过程以及液相中的传质过程组成。就稳态进行的电化学反应过程而言，上述三个过程一般串联进行。同时，在反应过程中，还会涉及反应物与产物的吸附及脱附等过程。如果反应过程较为复杂，还可能存在前置和后置的化学反应，如图 1-5 所示。

当化学反应过程达到稳态时，这些串联过程组成的连续反应的各步骤均以相同的净速率进行。就各分步骤来说，因每一步骤的反应活化能不同，反应速

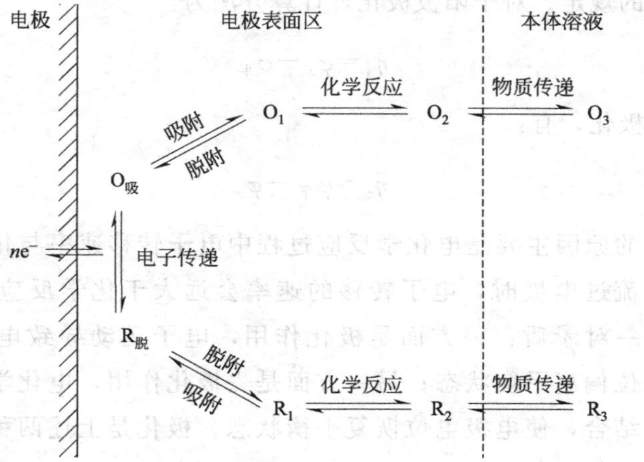

图 1-5　电化学反应过程的基本历程

率常数必然不相等。而对于由若干个分步骤串联组成的电化学反应过程来说，不管这些步骤是反应过程还是扩散过程，整个反应过程的速度必受“最慢步骤”控制，也就是受活化能最大的步骤控制，所表现的动力学特征也是“最慢步骤”的动力学特征。因此，连续反应中的“最慢步骤”又称为“速率控制步骤”。

同时，在这种情况下，非速率控制步骤的平衡态几乎未破坏，这种状态称为“准平衡态”。准平衡态下的过程可用热力学方法而无需用动力学方法处理，可使问题得到简化。

研究电化学反应过程的重要目的之一在于找到整个反应过程的速度控制步骤，并通过速度控制步骤的调控来影响整个反应过程的速率。

1.2.9　电极的极化

在热力学平衡状态的电化学反应过程中，当正、负方向的反应速率相等，净反应速率等于零时，电化学反应的平衡电极电位可由能斯特公式计算（第 3 章）。当有外电流通过时，净反应速率不等于零，原有的热力学平衡受到破坏，致使电极电位偏离平衡电位。这种现象被称为电极的“极化”。

极化是指有电流通过时电极电位偏离平衡电位的现象。某一电流密度下的电极电位与其平衡电极电位的差值，称为电极的超电势或者过电位：

$$\eta = \left| \varphi - \varphi_{平} \right| \tag{1.4}$$

阴极上有电流通过时，电极电位负移，称为阴极极化，反之称为阳极极化。实际过程中，为了保证超电势总具有正值，习惯上对阳极超电势和阴极超电势的计算采用不同的规定。对于阳极极化，计算方法为：

$$\eta_a = \varphi_a - \varphi_{平} \tag{1.5}$$

对于阴极极化，有：

$$\eta_c = \varphi_{平} - \varphi_c \tag{1.6}$$

极化产生的原因主要是电化学反应过程中电子转移速率与化学反应速率的不一致。电流流过电极时，电子转移的速率会远大于化学反应速率，即 $v_e \gg v_r$。这就产生一对矛盾：一方面是极化作用，电子运动导致电极表面电荷积累，使电极电位偏离平衡状态；另一方面是去极化作用，电化学反应与电子运动传递的电荷结合，使电极电位恢复平衡状态。极化是上述两种作用联合作用的结果。

在电化学反应过程中，通常不同的条件下有不同的控制步骤。一般将液相传质导致的极化现象，称作“浓差极化”（详见第 5 章），而把电化学反应迟缓所引起的极化现象，称为“电化学极化”（详见第 6 章）。“极化”产生的原因、“极化”程度和影响“极化”的因素是电化学研究极为核心的问题。

1.3 电化学的主要应用领域

电化学应用领域不仅包含电能和化学能之间的相互转换过程，也包含其它由于电极/电解液相界面带电而引发的各种物理化学过程，如电化学反应工艺、电化学反应工程及生物电化学等，如图 1-6 所示。

1.3.1 电化学能量转化与储存

常用的电化学能量转化装置可分为一次电池、二次电池和燃料电池三类。一次电池的电化学反应为不可逆反应，无法充电。依据电解液的不同，一次电池又分为干电池和湿电池。干电池得名于其中的电解质为不能流动的糊状物，常见的干电池包括酸碱锌-锰干电池与锌-空气电池等。图 1-7 为常用的 5 号碱性干电池的剖面图。电解质为液态电解液的原电池又被称为湿电池。常见的湿电池有锂-空气电池和韦斯顿标准电池等。

二次电池又称为蓄电池。在这种电池中，电极可以可逆地进行氧化还原反应，且充/放电过程互为逆反应，因此蓄电池能够重复充/放电，可循环使用。目前常用的蓄电池有铅酸电池、镉镍电池、镍氢电池、导电聚合物电池、锂离子电池等。图 1-8(a) 为铅酸电池的结构示意图。在放电反应中，Pb 和 PbO_2 分别发

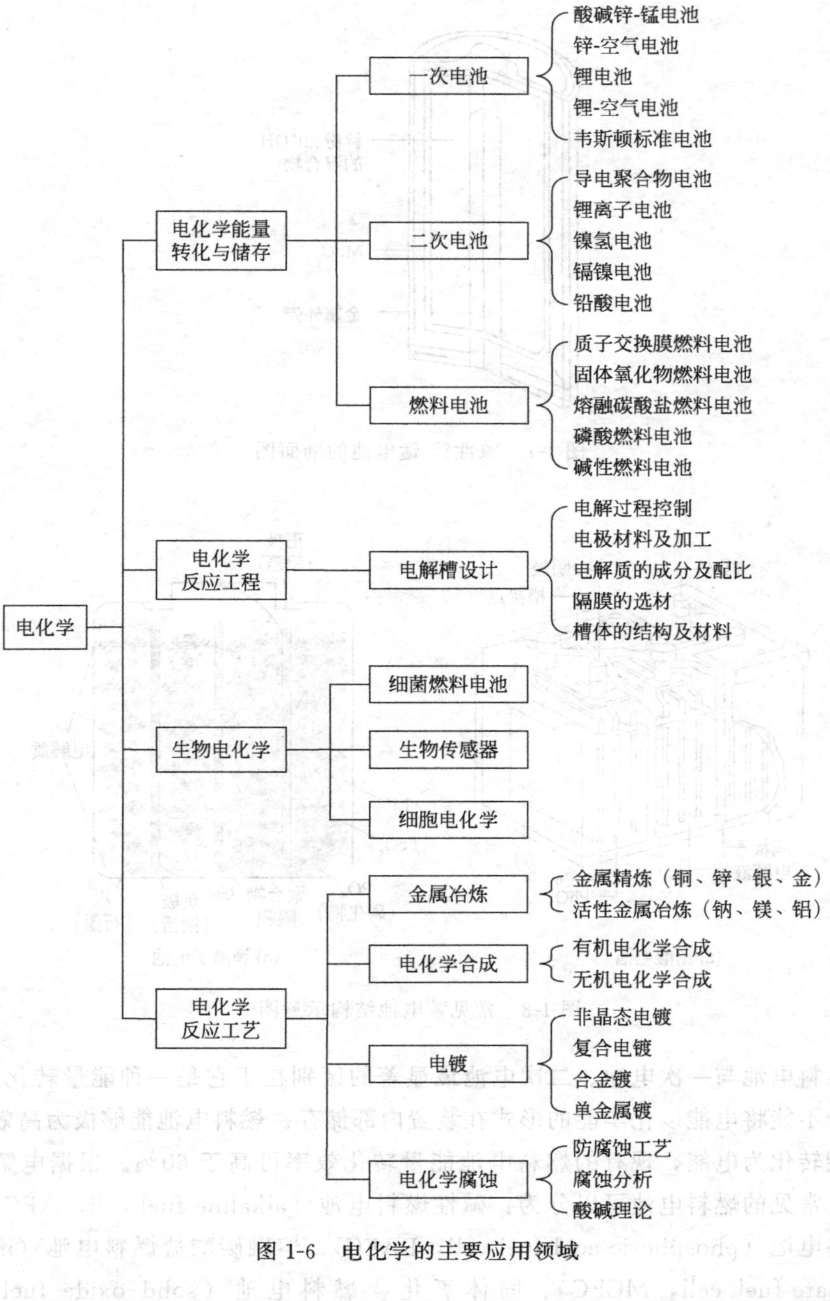

图 1-6　电化学的主要应用领域

生氧化反应和还原反应，生成 $PbSO_4$，充电反应则反之。锂离子电池的结构示意图如图 1-8(b) 所示，依靠锂离子在电极材料中的嵌入和脱出完成能量的储存和释放。

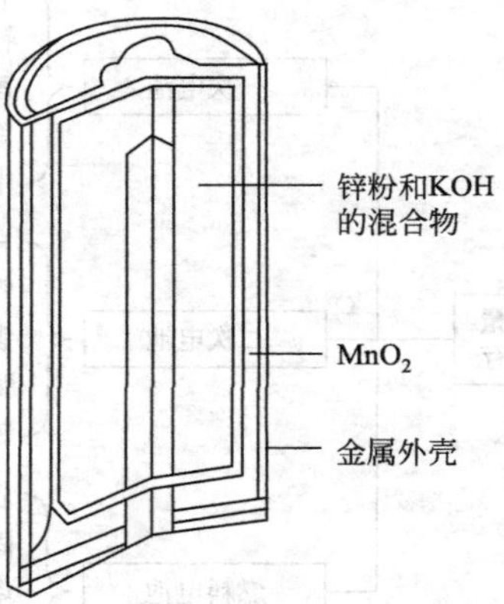

图 1-7 碱性锌-锰电池的剖面图

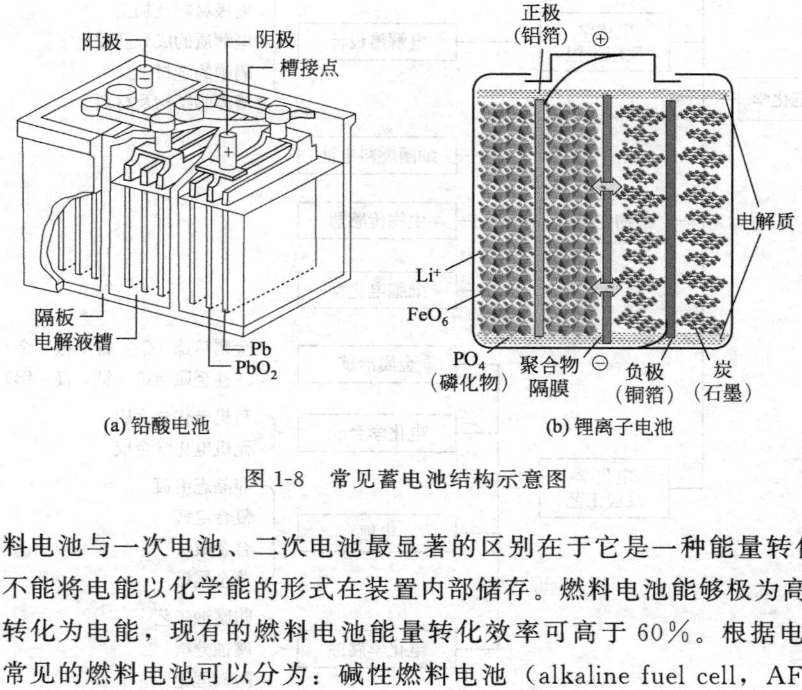

图 1-8 常见蓄电池结构示意图

燃料电池与一次电池、二次电池最显著的区别在于它是一种能量转化装置，其自身不能将电能以化学能的形式在装置内部储存。燃料电池能够极为高效地将化学能转化为电能，现有的燃料电池能量转化效率可高于 60%。根据电解质的不同，常见的燃料电池可以分为：碱性燃料电池（alkaline fuel cell，AFC）、磷酸燃料电池（phosphoric acid fuel cell，PAFC）、熔融碳酸盐燃料电池（molten carbonate fuel cell，MCFC）、固体氧化物燃料电池（solid oxide fuel cell，SOFC）和质子交换膜燃料电池（proton exchange membrane fuel cell，PEMFC）等五类。

1.3.2　电化学反应工艺

电化学反应工艺研究的是在工业生产及设备应用过程中，涉及的一系列与电有关的化学反应的工艺过程，在金属冶炼、电化学合成、电镀、电化学腐蚀以及其它工业应用方面都发挥着重要作用。

电解法冶炼金属是工业中冶炼金属的重要方法，活泼金属如铝（Al）、镁（Mg）、钠（Na）、锂（Li）以及稀土金属如铈（Ce）、镧（La）、镨（Pr）、钕（Nd）等的冶炼多通过电解法完成。电解法还被应用于金属提纯精炼，如铜（Cu）、锌（Zn）、铅（Pb）等。在金属精炼后，形成的阳极产物中贵金属如金（Au）、银（Ag）及一些稀散元素如硒（Se）、铋（Bi）、碲（Te）等含量较高，具有很高的回收利用价值。

电化学合成是利用电解的方法生成新物质的合成技术，是电化学在工业生产过程中的又一重要应用。电化学生产过程中，可以通过对电位的控制实现对产品的高精度控制，使产品的纯度达到较高的水平。根据产物的不同，可以分为无机电化学合成与有机电化学合成。无机电化学合成的代表性产物有氯碱工业的各类产品，以及过氧化氢、氯酸盐、过硫酸盐化工产品等。有机电化学合成则在精细化工产品，如导电高分子材料、生物电化学传感器等生产中发挥着重要作用。

电镀是指通过电化学手段，在基体表面形成一层附着力好、能保护基体免受各种腐蚀介质的影响，或能赋予表面其它性能的薄膜层的技术。电镀液中的离子或其它粒子在外电场的作用下，在电极表面发生复杂的物理反应和化学反应，形成镀层。最基础的镀层技术是在材料表面形成单一镀层，最常见的有镀锌、镀铬、镀镍等。随着研究的深入，通过改变电镀溶液的配方逐渐开发出了复合电镀、合金镀、非晶态电镀等工艺。

除了工业生产，电化学工艺在其它领域也发挥着重要的作用，其中最具代表性的就是电化学腐蚀现象的研究与利用。电化学腐蚀是指金属在水溶液或湿度较高的大气环境中，发生电化学反应导致金属被腐蚀的过程。根据腐蚀的不同特点，电化学腐蚀分为全面腐蚀、局部腐蚀、应力腐蚀以及细菌腐蚀等。随着认识的加深，描述电化学腐蚀过程的酸碱理论以及相应的控制方法与检测技术逐渐形成和建立。通过研究电化学腐蚀过程及其影响因素，防腐蚀技术及腐蚀测定技术得到了发展，以定量评价电化学腐蚀行为并进行防护，成为研究的一个热点。

电化学工业在电渗析处理有机废水、水纯化、制作电化学传感器测量有毒气体、分析水质等领域也有重要作用。污水中含有较高浓度的氰离子或铬离子时，电渗析去污就是一种十分重要的污水净化手段。

电化学分析是电化学在试验以及工业生产中另一个领域的运用。它可以根据物质在溶液中的电化学性质以及反应特性，通过控制电极电位、电流对物质进行定性及定量分析，具有灵敏度高、准确度高、测量范围广、设备简单等优势，在对痕量及微量元素的分析中发挥着重要作用。

1.3.3 电化学反应工程

电化学反应工程主要研究电化学反应的工程问题，反应器（电解槽）的设计是其核心。图 1-9 展示了一种典型的离子交换膜电解槽结构。它由金属框架构成一个密封的反应器，两侧分别布置有阴极和阳极，中部安装有离子交换膜，从而将阴极室和阳极室分隔开。接通电源后，阴极和阳极表面分别发生还原反应和氧化反应，生成目标产物，而离子交换膜则能够起到将阴极产物和阳极产物分隔开的作用，同时离子能够在电场的作用下自由穿过离子交换膜，使得电解反应持续可靠地进行。

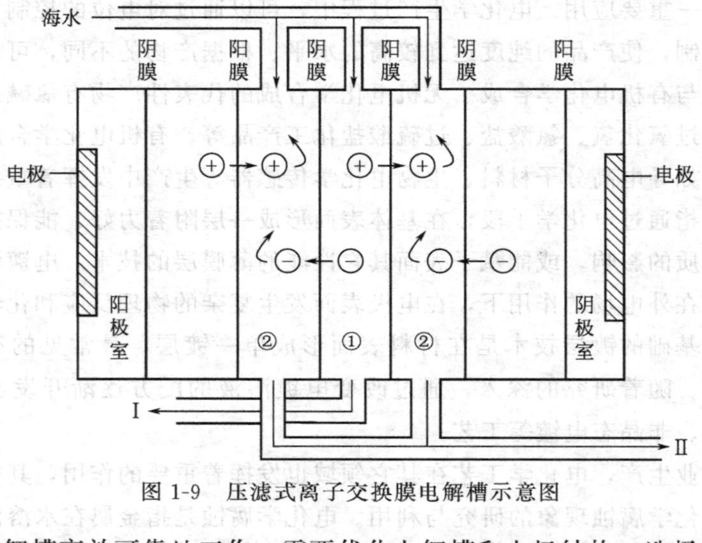

图 1-9 压滤式离子交换膜电解槽示意图

要使电解槽高效可靠地工作，需要优化电解槽和电极结构、选择合理的电极和隔膜材料。其中，电解槽的设计和优化需要综合考虑，包括电极的材料、外形、表面处理工艺，隔膜的选择，电解质的选择和配比，槽体结构的设计，以及其它影响电解过程的工程因素，如温度、压力、搅拌、循环等的控制结构。槽体结构可以大体上分为平板（压滤）式、流化床式、固定床式、移动电极式等。常用的电极材料有金属及金属氧化物、半导体材料、石墨、导电高分子材料，以及层状化合物、修饰电极等。依据性能要求，可加工成平板、棒状、针状、线状、网状等。隔膜通常由陶瓷、无纺布或离子交换膜等制成。目前对于电解质的研究，主要集中于浓度、溶剂等对电解过程的影响规律。

1.3.4　生物电化学

生物电化学是在分子水平上研究生物体系的荷电粒子运动所产生的电化学现象的学科，具体包括细胞电化学反应引起的电位、电流、反应产物等，以及应用于生命科学的电化学技术以及电化学生物传感器。

细胞的正常生理活动会引起电位的变化，并引发一系列生理现象，最具代表性的就是神经信号的电传导，还有脑电、心电的形成，肌肉的舒张和收缩等过程都有电位变化的影响。电化学技术在生命科学中也有着较多的应用，如电击除颤、癌症的电化学疗法、电化学控制药物释放、蛋白质的功能转换、基因检测等技术。电化学生物传感器是一种以生物体成分或生物体本身作为敏感元件，依靠生物化学反应输出电信号完成测试的分析测试装置，代表性的生物体成分有酶、DNA 及微生物等。

基于生命体的生理活动会释放电信号，科学家逐渐开发出了细菌燃料电池，即向细菌培养液里接入电极，细菌在消化培养液中的糖分的过程中形成电流并通过电极向外输出电能，通过不断补充糖分和代谢所需要的氧气，就可以持续向外供电。

第2章
电极/电解液界面结构与性质

2.1 电极/电解液界面电位

2.1.1 电位

电位，也称电势，如图 2-1 所示，是单位电荷由电场中某点移到参考零电势点（一般取无限远处为零电势点）时电场力做的功与所带电量的比值，通常用 φ 来表示。电位是能量角度上描述电场的物理量。电位只有大小，没有方向，是标量，其数值只具有相对意义，不具有绝对意义。

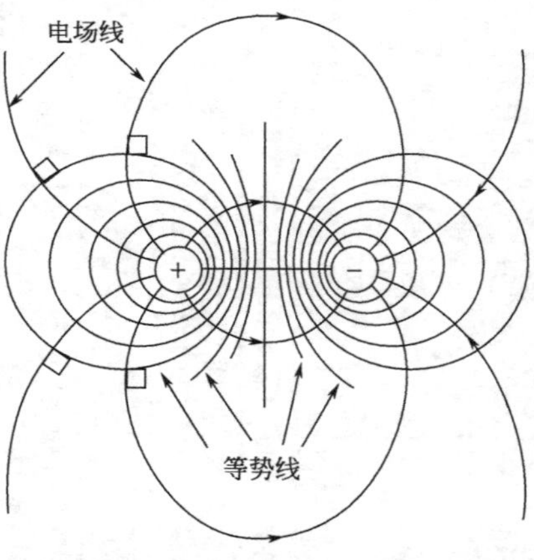

图 2-1　电偶极子分布形成的电位梯度

2.1.2 电极/电解液界面电位的产生

电化学反应通常直接在电极/电解液界面上发生，电极/电解液界面的结构与电荷分布对电化学反应影响极为显著。因此，电极/电解液界面电位就显得极为重要。电极/电解液界面电位，也就是金属导体与电解液之间的电位，一般指金属与电解液接触时在两相界面层存在的电位差。一般来说，电极/电解液界面电位的出现主要是界面层中带电粒子或者偶极子出现非均匀分布导致的，主要有以下几个来源：

① 带电粒子在金属与电解液之间的转移，或外电源充电而使金属与电解液界面出现剩余电荷，这些剩余电荷在电场的作用下在界面形成双电层，从而产生电

位差。如果金属比较容易溶解，界面上金属的溶解速率大于沉积的速率，会形成如图 2-2(a) 所示的界面结构；如果金属不易溶解，或者金属沉积的速率大于溶解速率，平衡后会形成如图 2-2(b) 所示的界面结构。

② 带电离子（如阳离子和阴离子）在金属与电解液界面发生吸附，造成界面出现数值相等、符号相反的电荷，而在电解液一侧形成双电层，从而产生电位差，如图 2-3 所示。

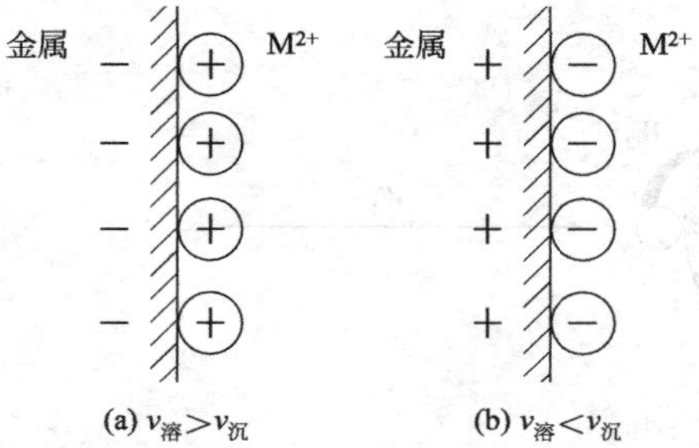

图 2-2　电极/电解液界面剩余电荷引起的双电层

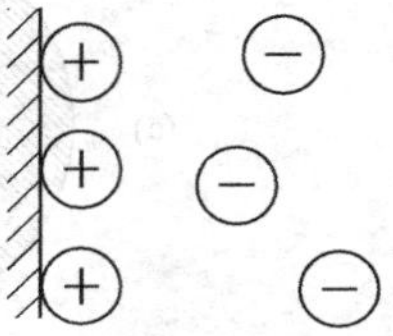

图 2-3　界面离子吸附引起的双电层结构

③ 原子或者分子（H_2O、乙醇或者其它有机物分子）在电解液界面一侧定向排列，形成偶极子层，从而产生电位差，如图 2-4 所示。

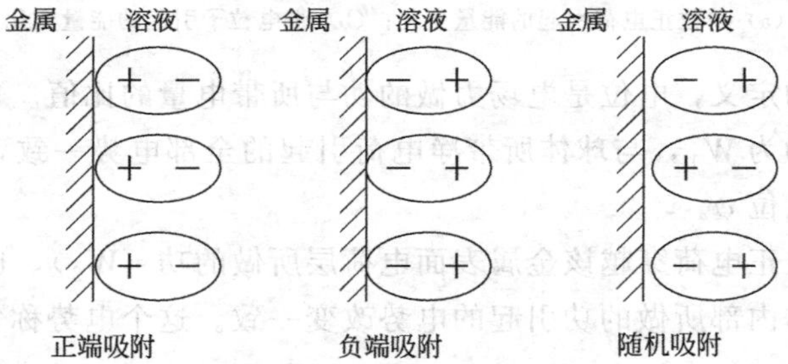

图 2-4　偶极子造成的电位差结构

除了电位差形成的上述原因，还包括其它一些过程，如金属、半导体内电子的不均匀分布等也会形成电位差。严格来说，只有第一种情况会引起金属/电解液界面的“相间电位”，后两种情况双电层只出现在某一相的表面，引起的只是某一相表面的电位变化。

2.1.3　电极/电解液界面电位成因

在不同相中，粒子性质的差异主要体现在化学位不同。对于带电粒子，界面电位形成的原因在于不同相的粒子之间化学位不同。下面以带电粒子在不同相中的转移过程来说明电极/电解液界面电位的形成过程。

从前面可知，真空中任何一点的电位等于单位正电荷从无穷远处移至该处所做的功。为了方便，先讨论单位正电荷进入金属相引起的电位变化。如图 2-5 所示，假设孤立相 M 是一个由良导体组成的球体，球体所带的电荷均匀分布在球面上。可以发现，当正电荷在无穷远处时，正电荷与孤立相 M 的静电作用力为零。正电荷从无穷远处运动到距球面约 $10^{-9} \sim 10^{-8}$m 时，起作用的是库仑力（长程力❶），短程力❷没有起作用。

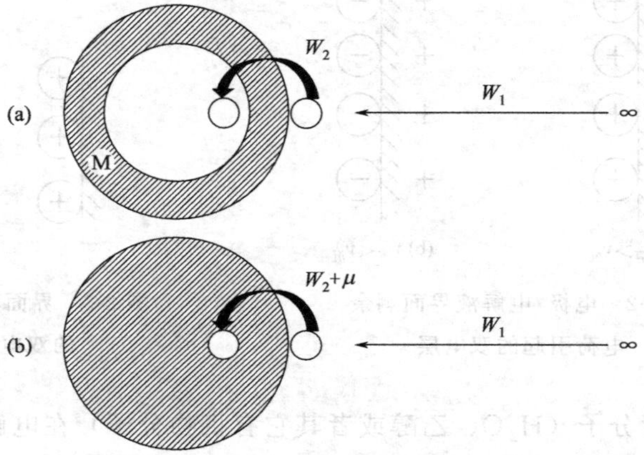

图 2-5　试验粒子从无穷远处移至实物相内部的过程示意图

（a）单位正电荷引起的能量变化；（b）带电粒子引起的能量变化

根据电位的定义，电位是电场力做的功与所带电量的比值。也就是说，这个过程中所做的功为 W_1，与球体所带净电荷引起的全部电势一致，这一电势数值称为球体的外电位 ψ。

同样，单位正电荷穿越该金属表面电荷层所做的功（W_2），也与单位电荷穿过球体到达球体内部所做的功引起的电势改变一致。这个电势称为金属的表面电位 χ。

可以发现，将一个单位正电荷从无穷远处移入孤立相 M 相所做的功（$W_1 + W_2$）是外电位 ψ 与表面电位 χ 之和，即：

$$\phi = \psi + \chi \tag{2.1}$$

式中，ϕ 就是 M 相的内电位。

如果进入 M 的是带电粒子，那么这个过程所做的功等于该粒子在孤立相 M

❶ 长程力：作用强度随距离的增加而减小。如静电力、万有引力等。

❷ 短程力：力的作用范围很小，随距离的增加而急速减小，如核子间的核力在 0.8～4fm（$1\text{fm}=10^{-15}\text{m}$）的距离内作用力很强，超过该距离后其大小急剧下降。

中的化学位 μ。假定该粒子带电量为 ne_0，则所做的功为 $nF\phi$（F 为法拉第常数）。因此，将 1mol 带电粒子移入 M 相，这个过程引起的能量变化包括两部分：一部分是功（W_1+W_2），另一部分是化学位的变化（μ），有：

$$\overline{\mu}_i=\mu_i+nF\phi \tag{2.2}$$

式中，$\overline{\mu}_i$ 称为 i 粒子在 M 相中的电化学位。显然有：

$$\overline{\mu}_i=\mu_i+nF(\psi+\chi) \tag{2.3}$$

当带电粒子在两相间达到平衡后，就会在相界面区建立起稳定的双电层。这个双电层的电位差就是电极/电解液的相间电位。

以上讨论的是一个孤立相的情况。对于互相接触的两相来说，带电离子在相间转移时，相间平衡的条件就是带电粒子在 A 相与 B 相中的电化学位相等，即：

$$\overline{\mu}_{i,\mathrm{B}}=\overline{\mu}_{i,\mathrm{A}} \tag{2.4}$$

同样，对于吸附过程，不论引起离子或者偶极子在电极界面上吸附的原因是什么，达到吸附平衡后，被吸附粒子在表面层中的电化学势与该相内部的电化学势相等。

2.1.4　金属/电解液界面电位的分类

一般来说，金属/电解液界面电位主要分为外电位差、内电位差、表面电位差与电化学位差等。

① 外电位差，又称伏打（Volta）电位差。指直接接触的两相之间的外接触电位差，用符号 $\Delta_\mathrm{B}\psi_\mathrm{A}$ 表示，等于 $\psi_\mathrm{B}-\psi_\mathrm{A}$。

② 内电位差，也称伽尔伐尼（Galvani）电位差，指直接接触或通过良导体连接的两相间的电位差，可以表示为 $\Delta_\mathrm{B}\phi_\mathrm{A}$，等于 $\phi_\mathrm{B}-\phi_\mathrm{A}$。

③ 表面电位差，是在靠近金属相表面的场势能与中心电子之间的势能差值。表面电位与内电位、外电位的关系为：$\phi=\psi+\chi$。

④ 电化学位差，定义为 $\overline{\mu}_{i,\mathrm{B}}-\overline{\mu}_{i,\mathrm{A}}$，为粒子在不同相之间电化学位的差异。

2.2　电极电位

电极体系中，导体和电解液界面所形成的相间电位称为电极电位。电极电位的形成主要取决于金属电极与电解液界面层中离子双电层的状态。

一般来说，金属由金属离子和电子按一定的晶格形式排列而成。金属表面的离子要脱离金属晶格，必须克服晶格间的金属键力。表面金属离子由于金属键不饱和，有吸引其它离子以保持与内部电荷平衡的趋势。同时，表面离子又比金属内部的离子更易于脱离晶格。另外，在电解液中存在着极性很强的水分子、被水化了的金属离子和阴离子等，这些离子在溶液中不停地进行着热运动。

当金属浸入溶液时，水分子对金属离子的“水化作用”打破了原有的平衡状态❶。一方面，极性水分子和表面的金属离子相互吸引而定向排列在金属表面；另一方面，金属离子在水分子的吸引和不停的热运动冲击下，脱离晶格的趋势增大。

这样，在金属/电解液界面上，存在着两种矛盾的作用：

① 金属晶格中自由电子对金属离子的静电引力。它既阻止表面金属离子脱离晶格而溶解，又促使界面附近水化金属离子脱水化膜沉积到金属表面。

② 极性水分子对金属离子的水化作用。极性水分子既促使金属表面的金属离子进入溶液，又阻止界面附近溶液的水化金属离子脱水化。

在金属/电解液界面上，首先发生金属离子的溶解还是沉积，取决于上述作用中哪一种作用占主导地位，即粒子在哪一相中的电化学位较低。电化学位不同，必然发生从一相向另一相转移的自发过程。也就是说，建立动态平衡的条件是金属离子在两相中的电化学位相等。

因此，按照上面的分析，金属/电解液界面上所发生的金属溶解和沉积反应为：

$$M \rightleftharpoons M^{n+} + ne^-$$

相间平衡条件是电化学位的代数和为 0，即：

$$\bar{\mu}^S_{M^{n+}} + n\bar{\mu}^M_e - \bar{\mu}^M_M = 0 \quad (2.5)$$

❶ 水化离子：由于水分子的正、负电荷中心并不重合，因而具有很强的氢键。当盐类溶于水中生成电解质溶液时，离子的静电力破坏了原来的水结构，在其周围形成一定的水分子层，称为水化层，其结构如图 2-6 所示。

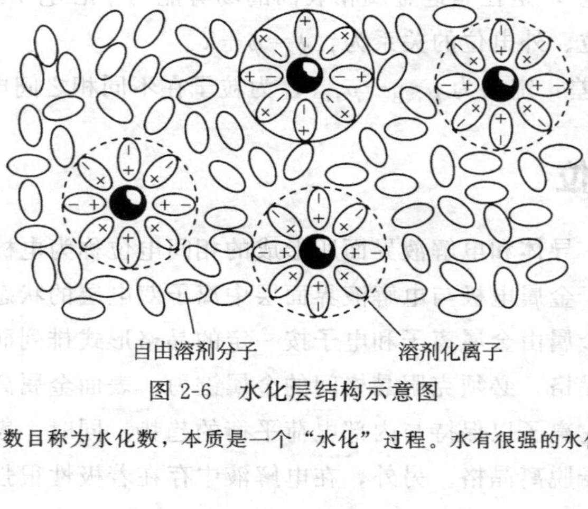

图 2-6　水化层结构示意图

水化层中水分子的数目称为水化数，本质是一个“水化”过程。水有很强的水化能力，这是许多物质能溶于水的原因。

式中，上标 S 表示溶液相中的性质；上标 M 表示金属 M 相中的性质。同时，金属原子是电中性的，因此：

$$\bar{\mu}_{\mathrm{M}}^{\mathrm{M}}=\mu_{\mathrm{M}}^{\mathrm{M}} \tag{2.6}$$

又已知：

$$\bar{\mu}_{\mathrm{M}^{n+}}^{\mathrm{S}}=\mu_{\mathrm{M}^{n+}}^{\mathrm{S}}+nF\phi^{\mathrm{S}} \tag{2.7}$$

$$\bar{\mu}_{\mathrm{e}}^{\mathrm{M}}=\mu_{\mathrm{e}}^{\mathrm{M}}-F\phi^{\mathrm{M}} \tag{2.8}$$

将上述关系式代入式（2.5），推导可得：

$$\phi^{\mathrm{M}}-\phi^{\mathrm{S}}=\frac{\mu_{\mathrm{M}^{n+}}^{\mathrm{S}}-\mu_{\mathrm{M}}^{\mathrm{M}}}{nF}+\frac{\mu_{\mathrm{e}}^{\mathrm{M}}}{F} \tag{2.9}$$

式（2.9）就是金属电极达到相间平衡的条件。可以把上式进行推广，得到电化学反应平衡条件的通式，即：

$$\phi^{\mathrm{M}}-\phi^{\mathrm{S}}=\frac{\sum\nu_i\mu_i}{nF}+\frac{\mu_{\mathrm{e}}}{F} \tag{2.10}$$

式中，ν_i 为物质 i 的化学计量数，通常规定还原态物质的 ν 取负值，氧化态物质的 ν 取正值；n 为反应中涉及的电子数目；$(\phi^{\mathrm{M}}-\phi^{\mathrm{S}})$ 为金属与溶液的内电位差。

2.3　金属接触电位

如果相互接触的不是金属与电解液，而是两种不同的金属，这种情况也会存在电位差，一般称为金属接触电位。如图 2-7 所示，两种不同金属相接触时，由于金属的电子逸出功[1]不同，相互进入对方的电子数目不相等而在金属界面层形成双电层。

金属接触电位的本质是不同金属中电子的化学位不相等，电子逸出金属相的难易程度也就不相同。在电子逸出功高（难逸出）的金属相一侧电子过剩，带负电；在电子逸出功低（容易逸出）的金属相一侧电子缺乏，带正电。

图 2-7　不同金属形成的金属接触电位

2.4　液体接界电位与盐桥

除了在金属导体/电解液界面、不同金属界面会造成电位差，由于溶液浓度不同、溶液组成不同等因素，溶液中也会在界面形成电位差。一般把这种电位差

[1] 电子克服原子核的束缚，从材料表面逸出所需的最小能量，称为电子逸出功。

称为液体接界电位，常用符号 ϕ_j 表示。

两溶液相组成或浓度不同时，由于扩散作用，溶质粒子将自发地从浓度高的相向浓度低的相运动。在运动过程中，阴、阳离子的大小、所带电荷的差异会导致离子运动速率不同，从而在界面层形成双电层，产生电位差。

从本质上来说，液体接界电位也是粒子在两相间电化学位不同导致的。图 2-8 表示了不同类型的溶液组成引起的液体接界电位。图 2-8（Ⅰ）表示了溶液组成相同，但是浓度不同的情况导致的液体接界电位；图 2-8（Ⅱ）表示了溶液的阳离子不同而导致的液体接界电位；而图 2-8（Ⅲ）表示了溶液组成与浓度均不同导致的液体接界电位。

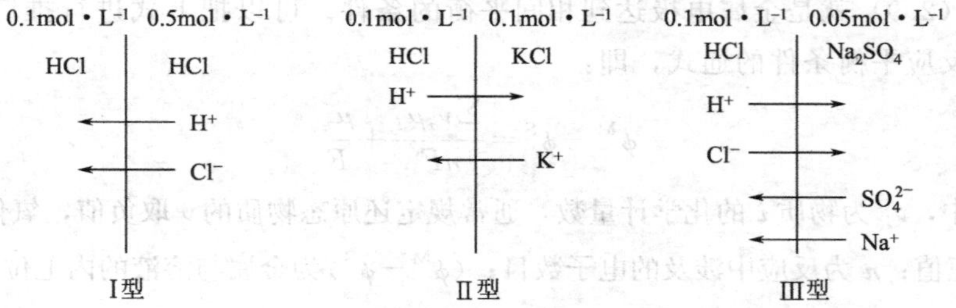

图 2-8　不同类型的溶液组成的液体接界电位

事实上，液体接界电位较不稳定，也很难精确计算和测量。它的存在会导致电化学参数测量不准，使得电化学参数的测量值失去意义。因此，在实际应用过程中，应消除溶液的液体接界电位，或使之减小到可以忽略的程度。

“盐桥”是通常用于减小液体接界电位的工具。通常的做法是在两种溶液之间，用一根充满高浓度电解质的“桥梁”连接，从而减小溶液的液体接界电位。一般来说，盐桥中的溶液浓度较高，同时其正、负离子的迁移速率尽量接近。实际过程中，如图 2-9 所示，通常都用饱和 KCl、KNO_3 等溶液中加入少量琼脂形成胶体作“盐桥”。由于 K^+、Cl^-、NO_3^- 的离子迁移速率接近，因而形成的双

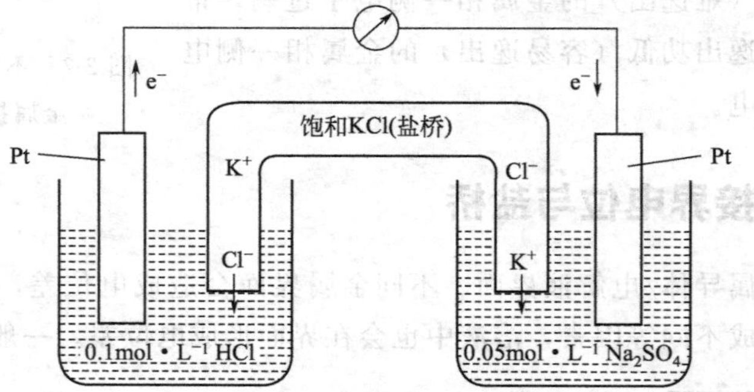

图 2-9　典型的盐桥（饱和 KCl 溶液）示意图

电层电位小，液体接界电位就可以降低到能忽略的程度。

例如：在25℃时，K^+和Cl^-的离子迁移速率非常接近。如果在0.1mol·L^{-1} HCl和0.05mol·L^{-1} Na_2SO_4溶液之间用3.5mol·L^{-1} KCl溶液作为盐桥，则液体接界电位小于1.0 mV。而两种溶液直接接触时，液体接界电位较高。由表2-1可见，采用高浓度KCl溶液作盐桥后液体接界电位可大大降低。

表2-1　盐桥中KCl浓度对液体接界电位的影响

浓度/mol·L^{-1}	0.1	0.2	0.5	1.0	2.5	3.5	4.2(饱和)
ϕ_j/mV	27.0	20.0	13.0	8.4	3.4	1.1	<1

但是，盐桥也不是通用的。盐桥的使用首要一点是不能与电化学体系内的物质发生化学反应。如果溶液中存在Ag盐、Hg盐等可以和Cl^-发生反应的离子时，就无法使用KCl作为盐桥。此时饱和NH_4NO_3、高浓度KNO_3是较好的选择。

2.5　电极/电解液界面的基本性质

电化学反应作为一种界面反应过程，其主要的特点是直接在电极/电解液界面上反应。电极/电解液界面对电化学过程有极为重要的影响，其影响大致可以归纳为以下两方面：

① 电极材料的物化性质与表面状况对反应过程的影响。这方面的因素可称为影响反应特性的“化学因素”，本质与化学反应过程一致。大量实验事实表明，通过控制这些因素，可以大幅度地改变电化学反应速率。

② 电极/电解液界面上的电场强度对反应过程的影响。这方面的因素可称为“电场因素”，通过影响反应的活化能来起到改变电化学反应特性的作用，是电化学反应的独特之处。

电极/电解液界面上的电场强度常用界面上的相间电位差，也就是电极电位来衡量。改变电极电位，不仅可以连续改变电化学反应速率，而且可以改变电化学反应的方向。即使保持电极电位不变，改变界面层中的电势分布，也会对电化学反应速率有重要影响。因而研究电极/电解液界面的性质，如电极、溶液两相间离子分布特性、电位分布与电位差等，对研究电化学过程都极为重要。

2.5.1　理想极化电极与理想去极化电极

在电极的工作过程中，外电路流向电极/电解液界面的电荷可参与两种不同的过程：

① 在电极/电解液界面上参与电化学反应。为了维持相应于一定电极电位下的恒定反应速率，必须由外界不断地补充电荷，即在整个电路中引起持续的电流，持续发生电化学反应。这种电流也称为法拉第电流。

② 参与构造电极/电解液界面。形成相应于一定电极电位的界面结构只需要一定的有限的电量。这个过程与电容器的充/放电过程相似，只在电路中引起"瞬间"的非法拉第电流，这种电流称为"电容电流"或"充电电流"。

一般来说，电流既在电极/电解液界面上参与电化学反应，也参与改变界面构造，其等效电路图如图 2-10(a) 所示。

如果电荷只用于界面的改造与界面电位的改变，电极体系不发生电化学反应，这种电极称为理想极化电极，其等效电路如图 2-10(b) 所示。此时，可通过改变电位来改变界面组成与分布，也可以定量地计算用来建立相应于该电势下的界面结构所需要的电量，加深对电极/电解液界面的认识。

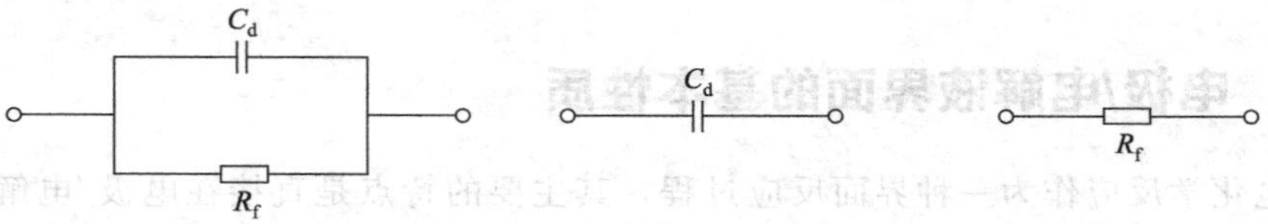

(a) 常规电极　(b) 理想极化电极　(c) 理想去极化电极

图 2-10　电极的等效电路

严格地说，完全的理想极化电极并不存在。但在一定的电势范围内，存在基本符合"理想极化电极"条件的实际电极体系。比如，纯净的汞与去除氧分子和其它杂质的氯化钾溶液组成的电极体系，形成了最常使用和研究双电层界面构造的理想极化电极。在汞电极表面上，发生的电化学反应只有：

汞的溶解反应：$Hg+Cl^- \longrightarrow \frac{1}{2}Hg_2Cl_2+e^-$

钾析出生成汞齐的反应：$K^+ + Hg + e^- \longrightarrow K(Hg)$

汞的溶解只能在电位高于 0.1V 时才能以可察觉的速度进行，而钾离子也只有在电位低于 −1.6V 时才会在汞电极上发生反应。因此，汞电极在 +0.1～−1.6V 这个范围内具有"理想极化电极"的性质。

与理想极化电极对应，一般把外界电流全部用于电子转移过程的电极称为理想去极化电极。这种情况下，电流通过电极时所引起的极化十分微小，当电流消除时电极很快恢复到原来的电位。理想去极化电极在电化学的研究和生产实践中有重要作用，其等效电路如图 2-10(c) 所示，其电极电位在电化学反应过程中基本保持恒定。常用的参比电极，如标准氢电极、饱和甘汞电极、氯化银电极等都是理想去极化电极。

2.5.2 电极/电解液界面结构的研究方法

研究电极/电解液界面结构的目标主要在于对界面结构的分析与相关参数的测量。目前，研究双电层界面构造的方法主要有两种：其一，通过实验测量界面两侧的剩余电荷 q 和界面电位 $\Delta\varphi$，找出 q-$\Delta\varphi$ 的关系，获得界面构造情况；其二，通过理论推导电极/电解液界面的构造情况，提出界面构造模型和相应的参数，再通过实验进行验证，如果实验测得的参数与理论模型推算结果相吻合，可认为所假定的界面构造模型具有较好的准确性。

本部分主要介绍电极/电解液界面结构的实验测试方法，包括电毛细曲线法和微分电容法两种。

(1) 电毛细曲线法

电极/电解液双电层存在界面张力。界面张力不仅与双电层物质组成有关，也与电位有密切联系，界面张力也会随电位的改变而改变。汞电极具有较宽的电化学窗口，同时也是在室温下呈液态的金属，通常可利用滴汞电极组成毛细管静电计来测量电毛细曲线。

双电层界面张力随电位变化这一关系称为“电毛细现象”，根据这种关系获得的界面张力与电极电位的关系曲线称为“电毛细曲线”。事实上，利用电毛细曲线方法研究电极表面状态在 20 世纪初 Gouy、Фpymknh 等就已开始使用。

“汞电极/电解液”体系的界面张力取决于界面所处的荷电状态。当汞电极表面带电荷时，由于电荷的同性相斥作用，带电粒子彼此排斥，力图使界面扩大，从而使界面张力降低。也就是说，当“汞电极/电解液”界面不带电荷时界面张力最大。这样，若在满足理想极化电极条件下将“汞电极/电解液”界面极化至不同电势，再测定相应的界面张力，就可以获得界面剩余电荷的情况。

图 2-11 为毛细管静电计测量“汞电极/电解液”界面“电毛细曲线”的示意图。在毛细管内充有汞金属作为研究电极，实验开始前，通过显微镜先将毛细管中的汞弯月面确定在固定位置。然后，改变电极电位，并通过调节汞柱高度，使毛细管内汞弯月面保持不变。这个过程中，界面张力与汞柱的高度成正比，将这种情况下获得的界面张力与电极电位关系作图，就可以得到如图 2-12 所示的电毛细曲线。从图 2-12 可以发现，电极界面张力、表面电荷密度与电极电位关系密切，因此可以通过电毛细曲线获得电极界面的信息。

(2) 微分电容法

如前所述，由于电极/电解液界面可以储存电荷，界面剩余电荷的变化会使双电层结构和电位差发生改变。这个过程与电容器储能机理一致。因此，可以把

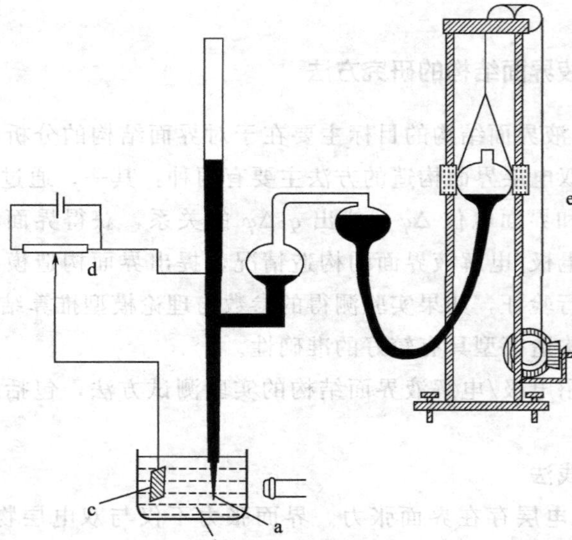

图 2-11　电毛细曲线法测量示意图

a—毛细管；b—溶液；c—辅助电极；d—电位计（蓄电池和电阻组），用以在毛细管中的汞弯月面上加电压；e—用以改变毛细管中水银压力的汞容器底升降器

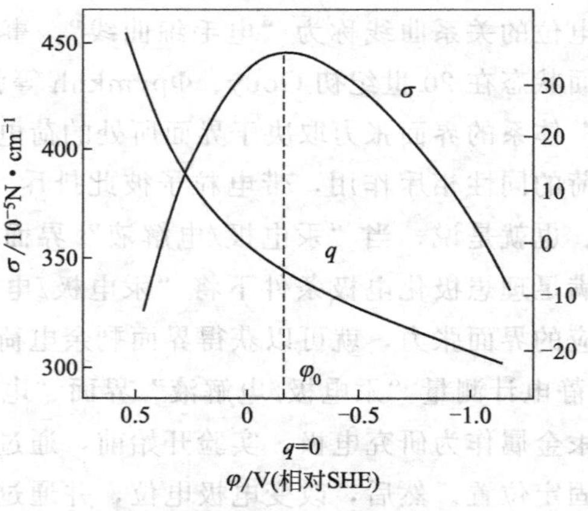

图 2-12　汞电极上界面张力、表面电荷密度与电极电位关系

电极/电解液界面看作一个平板电容器，即把电极/电解液界面的两个剩余电荷层看作电容器的两个平行电极。此时，电容器的电容为：

$$C=\frac{\varepsilon_0\varepsilon_r}{l} \tag{2.11}$$

式中，ε_0 为真空中的介电常数；ε_r 为实物相介电常数；l 为平行板距离；C 为电容。

对于平板电容器，若将很小的电量 dq 施加到电极上，则溶液一侧必然出现电量相等的异号离子，由此引起电极电位的变化为 $d\varphi$。这一过程引起的电容量变化可通过下式计算：

$$C_d=\frac{dq}{d\varphi} \tag{2.12}$$

上述讨论可以发现，可以通过测量微分电容来达到测定界面电荷的目的。早在1887 年，索克诺夫就描述了利用交流电来测量电极电容所需要的条件。他采用高频率的交流电来测量电容，这种情况下可以快速充/放电，并使在这一时间内副反应（吸附和传质）来不及在电极上发生而影响测试结果的准确性。

目前，常用“交流电桥补偿法”原理测量界面的微分电容。在处于平衡电位的情况下，在电极上叠加一个小振幅（一般在 5mV，通常不超过 10mV）的交流电压，用交流电桥测量与电解池阻抗相平衡的等效电路的电容与电阻的数值，然后计算得到界面双电层微分电容的数值。具体的测量电路如图 2-13 所示。

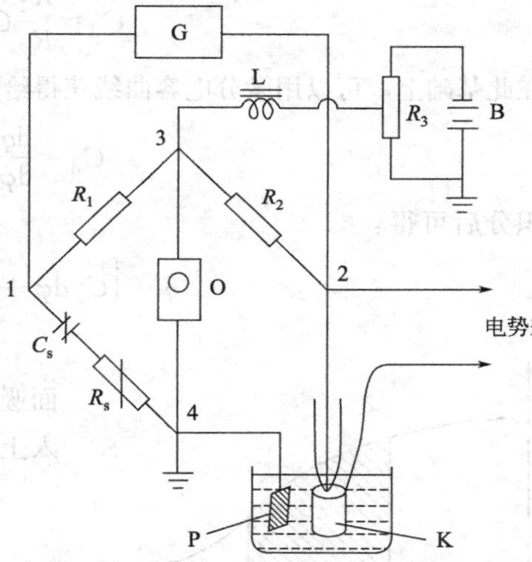

图 2-13　测量界面微分电容的示意图

电桥的两个比例臂由电阻值相同的标准电阻 R_1 和 R_2 构成，第三臂为可调电容 C_s 与可调标准电阻箱 R_s，第四臂为待测样品电解池 K。交流信号发生器 G 连接在电桥的一条对角线上，示波器 O 则接在另一对角线上。

整个测试回路的等效电路图如图 2-14 所示。其中，R_1 为溶液电阻，C_d 为研究电极的界面电容，Z 为辅助电极的阻抗。为了提高测试精度，一般辅助电极采用大面积的铂片。在这种情况下，辅助电极的阻抗 Z 可以忽略。

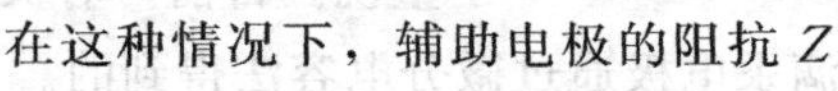

图 2-14　“交流电桥”测试微分电容的等效电路图

在开始测量的时候，交流电压由交流信号发生器 G 加到电桥 1、2 的两端，调节 R_s 和 C_s，使 R_s 和 C_s 分别与待测样品池等效电路的 R_1 与 C_d 相等，此时，电桥 3、4 两端的电位相等，电桥达到平衡状态，示波器的读数为 0。此时，具有如下关系：

$$\frac{R_1}{R_2}=\frac{Z_s}{Z_x} \tag{2.13}$$

其中：

$$Z_s = R_s + \frac{1}{j\omega C_s} \tag{2.14}$$

$$Z_x = R_1 + \frac{1}{j\omega C_d} \tag{2.15}$$

由此可得：

$$R_1 = \frac{R_2}{R_1} R_s \tag{2.16}$$

$$C_d = \frac{R_1}{R_2} C_s \tag{2.17}$$

在此基础上，可以用微分电容曲线获得给定电极电位下的电极表面剩余电荷 q：

$$C_d = \frac{dq}{d\varphi} \tag{2.18}$$

积分后可得：

$$q = \int C_d d\varphi + 常数 \tag{2.19}$$

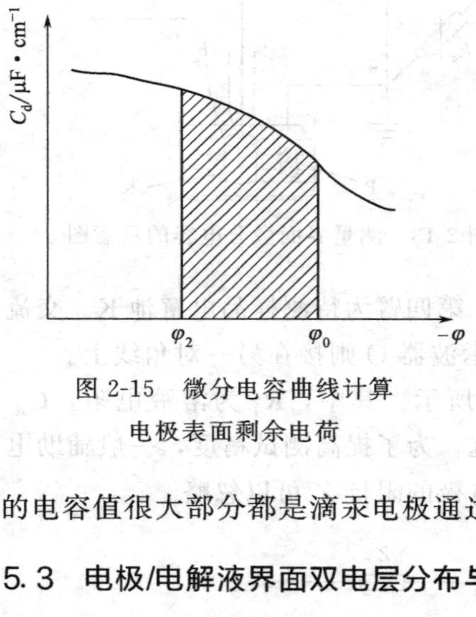

图 2-15　微分电容曲线计算电极表面剩余电荷

因在零电荷电位（$\varphi_0$❶）时，电极表面吸附的电荷 $q=0$，以此作边界条件代入上式，则有：

$$q = \int_{\varphi_0}^{\varphi} C_d d\varphi \tag{2.20}$$

电极电位为 φ_a 时的 q 值相当于图 2-15 中的阴影部分。可以发现，与电毛细曲线法求 q 值相比，微分电容更精确和灵敏。

事实上，微分电容法在很早就受到了重视。目前，有关电极/电解液界面结构的电容值很大部分都是滴汞电极通过微分电容法得到的。

2.5.3 电极/电解液界面双电层分布与界面模型

（1）电极/电解液界面双电层的分布

如前所述，金属导体与电解液形成双电层时，界面与金属导体和溶液本体有较大差异。当金属电极一侧出现剩余电荷时，根据能量最低原则，电荷会趋向分

❶ 零电荷电位（zero charge potential），电极表面剩余电荷等于零时的电位。

布在界面层的金属表面。一般来说，剩余电荷浓度与金属中自由电子浓度相比要小得多，剩余电荷在金属表面的集中不会破坏体相中自由电子的分布。因此，可以认为金属电极中剩余电荷全部分布在位能最低的界面上，而金属电极内部电位仍相等，即不存在电位差分布。

而在电解液一侧则比较复杂。通常可分为浓溶液和稀溶液两种情况进行讨论。

① 在浓溶液（离子浓度$>0.1\text{mol}\cdot\text{L}^{-1}$）中。这种情况下溶液中离子浓度较大，剩余离子累积不会严重破坏溶液中的离子分布。如果电极表面电荷密度也较大，界面间剩余电荷的静电引力会远大于溶液中离子热运动的干扰，使剩余电荷紧密地分布在界面上。这种情况下，会形成如图 2-16 所示的“紧密双电层”结构。这种结构与平板电容器相似，在水溶液中，双电层的厚度一般与溶液中水化离子的半径一致。

② 在稀溶液（离子浓度$<0.01\text{mol}\cdot\text{L}^{-1}$）中。稀溶液一般离子浓度较小，或者电极表面电荷密度也较小。这种情况下，离子热运动将干扰剩余电荷在双电层中的分布，使得电荷分布表现出“分散性”的分布（图 2-17）。

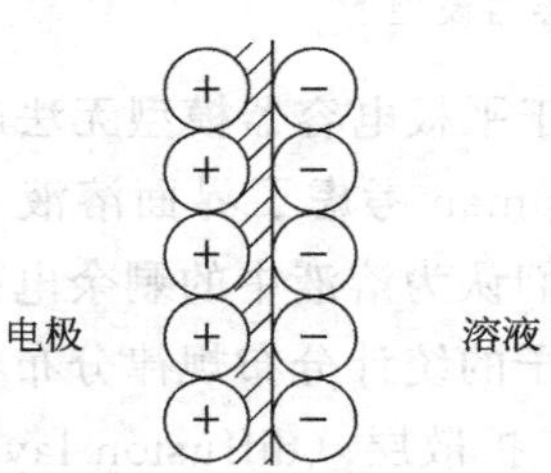

图 2-16　金属与浓溶液相接触时的界面电荷分布情况

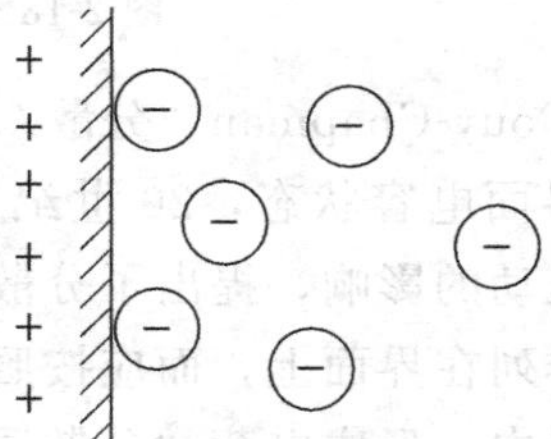

图 2-17　金属与稀溶液相接触时界面电荷分布情况

在半导体/电解液的界面上，双电层的分布会更加复杂。可以利用类似的思路进行具体分析。

（2）电极/电解液界面模型

对于电极/电解液界面双电层的认识，除了采用上述实验方法进行分析以外，很多科学家也采用物理模型进行研究。

电极/电解液界面模型对于认识电极/电解液界面性质极为重要。目前主要有三种界面模型。

① Helmholtz 平板电容器“紧密双电层”模型。在 1913 年左右，Helmholtz 基于相反的电荷等量分布于界面两侧的观点，首先提出了这种模型，这也是“双电层”（double layer）这个名词的由来。如图 2-18(a) 所示，按照这个模

型，电极/电解液界面两侧的剩余电荷都紧密地排列在界面的两侧，形成类似于平板电容器的界面双电层结构，具有恒定的电场强度，电位呈线性分布［如图2-18(b)］。界面电容可以用下式计算：

$$C_d = \frac{dq}{dU} = \frac{\varepsilon}{4\pi d} \tag{2.21}$$

这一模型可以较为准确地解释浓溶液的界面状态。但是，模型认为 C_d 是一个定值，但很多双电层结构，尤其是在稀溶液中，与 Helmholtz 平板电容器模型不相符。

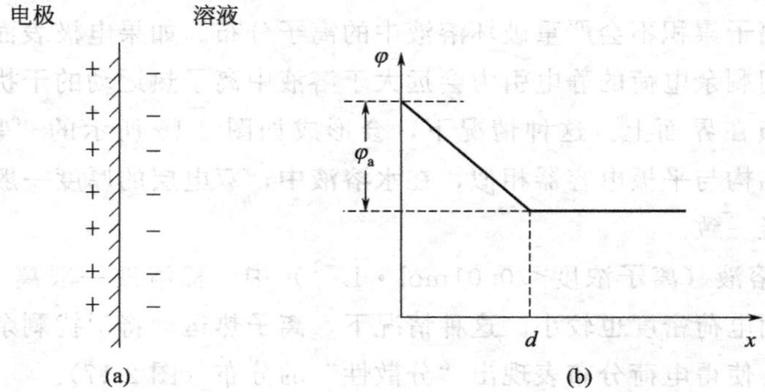

图 2-18　Helmholtz 平板电容器模型

② Gouy-Chapman“分散双电层”模型。由于平板电容器模型无法解释稀溶液中的界面电容状态，20 世纪初，Gouy 和 Chapman 考虑了界面溶液一侧荷电粒子热运动的影响，提出了分散双电层模型。他们认为溶液中的剩余电荷不可能紧密地排列在界面上，而应按照势能场作用下粒子的统计分布规律分布在邻近界面的液层中，形成电荷“分散层”，并首次提出了扩散层（diffusion layer）的概念，如图 2-19 所示。这个模型可以较好地解释稀溶液中的情况，但在电极表面电荷密度较大的时候，计算得到的电容会远小于实验测得的数值。

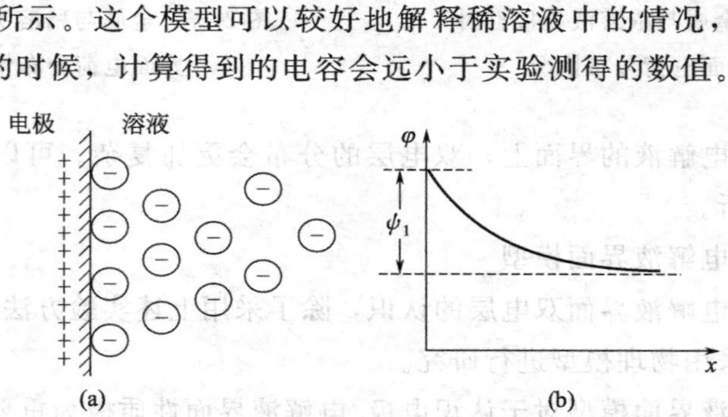

图 2-19　Gouy-Chapman“分散双电层”模型

③ Stern 双电层模型（图 2-20）。1924 年斯特恩（Stern）根据分子之间存在范德华力，在“分散双电层”模型的基础上吸取了“紧密双电层”模型的合理部分，提出 Stern 双电层模型。如果 2-20(a) 所示，这个模型认为双电层可以同时

具有紧密性和分散性。较为紧密的内层成为亥姆霍兹层（Helmholtz layer），该层产生的紧密层电容 $C_{紧}$ 在固定体系中为恒定值，不受电势差的影响；外层为扩散层，产生分散层电容 $C_{分}$。Stern 双电层模型是目前应用最为广泛的电极/电解液界面模型。

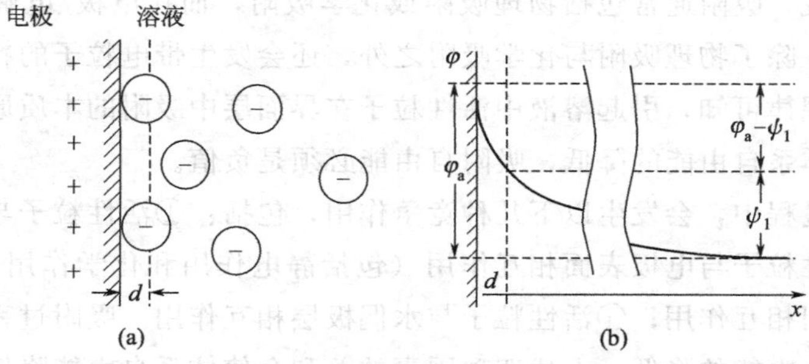

图 2-20　Stern 双电层模型

从图 2-20(a) 可以看出，d 为紧贴电极表面排列的水化离子的电荷中心与电极表面的距离，也为离子电荷能接近表面的最小距离，也为紧密层厚度。通常情况下，双电层中紧密层的厚度等于水化离子的半径。若假定 d 内介电常数为恒定值，则该层内电位是线性分布的。从 $x=d$ 到溶液中远处剩余电荷为零的双电层部分即为分散层，其电位分布呈非线性变化。

如图 2-20(b) 所示，若 φ_a 表示整个双电层电位，则紧密层电位差为 $\varphi_a-\psi_1$，分散层的电位差为 ψ_1，φ_a 及 ψ_1 是相对溶液深处的电位差。从电位的关系可以知道：

$$\varphi_a=(\varphi_a-\psi_1)+\psi_1 \tag{2.22}$$

因此，电极界面的双电层电容可以用下式表示：

$$\frac{1}{C_d}=\frac{d\varphi_a}{dq}=\frac{d(\varphi_a-\psi_1)}{dq}+\frac{d\psi_1}{dq}=\frac{1}{C_{紧}}+\frac{1}{C_{分}} \tag{2.23}$$

如图 2-21 所示，双电层可以分为两部分来处理，即双电层微分电容由紧密层电容 $C_{紧}$ 和分散层电容 $C_{分}$ 两部分串联而成。在电极/电解液界面电势差较低的时候，$C_{紧}$ 值很小，界面电容主要受其 $C_{分}$ 影响，界面具有分散层特性，可以用 Gouy-Chapman "分散双电层" 模型来解释；而在电极/电解液界面电势差较高的时候，$C_{紧}$ 值很大，$C_{分}$ 值的贡献可以忽略不计，C_d 值趋近于 $C_{紧}$ 值，界面可以用 "紧密双电层" 模型来解释。

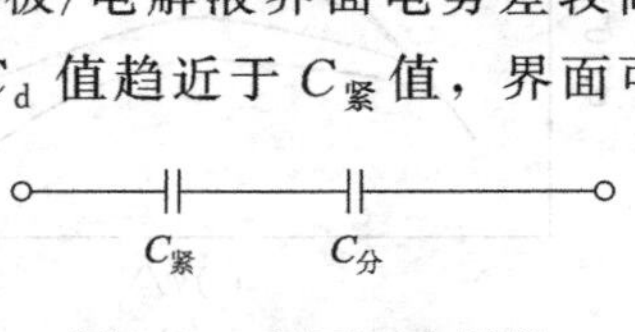

图 2-21　界面双电层的微分电容示意图

事实上，电极/电解液界面的真实情况远比上述模型复杂。近年来，研究者根据电解液存在 "溶剂化离子"，界面处会发生特性吸附等情况，提出了新的模型用于解释双电层结构。同时，随着原位表征和分子模拟等新技术的日新月异，对界面的认识也在不断深入中。

2.5.4 电极/电解液界面的吸附现象

一般来说，吸附通常包括物理吸附或化学吸附，而在电极/电解液界面上吸附会更复杂。除了物理吸附与化学吸附之外，还会发生带电粒子的特性吸附。由化学热力学规律可知，引起溶液中活性粒子在界面层中吸附的本质原因，是吸附过程伴随着体系自由能的降低，吸附自由能必须是负值。

在吸附过程中，会发生以下几种竞争作用，包括：①活性粒子与溶剂间相互作用；②活性粒子与电极表面相互作用（包括静电作用和化学作用）；③吸附层中活性粒子间相互作用；④活性粒子与水偶极层相互作用。吸附过程得以实现的前提是体系自由能的降低，上述四项因素的总和会使体系自由能降低。

在电极/电解液界面若要发生吸附，需要脱除水化膜。从热力学角度考虑，取代水分子的过程将使体系自由能增加，而短程相互作用会降低体系自由能。因此，只有后者作用大于前者，体系总能量降低时，才会发生吸附。通常，一些表面活性物质，如可以解离为 S^{2-}、$N(C_4H_9)^{4+}$ 的化合物、特性原子（如 H、O 等）和分子（多元醇、硫胺等），可以在电极/电解液界面发生吸附并使界面张力降低。吸附作用会改变电极表面状态和双电层分布，对电化学反应过程有重要的影响。

（1）无机离子的吸附

无机离子，尤其是阳离子的吸附作用不是特别明显。只有少量阳离子，如 Tl^+、Th^{4+}、La^{3+} 等表现出吸附活性。通常阳离子特性吸附顺序如下：$(C_3H_7)_4N^+ > Ti^{2+} > K^+$，如图 2-22(a) 所示。当阳离子吸附时，会吸引电极上的电子，使电极带负电。因此，只有电极电位更正，静电的斥力超过特性吸附作用时，阳离子的吸附停止，才能使得表面电荷为零。

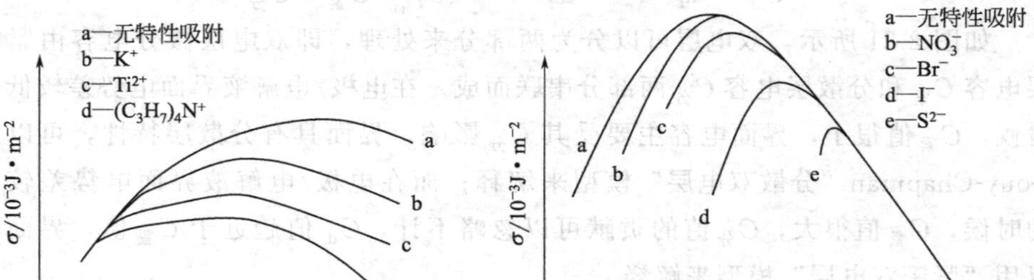

图 2-22 不同阳离子（a）、阴离子（b）特性吸附对电毛细曲线的影响

阴离子吸附也与电极电位密切相关。与阳离子吸附类似，同一溶液中不同阴离子的吸附能力不同。加入相同浓度的不同阴离子，同一电位下界面张力下降的程度会不同。一般来说，界面张力下降越多，表明该种离子的表面活性越强。如图 2-22(b) 所示，在汞电极上常见阴离子的活性为 $NO_3^- < Br^- < I^- < S^{2-}$。事实上，这一顺序大致和 Hg^{2+} 与这些阴离子所生成的难溶盐的溶解度顺序一致。

若表面有剩余正电荷，在特殊情况下，特性吸附会使紧密层中负离子电荷超过电极表面的剩余正电荷，此现象被称为超载吸附。此时，为了保持电中性，过剩负电荷又会吸附溶液中的阳离子，形成图 2-23 所示三电层结构。这时 ψ_1 电位符号与总电极电位 φ_a 相反。因仅特性吸附时才会有超载吸附现象，故无特性吸附时 ψ_1 与 φ_a 符号一致，而有特性吸附时 ψ_1 与 φ_a 符号相反。如果是电极表面发生正离子的超载吸附，则会形成图 2-24 所示的电位分布。

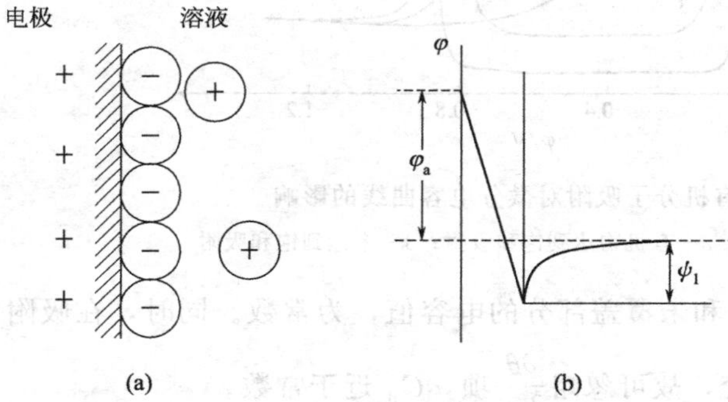

图 2-23　负离子发生超载吸附时的三电层结构 (a) 及其电位分布 (b)

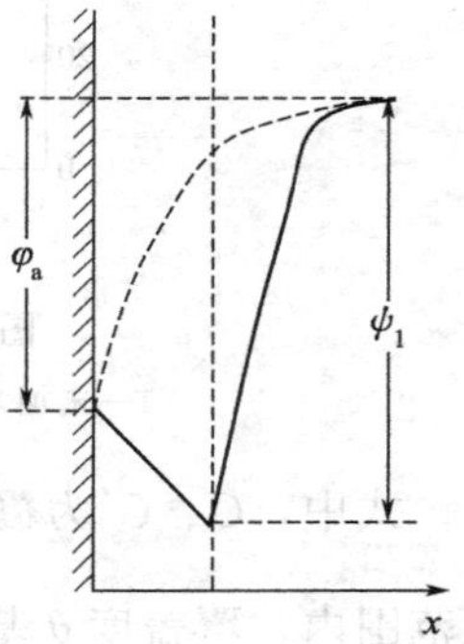

图 2-24　正离子发生超载吸附时的电位分布示意图

(2) 有机物的吸附

有机物分子的体积一般大于水，故有机物吸附会使双电层有效厚度增大。同时有机物的介电常数一般小于水，根据 $C=\frac{\varepsilon_0\varepsilon_r}{l}$ 关系可以发现，有机物吸附会造成界面电容下降，如图 2-25 所示。

有机物的吸附特殊之处是会形成如图 2-25 所示的吸附平台与独特的吸附峰。这也是判断有机物吸附的一个主要特征。下面分析这种现象出现的原因。如图 2-26 所示，电极/电解液界面的电荷可以用下式表示：

$$q=C\varphi_a(1-\theta)+C'\varphi_a\theta \tag{2.24}$$

所以有：

$$C_d=\frac{dq}{d\varphi}=C(1-\theta)+C'\theta-\frac{\partial\theta}{\partial\varphi_a}(C-C')\varphi_a \tag{2.25}$$

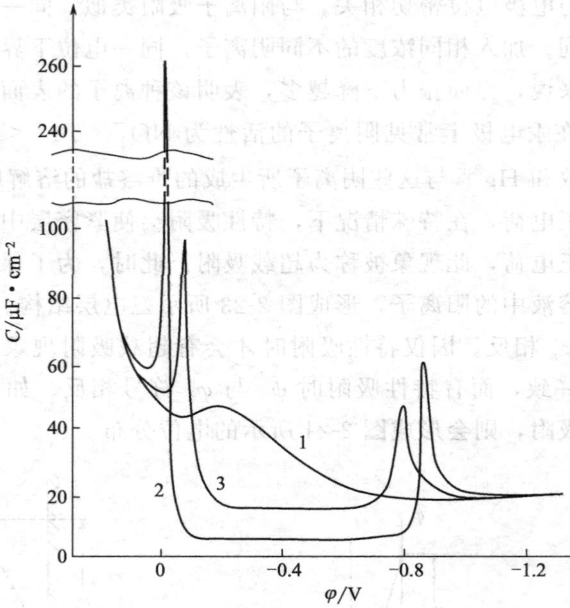

图 2-25　有机分子吸附对微分电容曲线的影响

1—未加入有机物；2—有机物达到饱和吸附；3—未达到饱和吸附

式中，C、C'为覆盖部分和未覆盖部分的电容值，为常数。同时，在吸附电位范围内，覆盖度 θ 基本不变，故可忽略$\frac{\partial\theta}{\partial\varphi_a}$项，$C_d$ 近于常数。

但在开始吸附和脱附的电位附近，即吸附边界处，吸附覆盖度变化很大，即$\left|\frac{\partial\theta}{\partial\varphi_a}\right|$变化大，这导致了 C_d 剧烈变化，出现图 2-25 所示的电容峰，通常称为吸脱附峰。通常，可以根据吸脱附峰的电位估计表面活性有机物的吸脱附电位，判断有机物发生特性吸附的电位范围。

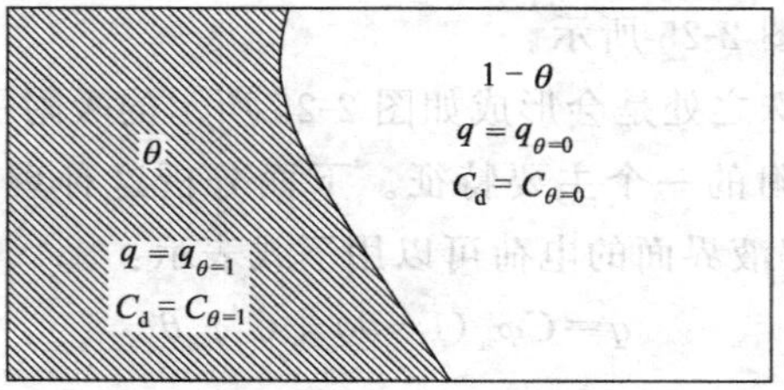

图 2-26　被表面活性有机分子部分覆盖的电极表面模型

第3章 电极电位与电极可逆性

3.1 绝对电位与相对电位

如第 2 章所述，导体和电解液界面所形成的相间电位称为电极电位。电极电位一般可分为绝对电位和相对电位。绝对电位指电极/电解液双电层界面与溶液深处的内电位差，但数值无法通过实验测试。相对电位一般指电极电位相对于参比电极的电位差，可以精确测量与计算。

3.1.1 电位的测量

从前面的讨论可知，电极电位就是金属电极和电解液之间的内电位差，其数值也称为电极的绝对电位。然而，电极的绝对电位无法准确测量。为什么会发生这种状况？我们用下面的例子说明。

如图 3-1(a) 所示，电极Ⅰ为待测电极，为了测量电极Ⅰ与溶液的内电位差，就需要把电极插入溶液，形成测量回路。图中 P 为电位计，一端与电极Ⅰ相连，另一端必须借助另一块插入溶液的电极Ⅱ才可以进行测量。这样，如图 3-1(b) 所示，电位计上得到的读数将包括三项内电位差。

$$E=(\varphi_{\mathrm{I}}-\varphi_{\mathrm{S}})+(\varphi_{\mathrm{S}}-\varphi_{\mathrm{II}})+(\varphi_{\mathrm{II}}-\varphi_{\mathrm{I}})$$
$$=\Delta\varphi_{\mathrm{IS}}+\Delta\varphi_{\mathrm{SII}}+\Delta\varphi_{\mathrm{II\,I}} \qquad (3.1)$$

本来想测量电极电位 $\Delta\varphi_{\mathrm{IS}}$ 的绝对数值，但测出的却是三个电位。而且，每一项都因同样的原因而无法直接测量，这就是电极的绝对电位无法直接测量的原因。

电极绝对电位无法测量这一事实并不意味着电极电位没有应用价值。从式 (3.1) 可知，如果 $\Delta\varphi_{\mathrm{II\,I}}$ 为恒定值，只要保持引入的电极电位 $\Delta\varphi_{\mathrm{SII}}$ 恒定，采用图

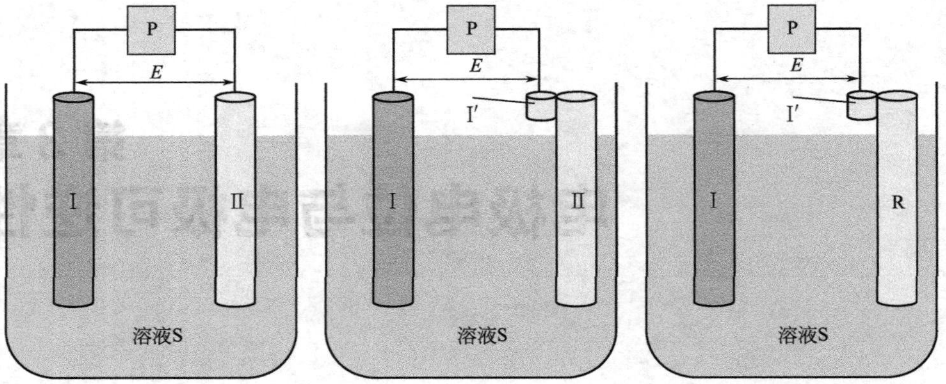

(a) 用于测试电极电位组装的化学电池　(b) 电池电动势的等效电路　(c) 测量相对电极电位的等效电路

图 3-1　电极电位测量过程示意图

3-1(*c*) 的回路即可测出被研究电极的相对电位。只要选择一个电极电位不变的电极为基准，可以得到：

$$\Delta E=\Delta(\Delta\varphi_{\mathrm{I\,S}}) \tag{3.2}$$

对不同电极进行测量，则测出的 ΔE 值大小顺序与这些电极绝对电位的顺序一致。事实上，影响电化学反应进行的方向和速度的关键因素是电极绝对电位的变化值 $\Delta(\Delta\varphi_{\mathrm{MS}})$。因此，绝对电位并不特别重要，重要的是绝对电位的变化值。

3.1.2　绝对电位符号的规定

根据绝对电位的定义，距离电极/电解液双电层界面无穷远的溶液深处电位为零，金属/电解液与溶液的内电位差为金属相对于溶液的电位降。由此，金属一侧带正电荷、溶液一侧带负电荷时，电位为正，如图 3-2(a) 所示。反之，如图 3-2(b) 所示，当金属电极一侧带负电时，电极绝对电位为负。

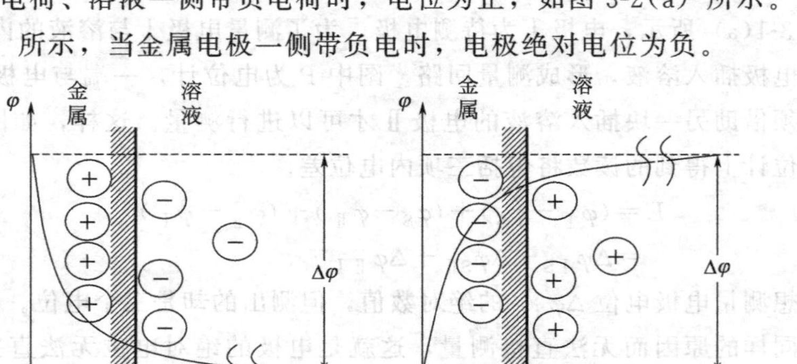

(a) $\Delta\varphi_{\mathrm{MS}}>0$　(b) $\Delta\varphi_{\mathrm{MS}}<0$

图 3-2　绝对电位的符号

3.1.3　相对电位与参比电极

如上所述，能作为基准电极电位，同时保持恒定的电极称为参比电极。事实上，在实际应用中使用的电位并不是电极的绝对电位，而是相对于某一参比电极的相对电位。

如图 3-1(c) 所示，将参比电极 R 与被测电极组成原电池，所得到的电池端电压叫作该被测电极的相对电位，称为电极电位，用符号 φ 表示。为了便于区分，一般需要注明该电位相对于具体参比电极的种类。

现在，我们来进一步分析相对电位的含义。式（3.1）可改写为：

$$E=\Delta\varphi_{MS}-\Delta\varphi_{SR}+\Delta\varphi_{RM} \tag{3.3}$$

式中，$\Delta\varphi_{SR}$ 是参比电极的绝对电位；$\Delta\varphi_{MS}$ 是被测电极的绝对电位；$\Delta\varphi_{RM}$ 为金属 R 与金属 M 的金属接触电位。

电子在两相间转移平衡后，通过导线连接的金属 R 与 M 中电子的电化学位相等，因此有：

$$\Delta\varphi_{RM}=\frac{\mu_{e,R}-\mu_{e,M}}{F} \tag{3.4}$$

因此，可将式（3.4）表示成两项之差：

$$E=\left(\Delta\varphi_{MS}-\frac{\mu_{e,M}}{F}\right)-\left(\Delta\varphi_{SR}-\frac{\mu_{e,R}}{F}\right) \tag{3.5}$$

由上一章平衡电极电位的关系，可以知道：

$$\Delta\varphi_{MS}=\frac{\sum\nu_i\mu_i}{nF}+\frac{\mu_{e,M}}{F} \tag{3.6}$$

$$\Delta\varphi_{SR}=\frac{\sum\nu_j\mu_j}{n'F}+\frac{\mu_{e,R}}{F} \tag{3.7}$$

所以，

$$E=\frac{\sum\nu_i\mu_i}{nF}-\frac{\sum\nu_j\mu_j}{n'F} \tag{3.8}$$

在测试过程中，不同的测试电极或者反应条件导致同一电极的电极电位发生变化时，与参比电极相关的 $\frac{\sum\nu_j\mu_j}{n'F}$ 这一项数值不变。如果能把这一部分看成是参比电极的相对电位 φ_r，把与被测电极有关的 $\frac{\sum\nu_i\mu_i}{nF}$ 看作被测电极的相对电位 φ，式（3.8）可简化为：

$$E=\varphi-\varphi_r \tag{3.9}$$

若规定参比电极的相对电位为零，那么实验测得的原电池端电压 E 值就是被测电极相对电位的数值，即：

$$\varphi = E = \Delta\varphi_{MS} - \frac{\mu_{e,M}}{F} = \frac{\sum \nu_i \mu_i}{nF} \tag{3.10}$$

可以发现，实际应用的电极电位并不仅指金属/电解液的内电位差，还包含了一部分测量电池中的金属接触电位$\frac{\mu_{e,M}}{F}$。通常来说，参比电极需要本身化学反应速率较快以保证电极不容易极化，如前述的理想去极化电极。

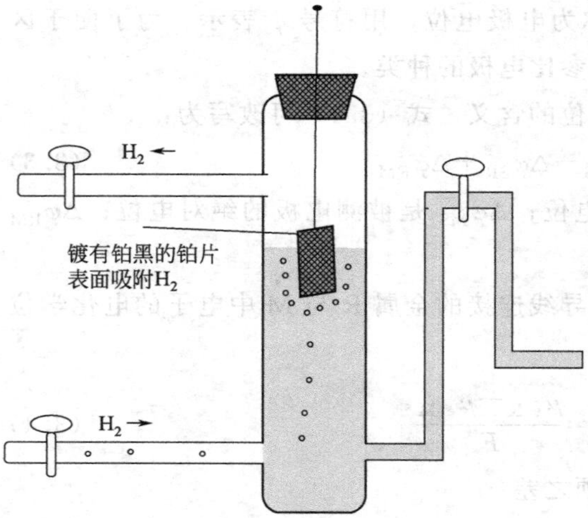

图 3-3　氢电极示意图

电化学中最重要的参比电极是标准氢电极，我们所说的大部分电极电位是相对于标准氢电极的相对电位。

如图 3-3 所示，将金属铂片用铂丝相连，固定在玻璃管的底部形成铂电极，然后在铂电极表面电镀一层疏松的铂黑，将其一半插入溶液，一半露出液面。确保溶液中氢离子活度为 1.0，通入纯净氢气的压力为 100kPa（或 101325Pa）。这种电极表面吸附氢气后就形成标准氢电极。

标准氢电极可用下式表示：

$$Pt, H_2(p=100kPa) \mid H^+(a=1)$$

式中，p 为氢气分压；a 为氢离子在溶液中的活度。

标准氢电极就是由氢气分压为 100kPa、氢离子活度为 1 的溶液所组成的电极体系。标准氢电极的电化学反应为：

$$H^+ + e^- \rightleftharpoons \frac{1}{2}H_2$$

电化学中规定标准氢电极的相对电位为零，用符号 $\varphi^{\ominus}_{H_2/H^+}$ 表示，上标⊖ 即表示标准状态❶。所以有：

$$\varphi^{\ominus}_{H_2/H^+} = \Delta_{H_2}\varphi_{H^+} - \frac{\mu_{e[H_2(Pt)]}}{F} = 0.000V \tag{3.11}$$

选用标准氢电极作参比电极时，电极的相对电位就等于该电极与标准氢电极所组成的原电池的电动势，也称为氢标电极电位或者氢标电位。

❶ 标准状态（standard state），是在指定标准压力 p 下该物质的状态，简称标准态。一般指温度 T，压力 100 kPa。

表 3-1 列出了常用的参比电极及其相对于标准氢电极的电极电位。由于标准氢电极的制作较为复杂，氢气的压力和活度很难保证精确，在日常工作中常用饱和甘汞电极、银/氯化银电极作为参比电极。图 3-4 为饱和甘汞电极的示意图。其电极反应式为：$Hg_2Cl_2 + 2e^- \longrightarrow 2Hg + 2Cl^-$，在 25℃下的电极电位为 0.2415V。

表 3-1　几种常见参比电极（25℃）

电极	电极组成	φ/V	$\frac{d\varphi}{dt}$/V·℃$^{-1}$
标准氢电极	$Pt, H_2(p_{H_2}=101325Pa) \mid H^+(a_{H^+}=1)$	0.0000	0.0×10^{-4}
饱和甘汞电极	Hg/Hg_2Cl_2(固)，KCl 饱和溶液	0.2415	-7.5×10^{-4}
1mol·dm^{-3} 甘汞电极	Hg/Hg_2Cl_2(固)，KCl(1mol·L^{-1} 溶液)	0.2800	-0.7×10^{-4}
0.1mol·dm^{-3} 银/氯化银电极	Ag/AgCl(固)，KCl(0.1mol·L^{-1} 溶液)	0.2881	-6.5×10^{-4}

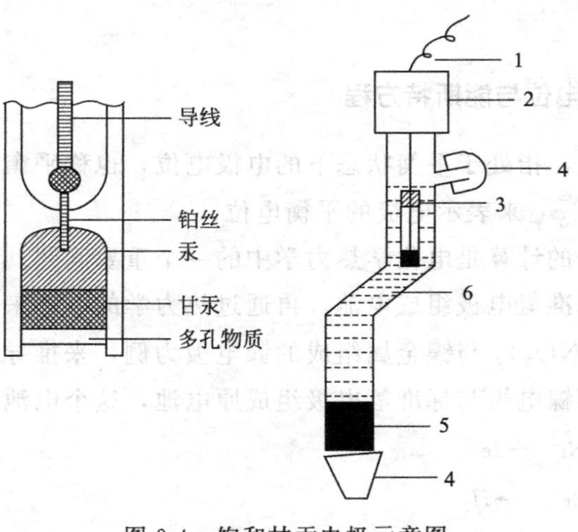

图 3-4　饱和甘汞电极示意图

1—导线（接线柱）；2—绝缘体；3—内部电极；4—橡皮帽；5—多孔物质；6—KCl 饱和溶液

同时，在参比电极的选择中，需要注意参比电极不能和溶液主体发生反应。比如，在含有 Ag^+ 的溶液中，不能使用含有 Cl^- 的参比电极。

电极与标准氢电极组成原电池时，若电极上发生还原反应，电极电位为正值；若电极上发生氧化反应，则电极电位为负值。这一原则也适用于其它参比电极体系。

3.2　可逆电极

3.2.1　可逆电极的条件

电极的可逆性对科学研究和生产实践极为重要。如电极不可逆，则无法采用热力学的方法计算电极电位，也无法得到实用化的二次化学电源。

可逆电极须满足以下两个条件：

① 电化学反应可逆。电化学反应过程可逆是可逆电极的前提条件。只有正向反应和逆向反应的速率相等时，电化学反应的物质交换和电荷交换才会平衡。也就是说，在反应的任一瞬间，氧化溶解的金属原子数必须与还原的金属离子种类相等、数目相当。同时，氧化反应失电子数也需要和还原反应的得电子数相等。

② 电极在平衡条件下工作。平衡条件意味着电极在电流无限接近零的条件下工作。只有在这种苛刻的条件下，电极上进行的阴极反应和阳极反应的速率才可能相等。

也就是说，可逆电极必须是在平衡电位下工作，同时电极上的电荷交换和物质交换都平衡。

3.2.2 可逆电极电位与能斯特方程

可逆电极电位，指处于平衡状态下的电极电位，也称平衡电极电位或者平衡电位。一般用符号 $\varphi_{平}$ 来表示电极的平衡电位。

可逆电极电位的计算是电化学热力学中的一个重要问题。最为简便计算电极电位的方法是与标准氢电极组成电池，再通过热力学的方法来计算。

以镍放入 $Ni(NO_3)_2$ 与镍金属组成的镍电极为例，来推导可逆电极电位的热力学计算过程。用镍电极与标准氢电极组成原电池，这个电池的反应如下：

阳极：$Ni \longrightarrow Ni^{2+} + 2e^-$

阴极：$2H^+ + 2e^- \longrightarrow H_2$

总电池反应：$Ni + 2H^+ \longrightarrow Ni^{2+} + H_2$

假定电池可逆，也就是说，电池在平衡条件下工作，则电池的电动势为：

$$E = \varphi_+ - \varphi_- \tag{3.12}$$

$$E = (\varphi^\ominus_{H_2/H^+} - \varphi^\ominus_{Ni/Ni^{2+}}) - \left(\frac{RT}{2F}\ln\frac{p_{H_2}}{a^2_{H^+}} + \frac{RT}{2F}\ln\frac{a_{Ni^{2+}}}{a_{Ni}}\right)$$

$$= \left(\varphi^\ominus_{H_2/H^+} + \frac{RT}{2F}\ln\frac{a^2_{H^+}}{p_{H_2}}\right) - \left(\varphi^\ominus_{Ni/Ni^{2+}} + \frac{RT}{2F}\ln\frac{a_{Ni^{2+}}}{a_{Ni}}\right) \tag{3.13}$$

对于标准氢电极，规定：

$$\varphi^\ominus_{H_2/H^+} = 0 \quad 且 \quad \varphi_{H_2/H^+} = \varphi^\ominus_{H_2/H^+} + \frac{RT}{2F}\ln\frac{a^2_{H^+}}{p_{H_2}} = 0$$

所以：

$$E=-\left(\varphi^{\ominus}_{Ni/Ni^{2+}}+\frac{RT}{2F}\ln\frac{a_{Ni^{2+}}}{a_{Ni}}\right)=-\varphi_{Ni/Ni^{2+}} \tag{3.14}$$

这就是镍电极平衡电位的计算公式。对于 $O+ne^- \rightleftharpoons R$ 这个氧化还原反应，可逆电极的电位计算公式可写为以下通式：

$$\varphi_{平}=\varphi^{\ominus}+\frac{RT}{nF}\ln\frac{a_O}{a_R}=\varphi^{\ominus}+\frac{RT}{nF}\ln\frac{a_{氧化态}}{a_{还原态}} \tag{3.15}$$

式中，$\varphi^{\ominus}$ 为标准状态下的平衡电位，一般也称为该电极的标准电极电位。

对特定电极体系，$\varphi^{\ominus}$ 是常数，可以通过查数据表得到，n 为参加反应的电子数。所以，知道电极反应的标准电极电位，就可以计算在不同温度、浓度情况下的平衡电极电位。

式（3.15）就是著名的能斯特方程，它反映了电极电位与参加电化学反应的各反应物浓度及反应温度的关系，是热力学上计算各种可逆电极电位的基本公式。

能斯特方程在电化学方面有重大贡献，也是电化学热力学中最重要的公式之一。能斯特方程表明，离子浓度、反应温度对电极电位有重要影响，并可以根据能斯特方程求出离子浓度、反应温度改变时电极电位的数值。

3.2.3 可逆电极的分类

按照电极的组成与反应特征，常见的可逆电极可以分为以下四类。

（1）阳离子可逆电极

也称第一类可逆电极。这类电极是金属浸在含有该金属离子的可溶性盐溶液中所组成的电极。例如 $Zn|ZnSO_4$，$Ni|NiSO_4$ 和 $Fe|Fe(NO_3)_3$ 等。

阳离子电极反应时，发生金属阳离子从电极溶解到电解液中和电解液中的金属离子沉积到金属导体上的反应。例如硫酸锌电极、硫酸铜电极和硝酸银电极等。一般来说，阳离子可逆电极的平衡电位和金属本性、离子的种类、活度和反应温度有关。

（2）阴离子可逆电极

也称第二类可逆电极。这类电极是由金属插入其难溶盐和与这种难溶盐具有相同阴离子的可溶性盐溶液中所组成的电极。例如铅酸电池的负极 $Pb|PbSO_4$（固），$SO_4^{2-}(a_{SO_4^{2-}})$ 等。

如果阴离子可逆电极的难溶盐是氯化物，则溶液中就应含有可溶性氯化物；如难溶盐为硫酸盐，则溶液中就应该有可溶性硫酸盐；以此类推。阴离子可逆电极的电极反应实质是阴离子在金属/电解液界面发生溶解和生成难溶盐的反应。

例如氯化银电极 Ag|AgCl(固)，KCl(a_{Cl^-})的电极反应为：$AgCl + e^- \rightleftharpoons Ag + Cl^-$，电极电位方程式为：$\varphi_{平} = \varphi^{\ominus} - \frac{RT}{F}\ln a_{Cl^-}$。

特别注意的是，这类电极的平衡电位主要由阴离子种类、活度和反应温度决定。因此，也称为“金属-难溶盐电极”。阴离子可逆电极具有可逆性好、平衡电位稳定、制备简单等优点，常作为参比电极。譬如，饱和甘汞电极 Hg|Hg_2Cl_2(固)，KCl(a_{Cl^-})，汞硫酸亚汞电极，Hg|Hg_2SO_4(固)，SO_4^{2-}($a_{SO_4^{2-}}$)，以及银氯化银电极 Ag|AgCl（固），Cl^-(a_{Cl^-}) 等都是典型的阴离子可逆电极。

(3) 氧化还原可逆电极

氧化还原可逆电极是由铂、其它惰性金属或者石墨插入同一元素的两种不同价态离子的溶液中所组成的电极。氧化还原电极的反应本质是同一元素的两种价态离子之间的氧化还原反应，惰性金属或者石墨只起到导电、提供反应场所的作用。如 Pt |Fe^{2+}($a_{Fe^{2+}}$)，Fe^{3+} ($a_{Fe^{3+}}$)，Pt |Sn^{2+}($a_{Sn^{2+}}$)，Sn^{4+} ($a_{Sn^{4+}}$)，Pt|$Fe(CN)_6^{4-}$(a_1)，$Fe(CN)_6^{3-}$(a_2)等。

这类电极的电极电位取决于电解液中两种价态离子的活度之比。

(4)气体可逆电极

气体可逆电极就是将氧化还原可逆电极的反应组分替换为气体。这种电极的本质是气体在固相和/或液相界面上发生氧化还原反应。如氢电极 Pt，H_2(p_{H_2})|H^+(a_{H^+})、氧电极 Pt，O_2(p_{O_2})|OH^-(a_{OH^-})等。

3.3 不可逆电极

除了可逆电极，在实际的电化学体系中，有许多电极并不能满足可逆电极条件，这类电极叫作不可逆电极。事实上，电化学生产实践中会遇到很多不可逆电极的例子。譬如电镀的时候，零件在电镀液中所形成的电极：Fe|Zn^{2+}、Fe|CrO_4^{2-}、Cu|Ag^+，铝在海水中所形成的电极 Al|NaCl、Al|KCl等，都是不可逆电极。

3.3.1 不可逆电极的形成原因

相对于可逆电极，不可逆电极的形成更加复杂。总的来说，不可逆电极形成的一个很大可能是电极没有达到稳定状态。譬如活泼金属（如 Fe）刚放入稀盐酸时，溶液中没有铁离子，但有氢离子，这个时候正反应主要为铁的溶解过程，即 $Fe \longrightarrow Fe^{2+} + 2e^-$，而逆反应主要为氢离子的还原，即 $H^+ + e^- \longrightarrow H$，如图 3-5 所示。

随着铁溶解的进行，溶液中铁离子的浓度增加，这时会发生铁离子在电极上沉积，即 $Fe^{2+}+2e^{-}\longrightarrow Fe$，同时，电极上H的浓度也会增加，同步会发生氢原子氧化为氢离子的反应，即 $H\longrightarrow H^{+}+e^{-}$ 的反应。这样，电极/电解液界面就同时存在如图 3-5 所示的四个反应。

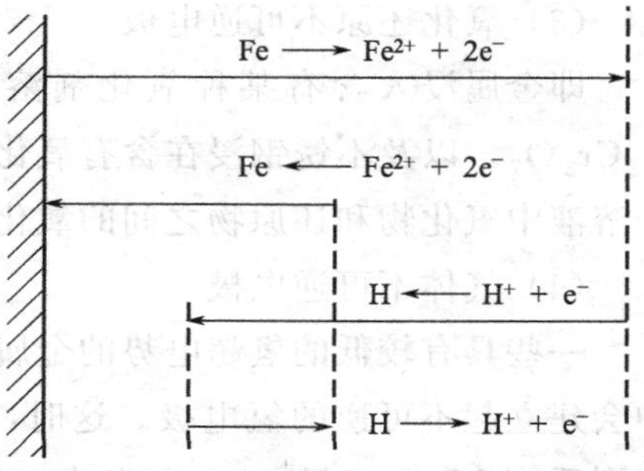

图 3-5　不可逆电极反应过程示意图
（图中箭头长度表示反应速率大小）

上述过程中，铁的溶解与沉积的速率并不相等；同样，氢的氧化和还原速率也不相等。也就是说，这个过程物质的交换也不平衡，有净反应发生（铁的溶解与氢气的析出）。这就是一个典型的不可逆电极。类似过程形成的电极电位称为不可逆电极电位或不平衡电极电位。不可逆电极电位无法用能斯特方程计算出来，一般需通过实验测定。

另外需要强调的是，不可逆电位可以是稳定的，也可以是不稳定的。如果电荷在界面上交换的速率相等，尽管物质交换不平衡，也可能建立起稳定的双电层，使电位达到稳定状态。

3.3.2　不可逆电极类型

（1）阳离子不可逆电极

也称第一类不可逆电极。主要指金属浸入不含该金属离子电解液中所形成的电极，如 Fe | HCl,Zn | KCl 等。与阳离子可逆电极电位类似，阳离子不可逆电极电位与金属性质、离子浓度和温度等有关。

（2）阴离子不可逆电极

也称第二类不可逆电极。阴离子不可逆电极指一些电位较正的金属（Cu、Ag、Au 等）浸在能生成该金属的难溶盐或氧化物的溶液中所组成的电极，如 Cu|NaOH、Ag|NaCl 等。

与阴离子可逆电极类似，阴离子不可逆电极主要发生阴离子在金属/溶液界面的溶解或沉积。例如，铜浸在氢氧化钠溶液中，由于铜与溶液反应生成一层氢氧化亚铜附着在金属表面，而氢氧化亚铜的溶度积[1]很小（$K_{sp}=1\times10^{-14}$），故铜在氢氧化钠溶液中建立的稳定电位就与阴离子活度有关。

---

[1] 溶度积是指难溶电解质尽管难溶，但还是有一部分阴阳离子进入溶液，同时进入溶液的阴阳离子又会在固体表面沉积下来，当这两个过程的速率相等时，难溶电解质的溶解就达到平衡状态，固体的量不再减少。

（3）氧化还原不可逆电极

即金属浸入含有某种氧化剂溶液中所形成的电极。例如 $Zn|HNO_3$，$Fe|K_2Cr_2O_7$，以及不锈钢浸在含有氧化剂溶液中形成的电极。其电极电位主要依赖于溶液中氧化物和还原物之间的氧化还原反应，也称为不可逆氧化还原电极。

（4）气体不可逆电极

一些具有较低的氢超电势的金属（Zn、Fe 等）在水溶液（尤其是酸性溶液）中会建立起不可逆的氢电极。这时，主要电化学反应是 $H \rightleftharpoons H^+ + e^-$，但仍有副反应 $M \rightleftharpoons M^{n+} + ne^-$ 发生，后者的速率远小于前者。其电极电位主要取决于氢的氧化还原过程，发生气体电极反应，也称为不可逆气体电极。

3.3.3 可逆和不可逆电极的区分

可逆电极与不可逆电极的区分对研究工作极为重要。常用的区分方法是根据电极的组成进行初步判断，如果符合可逆电极反应特点，一般就可以认为是可逆电极。例如铜在硫酸铜溶液中形成的电极，其电极组成为 $Cu|CuSO_4$，电化学反应为 $Cu \rightleftharpoons Cu^{2+} + 2e^-$，可初步判断为阳离子可逆电极。

而铜浸在氢氧化钠溶液中，其电极组成为 Cu | NaOH，其主要的电化学反应为：

$$Cu \longrightarrow Cu^+ + e^-$$

$$Cu^+ + OH^- \longrightarrow CuOH$$

氧化反应 $Cu + OH^- \longrightarrow CuOH + e^-$，反应产生的 CuOH（氢氧化亚铜）的溶度积很小；还原反应 $O_2 + 2H_2O + 4e^- \longrightarrow 4OH^-$，可初步判断属于阴离子不可逆电极。

另外，也可以根据能斯特方程来判断。可逆电极与不可逆电极的一个主要区别在于电极电位是否可以通过能斯特方程计算。如果测定的电极电位与能斯特方程计算一致，一般可以判断为可逆电极；反之，一般认为是不可逆电极。

3.4 影响电极电位的因素

从电极电位产生的机理可知，电极电位的大小取决于金属/电解液界面双电层的结构与性质，因而影响电极电位的因素包含了金属的性质和电解液界面性质两大方面。前者包括金属的种类与物化性质、表面状态、吸附特性、变形与内应力等；后者包括溶液中离子性质和浓度、溶剂性质、液体中溶解的气体、分子和聚合物情况及温度、压力等环境情况。

（1）电极种类与物化性质

电极种类与物化性质会影响金属晶格对自由电子的束缚作用，造成电极得失电子的能力不同，形成的电极电位也不同。

（2）电极的表面状态

电极表面状态，如纯度、表面粗糙度、表面氧化膜或者其它粒子（原子、分子）在金属表面的吸附等因素都对电极电位有较大影响。比如，金属表面保护膜的形成会使得金属电极电位向正移，金属不容易被腐蚀，保护膜被破坏会使电极电位变负。吸附在金属表面的气体也会影响金属的电极电位。比如氧分子吸附时金属电极电位会变正，而氢分子吸附时电极电位会变负。

（3）金属的机械变形和内应力

金属机械变形和内应力的存在会影响到金属的稳定性，一般会使电极电位变负。如在变形的金属上，离子能量增高，活性增大，金属容易被腐蚀。

（4）溶液的 pH 值与溶剂

溶液 pH 值对电极电位有明显影响，改变 pH 值会改变电极反应历程，从而影响电极电位。

电极电位和金属离子的溶剂化状态密切相关。不同溶剂中离子的解离、吸附、络合等状态都不一样，电极电位会有很大的差别。

事实上，本书主要讨论水溶液中的电极电位，如应用于其它非水体系，如有机电解液中，电位数值和规律会有很大差异，这一点需特别引起注意。

（5）溶液中氧化剂、络合剂

氧化剂（如 H_2O_2 等）的加入对电极电位的影响很大。如果氧化剂导致金属表面生成氧化膜，会使电位变正。络合剂会改变金属离子的水化结构而形成络合离子，从而影响电极电位。

3.5　标准电极电位和标准电化学序

按照 IUPAC[1] 规定，标准电极电位，也称标准电极电势，指温度为 25℃，金属离子的有效浓度为 $1mol \cdot L^{-1}$（即活度为 1）时的平衡电位。标准电极电位是标准氢电极为参比电极时测定的电极电位。根据能斯特方程，其它情况下的平衡电极电位可以通过标准电极电位来计算。

如表 3-2 所示，把各种标准电极电位按数值从低到高排列，就得到标准电化学序。

[1] International Union of Pure and Applied Chemistry (IUPAC) 国际纯粹与应用化学联合会，又称国际理论与应用化学联合会，以公认的化学命名权威著称，是各国化学会的一个联合组织。

表 3-2 25℃水溶液中各种电极的电极电位与温度系数

电化学反应	$\varphi^{\ominus}$/V	$\frac{d\varphi^{\ominus}}{dT}$/mV·K^{-1}
$Li^{+}+e^{-} \rightleftharpoons Li$	−3.045	−0.59
$K^{+}+e^{-} \rightleftharpoons K$	−2.925	−1.07
$Ba^{2+}+2e^{-} \rightleftharpoons Ba$	−2.900	−0.40
$Ca^{2+}+2e^{-} \rightleftharpoons Ca$	−2.870	−0.21
$Na^{+}+e^{-} \rightleftharpoons Na$	−2.714	0.75
$Mg^{2+}+2e^{-} \rightleftharpoons Mg$	−2.370	0.81
$Al^{3+}+3e^{-} \rightleftharpoons Al$	−1.660	0.53
$2H_2O+2e^{-} \rightleftharpoons 2OH^{-}+H_2$(气)	−0.828	−0.80
$Zn^{2+}+2e^{-} \rightleftharpoons Zn$	−0.763	0.10
$Fe^{2+}+2e^{-} \rightleftharpoons Fe$	−0.440	0.05
$Cd^{2+}+2e^{-} \rightleftharpoons Cd$	−0.402	−0.09
$PbSO_4+2e^{-} \rightleftharpoons Pb+SO_4^{2-}$	−0.355	−0.99
$Ni^{2+}+2e^{-} \rightleftharpoons Ni$	−0.250	0.31
$Pb^{2+}+2e^{-} \rightleftharpoons Pb$	−0.129	−0.38
$2H^{+}+2e^{-} \rightleftharpoons H_2$(气)	0.000	0
$Cu^{2+}+e^{-} \rightleftharpoons Cu^{+}$	0.153	0.07
$Cu^{2+}+2e^{-} \rightleftharpoons Cu$	0.337	0.01
$2H_2O+4e^{-}+O_2 \rightleftharpoons 4OH^{-}$	0.401	—
$I_2+2e^{-} \rightleftharpoons 2I^{-}$	0.535	−0.13
$Hg_2SO_4+2e^{-} \rightleftharpoons SO_4^{2-}+2Hg$	0.615	−0.83
$Fe^{3+}+e^{-} \rightleftharpoons Fe^{2+}$	0.771	1.19
$Ag^{+}+e^{-} \rightleftharpoons Ag$	0.799	−1.00
$2Hg^{2+}+2e^{-} \rightleftharpoons Hg_2^{2+}$	0.920	0.10
$4H^{+}+4e^{-}+O_2 \rightleftharpoons 2H_2O$	1.229	−0.85
$4H^{+}+2e^{-}+PbO_2 \rightleftharpoons 2H_2O+Pb^{2+}$	1.455	−0.25
$Au^{3+}+3e^{-} \rightleftharpoons Au$	1.500	—
$Au^{+}+e^{-} \rightleftharpoons Au$	1.680	—

标准电化学序在电化学研究与应用中具有重要作用，主要如下：

① 标准电极电位反映了金属得失电子的能力及活泼性。电化学反应和电池反应实质上都是氧化还原反应，因此，标准电化学序也反映了某一电极相对于另一电极的氧化还原能力的大小。电位越负，越容易失电子，金属的活性越高；电位越正的金属越不易失去电子。

② 当两种或两种以上金属接触并有电解液存在时，可根据标准电化学序初步估计哪种金属被加速腐蚀，哪种金属被保护。这在电化学防腐等领域有重要意义。比如，铁与镁相接触，因为镁的电位较负，将作为腐蚀电池的阳极而发生腐蚀溶解。因此，我们在海洋航行的轮船中加上一块镁金属，就可以保护轮船不被腐蚀；油气管道防腐也可用同样原理进行处理。

③ 可以通过电化学序来判定金属间的置换反应，这对电镀等过程也极为重

要。置换反应本质是氧化还原反应，可以用标准电化学序对置换次序作出估计。如在水溶液中，金属元素可以置换比它的标准电位更正的金属离子，例如：

$$Zn+2Ag^{+} \longrightarrow Zn^{2+}+2Ag$$

标准电位为负值的金属可以置换氢离子而析出氢气，但标准电位为正值的金属则不能与氢离子发生反应，例如：

$$Fe+3H^{+} \longrightarrow Fe^{3+}+3/2H_2$$

$$Cu+2H^{+} \not\longrightarrow Cu^{2+}+H_2$$

④ 可以利用标准电化学序初步估计电解过程中，溶液里的各种金属离子（包括氢离子）自阴极析出的先后顺序，这是电化学分析的理论基础。电化学还原过程中，在阴极优先析出的金属离子电极电位较正，因而容易得电子。例如，含 Zn^{2+}、Ni^{2+}、Cu^{2+}、Ag^{+} 等离子的溶液，金属的标准电位分别为：$\varphi^{\ominus}_{Zn}=-0.763V$，$\varphi^{\ominus}_{Ni}=-0.250V$，$\varphi^{\ominus}_{Cu}=0.337V$，$\varphi^{\ominus}_{Ag}=0.799V$，故电解时，金属在阴极优先析出的顺序可能是：

$$Ag^{+} \rightarrow Cu^{2+} \rightarrow Ni^{2+} \rightarrow Zn^{2+}$$

值得注意的是，实际析出顺序还与各离子浓度、离子间相互作用以及通电后各金属电极电位的变化等因素有关，需具体问题具体分析。

⑤ 利用标准电极电位可以初步判断可逆电池的正负极和计算电池的标准电动势。例如：

$$Zn|Zn^{2+}(a_1)||Cu^{2+}(a_2)|Cu$$

因为 $\varphi^{\ominus}_{Zn}=-0.763V$，$\varphi^{\ominus}_{Cu}=0.337V$，可以据此初步判断反应过程锌电极为负极（阳极），铜电极为正极（阴极）。若能根据标准电位和离子活度计算出各电极的平衡电位，那就可以准确判断，进而可求出上述电池的标准电动势。

⑥ 标准电极电位可以用于电动势和电极电位的计算，可以计算出化学反应的平衡常数、有关反应的焓变、熵变等重要物理化学参数。

在标准电化学序的应用中，也需要特别注意：运用标准电化学序来分析电化学反应的方向时具有较大局限。如：①标准电化学序是热力学概念，只是说明了反应的可能性，并不能代表反应速率；②上述的标准电极电位主要是水溶液中的数据，在有机溶液中需要另行分析，这一点在电化学能源技术中尤其重要；③电化学序是在标准状态下的数据，没有考虑温度、浓度、pH 值等影响，而这些参数对电化学反应过程有重要影响。

第4章 电化学体系

电化学主要研究的对象就是电化学体系。一般来说，由导体、电解液两类不同导体组成，在电荷转移的同时伴随物质变化的体系称为电化学体系。常见的锂离子电池、铅酸电池和燃料电池都属于电化学体系。

通常，根据电化学发生反应的条件、得到的结果不同，电化学体系通常分为以下四类。

第一，原电池。它是金属导体与外接的负载接通后，能自发地把化学能转化为电能并对外做功的电化学体系。锂离子电池的放电过程就是典型的原电池反应。

第二，电解池。电解池在某种程度上可认为是原电池的逆过程。它通过外接电源与电化学体系接通后，由外接电源强迫电流在电解池中发生化学反应。锂离子电池的充电过程就是典型的电解池反应。

第三，腐蚀电池。腐蚀电池可以认为是一种特殊的原电池，它能自发地发生反应，但是不能对外做功。

第四，浓差电池。同一种物质在正极、负极因浓度或压力等不同而形成的电池，称为浓差电池。

4.1 原电池

原电池是电化学中极为重要的概念，也是现代电源技术的基础。通常把可以自发地将化学能直接转变为电能，并对外做功的电化学装置称为原电池。常用的锂离子电池、铅酸电池在放电过程中都发生原电池反应。

以丹尼尔电池为例介绍原电池的特性。1836 年，丹尼尔根据伏打电堆的原理发明了最早的实用电池，并用于早期铁路的信号灯等领域。图 4-1 是丹尼尔电池的示意图，其正极为铜，负极是锌，它们分别置于硫酸铜溶液和硫酸锌溶液中，然后用盐桥或离子膜将正极区和负极区连接起来。

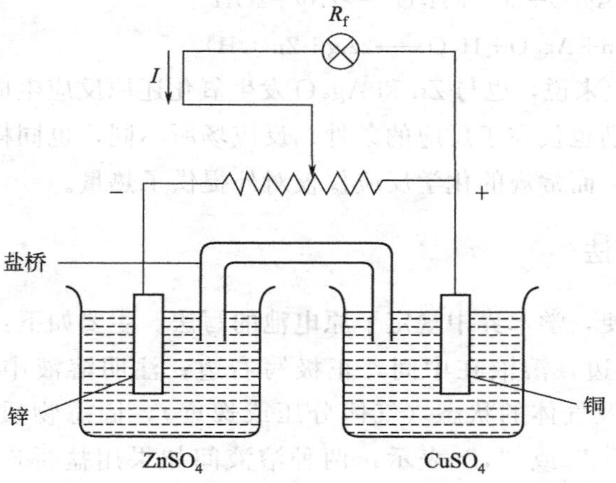

图 4-1　丹尼尔电池示意图

在丹尼尔电池中发生的电化学反应为：

负极（−）：$Zn-2e^- \longrightarrow Zn^{2+}$

正极（+）：$Cu^{2+}+2e^- \longrightarrow Cu$

总的电池反应：$Zn+Cu^{2+} \longrightarrow Zn^{2+}+Cu$

从本质上讲，这个反应与锌片投入硫酸铜溶液置换出铜的反应，$Zn+CuSO_4 \longrightarrow ZnSO_4+Cu$，在化学本质上没有区别。两者的主要差别在于反应结果的不同。置换反应中，除了锌溶解得到铜以外，溶液的温度还会发生变化；而在丹尼尔电池中，不仅有上述特征，还可以产生电流并对外做功。

为什么会发生这种现象呢？主要原因在于两个本质相同的反应在不同的反应条件和不同装置中进行，这也是电化学反应的一个特征与优势。在置换反应中，锌与铜离子直接接触并发生反应，氧化和还原反应在同一地点、同一时刻直接交换电荷；而在原电池中，氧化反应（锌的溶解）和还原反应（铜的析出）分别在阳极区和阴极区进行，电流通路通过外线路中自由电子的流动和溶液离子的迁移实现。原电池中定向流动的电荷形成电流，反应所引起的化学能变化成为电荷传递的动力，并转化为对外做功的电能。

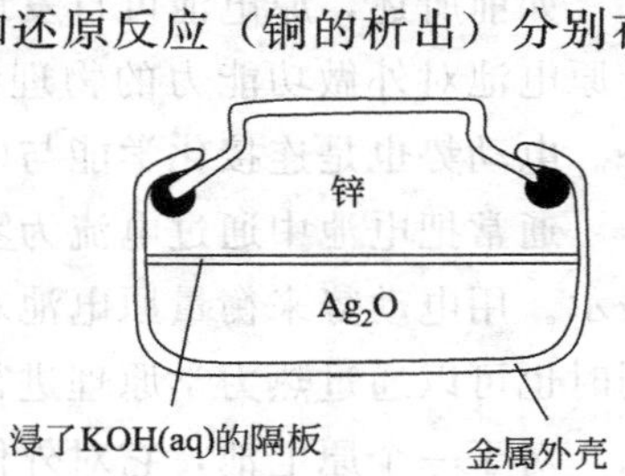

图 4-2　锌银电池示意图

由此可见，原电池区别于普通氧化还原反应的基本特征，就是能通过电池反应将化学能转变为电能，原电池实际上是一种能量转换的电化学装置。

同样，对于常见的银锌电池（图 4-2），其正极、负极和总反应分别如下：

负极（－）：$Zn-2e^- +2OH^- \longrightarrow Zn(OH)_2$

正极（＋）：$Ag_2O+2e^- +H_2O \longrightarrow 2Ag+2OH^-$

电池反应：$Zn+Ag_2O+H_2O \longrightarrow 2Ag+Zn(OH)_2$

从化学本质上来说，也与 Zn 和 Ag_2O 发生氧化还原反应生成 Ag 和 $Zn(OH)_2$ 的反应一致，差别也仅在于反应的条件、反应场所不同，也同样导致了电化学反应可以对外做功，而常规的化学反应仅仅对外提供了热量。

4.1.1 原电池写法

为了研究方便，学术界中规定了原电池的写法。主要如下：

① 负极写左边，溶液在中间，正极写右边；注明溶液中离子的状态（浓度或者活度）以及气体的状态（气体分压或逸度），固态物质可注明物态；两相界面，均用“｜”或“,”表示；两种溶液间如果用盐桥连接，则在两溶液间用“‖”表示盐桥。在必要时候，可以注明反应温度与电极的正、负极性等特征。

例如，丹尼尔电池用下式表示：

$$25℃,(-)Zn|ZnSO_4(a_{Zn^{2+}})\|CuSO_4(a_{Cu^{2+}})|Cu(+)$$

铅酸电池通常可用下式表示：

$$25℃,(-)Pb|PbSO_4(a_{Pb^{2+}})\|PbO_2(a_{H^+})|Pb(+)$$

② 氧化还原电极溶液中同种金属不同价态离子和气体电极的气体反应物不能直接构成电极，必须依附在惰性金属（如铂）做成的极板上。这种情况下，注明电极材料的种类。如氢氧燃料电池反应可表达为：Pt，$H_2(p_1=101325Pa)|HCl(a)|O_2(p_2=10132.5Pa)$，Pt。

4.1.2 原电池电动势

如前所述，原电池可自发地将化学能转化为电能并对外做功。因此，用于衡量原电池对外做功能力的物理量就非常重要。其中最重要的参数之一就是电动势。电动势也是连接化学能与电能关系的桥梁。

通常把电池中通过电流为零时，正极与负极的电位差称为电动势，用符号 E 表示。用电动势来衡量原电池对外做功能力的主要优点是电动势容易精确测量，同时也可以通过热力学原理进行计算。

对于一个原电池，它对外做功的能力来源于电池内部的化学反应。若设原电池可逆地进行反应所做的电功 W 为：

$$W=EQ \tag{4.1}$$

式中，E 为电池的电动势；Q 为电量。

而电量 $Q=nF$，于是可以得到：

$$W=nFE \tag{4.2}$$

式中，n 为参与反应的电子数；F 为法拉第常数。

从化学热力学原理可以知道，恒温和恒压下孤立体系对外可做的最大可逆功等于体系自由能的减少，即

$$W=-\Delta G \tag{4.3}$$

因此，可以得到下式：

$$E=-\frac{\Delta G}{nF} \tag{4.4}$$

式（4.4）说明了原电池中化学能和电能定量转化关系，它也是化学热力学和电化学热力学的主要桥梁之一，是电池热力学定量计算的基础。

需要说明的是，式（4.4）的应用前提是可逆电池体系。只有在这个前提下，原电池对外所做的功才等于体系自由能的减少。对于不可逆体系，一部分能量会以热能的形式损失，体系自由能的减少要大于对外做的功。

4.1.3　电动势的测量

通常可用电压表来测量电路的电压，但无法精确测量电动势。原因在于测定电动势时，需要保证电流为零。而用电压表测量电压的时候，必须有电流通过，这会导致电池内阻和导线的欧姆电压降（IR）的产生。在这种情况下，我们的目的是测量 E，而得到的是：

$$U=E-IR \tag{4.5}$$

式中，U 为电池端电压；R 为电池内阻；I 为电流。

只有测量回路中电流为零时，电压表测得的电压（U）才等于原电池电动势（E）。为了解决这个问题，通常采用“补偿法”来较为精确地测量原电池的电动势。如图 4-3 所示，其原理与前面用于测量电极/电解液界面电容的“补偿法”类似。

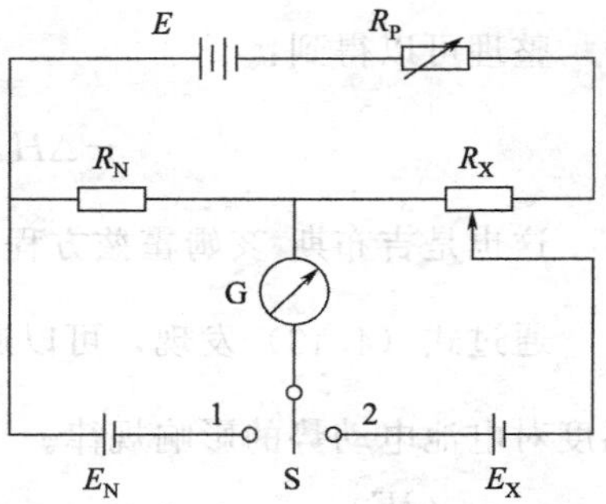

图 4-3　补偿法测量电动势的示意图

在开始测量的时候，把开关 S 扳向 1，调节 R_p 使电流 I 在标准电阻 R_N 上产生的电压降 IR_N 与标准电池电动势 E_N 平衡。此时，电流计指示为零。也就是说，$IR_N=E_N$，然后，把开关 S 扳向 2，通过调节触点使 R_X 上

的电压（称为补偿电压）与被测电动势 E_X 达到平衡。这个时候电流计指示为零，则 $E_X = IR_X$。

在测量的过程中，如果保持工作电流 I 不变，就有：

$$\frac{E_X}{R_X} = \frac{E_N}{R_N} \tag{4.6}$$

可以得到：

$$E_X = \frac{R_X}{R_N} E_N \tag{4.7}$$

式中，E_N 是已知电动势的电源。只要测出 R_N 和 R_X，就可以较为精确地得到被测电动势 E_X 的数值，实现原电池电动势的精确测量。

4.1.4 温度对电动势的影响

温度对电池性能影响极大，且温度对电池影响的关系对电池的应用也具有极为重要的意义。可以结合化学热力学中的吉布斯-亥姆霍兹方程来分析温度对电池电动势的影响，这种影响规律称为电池的温度系数。

在恒压条件下：

$$\Delta G = \Delta H + T \cdot \Delta S \tag{4.8}$$

$$\Delta G = -nFE \tag{4.9}$$

代入吉布斯-亥姆霍兹方程：

$$T \cdot \Delta S = -T\left[\frac{\partial(\Delta G)}{\partial T}\right]_p = -TnF\left[\frac{\partial E}{\partial T}\right]_p \tag{4.10}$$

可以得到：

$$\Delta G = \Delta H - TnF\left[\frac{\partial E}{\partial T}\right]_p \tag{4.11}$$

$$-nFE = \Delta H - TnF\left[\frac{\partial E}{\partial T}\right]_p \tag{4.12}$$

整理可以得到：

$$-\Delta H = nFE - TnF\left[\frac{\partial E}{\partial T}\right]_p \tag{4.13}$$

这也是吉布斯-亥姆霍兹方程应用于电化学热力学中的表达形式。

通过式（4.13）发现，可以通过测定 E 和 $\left(\frac{\partial E}{\partial T}\right)_p$ 来求反应焓变，从而获得温度对电池电动势的影响规律。

① 若 $\left(\frac{\partial E}{\partial T}\right)_p < 0$，此时电池对外做的电功小于反应的焓变。在电池工作时，

有一部分化学能转变为热能而消耗。若在绝热体系中电池就会慢慢变热。目前主要的化学电源，如锂离子电池、燃料电池都是这种情况。

② 若$\left(\frac{\partial E}{\partial T}\right)_p>0$，电功大于反应的焓变。这种电池工作时可以从环境吸收热量以保持温度不变，在绝热体系中电池会逐渐变冷。

③ 若$\left(\frac{\partial E}{\partial T}\right)_p=0$，说明电池的电功等于反应焓变，电池工作时既不吸收热量也不放出热量，在绝热体系中电池工作时温度不变。

4.1.5　电池的可逆性

电池的可逆性对于电化学研究与应用，尤其是电源技术的意义重大。如果电池不可逆，就无法实现二次电池的长寿命与稳定工作。可逆电池必须具备以下两个条件：

① 化学反应过程可逆。充/放电过程中所发生的物质变化可逆。例如，常用的二次电池在充/放电过程中物质变化都应该是可逆的，如锂离子电池的反应：$6C+LiCoO_2 \rightleftharpoons Li_{1-x}CoO_2+Li_xC_6$，其充电和放电过程就是可逆反应。

② 能量转化可逆。这就是说，在电池的充/放电过程中，化学能与电能的转化等量，没有热量损耗。

在实际过程中，只要有明显的电流产生，放电过程中电池的电压一定会下降，充电过程电压一定会增加，电池在充/放电过程中也不可避免地会有热量产生。

也就是说，只要电池以可察觉的速率进行反应，充电过程外界对电池所做的功都大于电池放电过程对外做的功。在电源技术中，我们称两者的比例为“充/放电效率”。目前化学电源的充/放电效率都小于100%。在充/放电过程中，电池都向外界释放了热量。

只有在电流无限小的前提下，电池的放电电压和充电电压才有可能一致。此时，电池的充/放电过程都不会对外散发热量，正逆反应的电功可以抵消，此时电池中的能量转换过程才被认为是可逆的。但是，在真正的应用过程中，无法达到电流无限小，只能是一种理想状况。

这也说明了电化学热力学过程的局限性。在实际过程中，只能无限地接近可逆过程，但永远无法达到。严格地讲，日常使用的电池都不可逆，可逆电池只是一种特殊状态。

4.1.6　电动势的热力学计算

对于可逆电池，电动势除了可以测量外，还可以通过热力学的方法进行计算。以丹尼尔电池为例，分析电池电动势的热力学计算过程。

对于丹尼尔电池，根据化学平衡等温式，电池自由能的变化 ΔG 为：

$$-\Delta G = RT\ln K - RT\ln\frac{a_{Cu}a_{Zn^{2+}}}{a_{Cu^{2+}}a_{Zn}} \tag{4.14}$$

同时，由前面分析知道：

$$-\Delta G = nFE \tag{4.15}$$

可以得到：

$$nFE = RT\ln K - RT\ln\frac{a_{Cu}a_{Zn^{2+}}}{a_{Cu^{2+}}a_{Zn}} \tag{4.16}$$

所以，

$$E = \frac{RT}{nF}\ln K - \frac{RT}{nF}\ln\frac{a_{Cu}a_{Zn^{2+}}}{a_{Cu^{2+}}a_{Zn}} \tag{4.17}$$

式中，K 为电池反应的平衡常数；a 为活度。当参加反应的各物质处于标准状态时（即溶液中各物质活度为 1，气体逸度为 1 时），则公式（4.17）可以写为：

$$E^{\ominus} = \frac{RT}{nF}\ln K \tag{4.18}$$

$E^{\ominus}$ 为标准状态下电池的电动势，称为标准电动势。这样，在非标准状态下，式（4.17）可写为：

$$E = E^{\ominus} - \frac{RT}{nF}\ln\frac{a_{Cu}a_{Zn^{2+}}}{a_{Cu^{2+}}a_{Zn}} \tag{4.19}$$

对于其它的可逆电池，可以得到如下通式：

$$E = E^{\ominus} - \frac{RT}{nF}\ln\frac{\Pi a^{\nu'}_{生成物}}{\Pi a^{\nu}_{反应物}} \tag{4.20}$$

式中，ν 和 ν' 分别为反应物和生成物的化学计量数。上式即为电池电动势的热力学计算公式，也是上章讨论的能斯特方程在电池中的具体应用。可以发现，除了电池的本性以外，反应物与产物的浓度、温度等都对电动势有重要影响。

4.2 电解池

电解池反应可以认为是原电池反应的逆反应。如果原电池是一个“发电厂”，通过化学能对外发电；电解池就是一个“化工厂”，在电能作用下合成需要的物质的装置。它是电镀、电解、电合成、电冶金等工业的基础，也是电化学反应工程的核心。

典型的电解池如图 4-4 所示，它由两个电子导体插入离子导体溶液所组成的电化学体系，和外接的一个直流电源组成［图 4-4(a)］。当外接电源接通后［图 4-4(b)］，电流可以从外接电源输入电解池，在电极上分别发生氧化反应和还原反应，并生成新的物质。

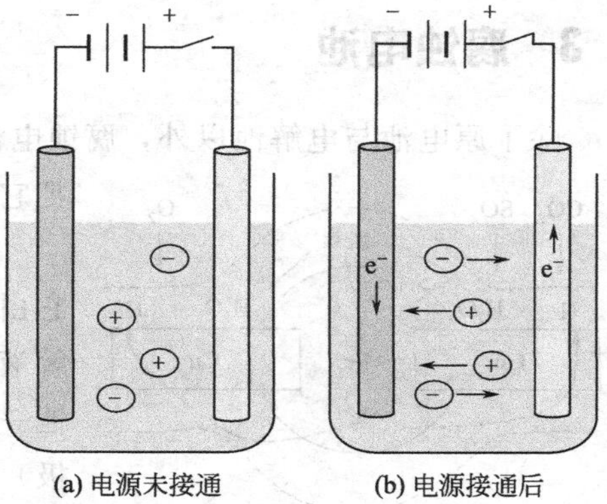

图 4-4　典型的电解池

事实上，我们只要选择适当的电极材料、合适的电解液，再在温度和电位等作用下，就可以从电解池中得到我们所希望的物质。比如，最早戴维用电解的方法制备 Na 和 K，就是典型的电解池反应。

图 4-5 为电解食盐水制备 NaOH 和 Cl_2 的示意图，这是氯碱工业的核心。这个过程发生以下反应：

阴极：$2H^+ + 2e^- = H_2$

阳极：$2Cl^- - 2e^- = Cl_2$

总反应：$2NaCl + 2H_2O = 2NaOH + Cl_2 + H_2$

工业上用这种方法来制取 NaOH、Cl_2 和 H_2，并以它们为原料生产一系列化工产品。氯碱工业是最基本的化学工业之一。事实上，锂离子电池等二次电池的充电过程也是一个电解池反应过程。

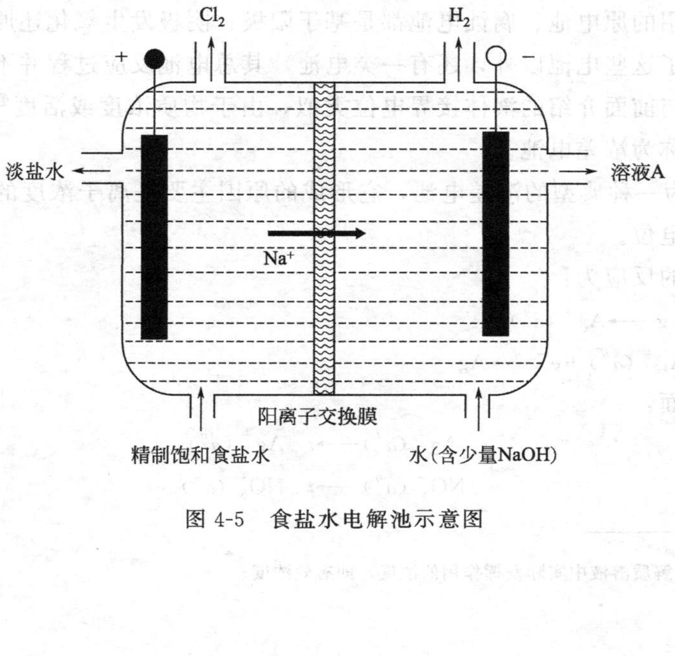

图 4-5　食盐水电解池示意图

4.3 腐蚀电池

除了原电池与电解池以外，腐蚀电池也是一种常见的电化学体系。一般可以把它看成一种特殊的原电池。

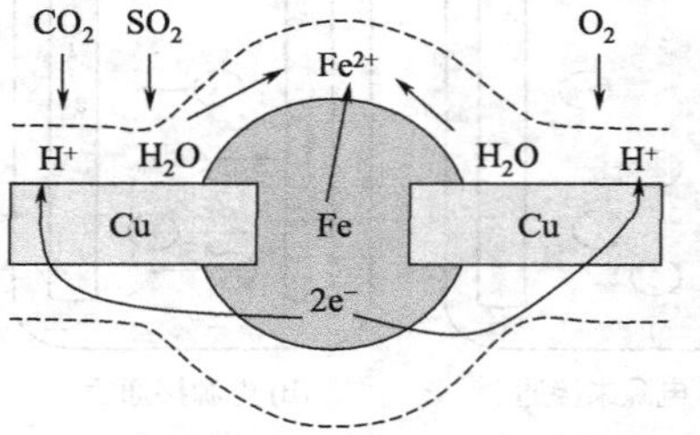

图 4-6 金属的电化学腐蚀过程示意图

图 4-6 为一个典型腐蚀电池的示意图。它由直接接触的铜正极与铁负极浸在酸性电解液中形成。在发生电化学反应时，与原电池一致，失电子的氧化反应在负极区（铁电极）发生（$Fe \longrightarrow Fe^{2+} + 2e^-$），得电子的还原反应在正极区（铜电极）发生（$O_2 + 4H^+ + 4e^- \longrightarrow 2H_2O$）。但与原电池不同，原电池的负极区与正极区不直接接触，电荷通过外电路形成电流；而在腐蚀电池中，负极与正极直接接触，形成闭合回路，电荷没有经过外电路，而是直接交换，也无法对外做功。

可以发现，由于电池体系短路，腐蚀电池和原电池一样是自发进行，电化学反应所释放的化学能也转化为电能，但无法对外做有用功。也就是说，电功都以热能的形式损失。因此，这种电化学体系不是能量发生器。

4.4 浓差电池

上述介绍的原电池、腐蚀电池都是基于阳极、阴极发生氧化还原反应而形成的电池。除了这些电池以外，还有一类电池，其总电池反应过程并不是发生化学反应，而是与前面介绍的液体接界电位类似，由于物质浓度或活度❶不一致而形成的电池，称为浓差电池。

图 4-7 为一种典型的浓差电池，它形成的原因主要是离子浓度的差异而导致的液体扩散电位。

该电池的反应为：

阳极：$Ag \longrightarrow Ag^+ (a') + e^-$

阴极：$Ag^+ (a'') + e^- \longrightarrow Ag$

溶液界面：

$$t_+ Ag^+ (a') \longrightarrow t_+ Ag^+ (a'')$$

$$t_- NO_3^- (a'') \longrightarrow t_- NO_3^- (a')$$

---

❶ 活度：电解质溶液中实际发挥作用的浓度，即有效浓度。

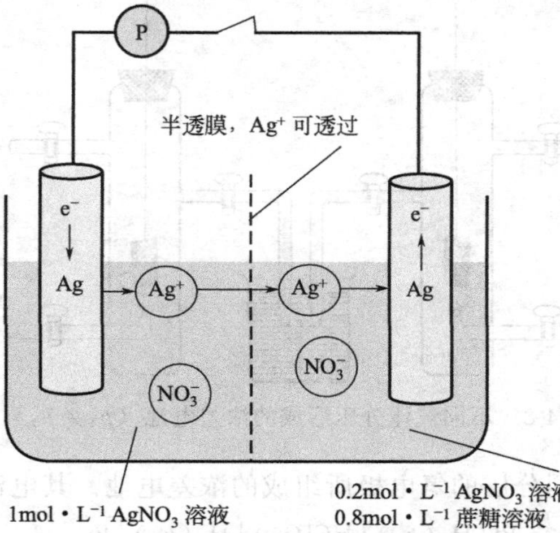

图 4-7　离子迁移形成的浓差电池示意图

总反应：

$$Ag^{+}(a'')+t_{+}Ag^{+}(a')+t_{-}NO_3^{-}(a'')\longrightarrow Ag^{+}(a')+t_{+}Ag^{+}(a'')+t_{-}NO_3^{-}(a')$$

式中，t_{+}、t_{-}分别为正、负离子的迁移数[1]，并且 $t_{+}+t_{-}=1$，故上式可简化为：

$$t_{-}Ag^{+}(a'')+t_{-}NO_3^{-}(a'')\longrightarrow t_{-}NO_3^{-}(a')+t_{-}Ag^{+}(a')$$

即：

$$t_{-}AgNO_3(a'')\longrightarrow t_{-}AgNO_3(a')$$

根据能斯特方程可知：

$$E=E^{\ominus}+\frac{RT}{F}\ln\left(\frac{a''}{a'}\right)^{t_{-}} \tag{4.21}$$

可以发现，这种情况下电池的阴极和阳极发生同一反应，其标准电动势为零，即：

$$E^{\ominus}=\frac{RT}{F}\ln K=0 \tag{4.22}$$

可以得到：

$$E=t_{-}\frac{RT}{F}\ln\left(\frac{a''}{a'}\right) \tag{4.23}$$

可以发现，电动势与离子活度有关。

除了电解质中离子浓度不同而形成的浓差电池以外，正极、负极气体分压不同也会形成其它浓差电池，如图 4-8 所示。

[1] 导体中载流子的导电份额或百分数。

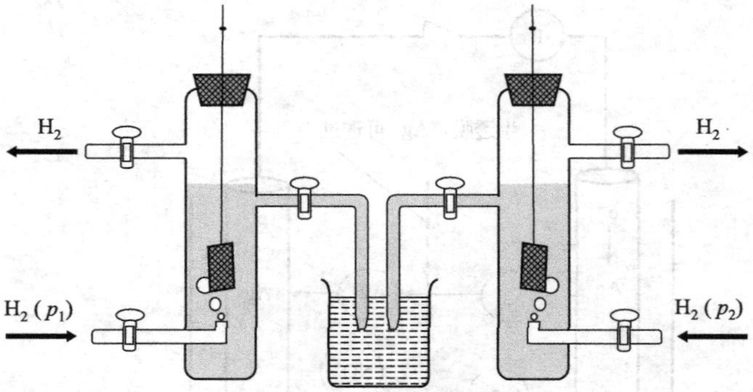

图 4-8　不同气体分压形成的浓差电池（$p_1 \neq p_2$）

图 4-8 为两个不同分压的氢电极所组成的浓差电池。其电池可以写为：

$$Pt \mid H_2(p_1) \mid HCl(m) \mid H_2(p_2) \mid Pt$$

负极：$H_2(p_1) \longrightarrow 2H^+ + 2e^-$

正极：$2H^+ + 2e^- \longrightarrow H_2(p_2)$

电池反应：$H_2(p_1) \longrightarrow H_2(p_2)$

在这个电池中，总的反应是一个物理扩散过程而不是氧化还原过程。但是，值得注意的是，每一电极上发生的都是氧化还原反应，也有阴极与阳极的区分。

该电池的电动势可以表示为：

$$E = RT\ln\frac{p_1}{p_2} \tag{4.24}$$

4.5 电解池和原电池的对比

电解池和原电池都是极为重要的电化学体系，它们有很多的共同点，也有不少的差异。表 4-1 对两者共同点与差异进行了一个简单总结。

表 4-1　原电池和电解池的比较

电化学体系	原电池	电解池
结构	都有阳极、阴极、电解液等，都是具有类似结构的电化学体系	
反应特点	都是在阴极上发生得电子的还原反应，阳极上发生失电子的氧化反应	
	自发	非自发
自由能变化	$\Delta G<0$	$\Delta G>0$
能量转化	化学能→电能	电能→化学能
电极	阴极是正极，阳极是负极	阴极是负极，阳极是正极

电解池和原电池是具有类似结构的电化学体系。当电池反应进行时，都是在阴极上发生得电子的还原反应，在阳极上发生失电子的氧化反应。两个电极组成电解池

时，电解池的阳极是正极，阴极是负极。在原电池中，负极是阳极，正极是阴极。

同时，在原电池中，反应自发进行，体系自由能降低，$\Delta G<0$，反应的结果是生成产物的同时对外做功。而在电解池中，电池反应是被动进行的，需要从外界输入能量促使化学反应发生，故体系自由能增加，$\Delta G>0$，消耗电能。

4.6　电化学体系极化的基本规律

就单个电极而言，无论在原电池中还是电解池中，阳极上发生氧化反应，阴极上发生还原反应，阳极极化使阳极电势增加，阴极极化使阴极电势降低。

但由于两种电化学装置中进行的过程相反，阴、阳极与正、负极的对应关系相反，结果使原电池和电解池的极化规律完全不同。

4.6.1　原电池极化规律

如图 4-9 所示，在原电池中阴极为正极，而阳极为负极。因此电池的端电压为：

$$E_{端}=E_{+}-E_{-}=E_{阴}-E_{阳} \tag{4.25}$$

根据极化规律：

$$\begin{aligned}U&=(\varphi_{c平}-\eta_c)-(\varphi_{a平}+\eta_a)-IR\\&=(\varphi_{c平}-\varphi_{a平})-(\eta_c+\eta_a)-IR\\&=E-\eta-IR\end{aligned} \tag{4.26}$$

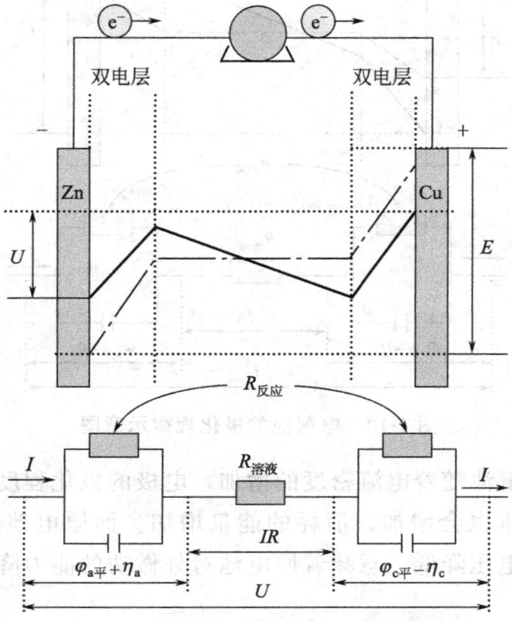

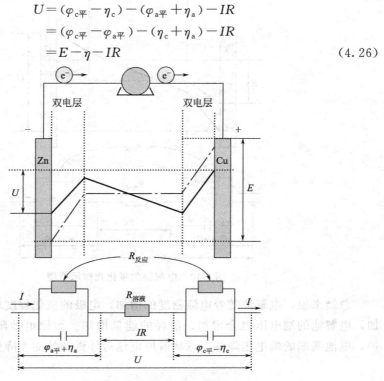

图 4-9　原电池的极化规律示意图

因为$\eta>0$，导致电池实际端电压小于理论值，即原电池极化导致产生的电压偏小，输出的电能下降。

4.6.2 电解池极化规律

如图 4-10 所示，在电解池中阴极为负极，阳极为正极。因此电解池的端电压可以表示为：

$$E_{端}=E_{+}-E_{-}=E_{阳}-E_{阴} \tag{4.27}$$

根据极化规律：

$$\begin{aligned}U&=(\varphi_{a平}+\eta_a)-(\varphi_{c平}-\eta_c)+IR\\&=(\varphi_{a平}-\varphi_{c平})+(\eta_c+\eta_a)+IR\\&=E+\eta+IR\end{aligned} \tag{4.28}$$

因为$\eta>0$，因此导致实际所需端电压大于理论值。即电解池极化导致需要维持电解的电压增大，也就是需要更多的电能。

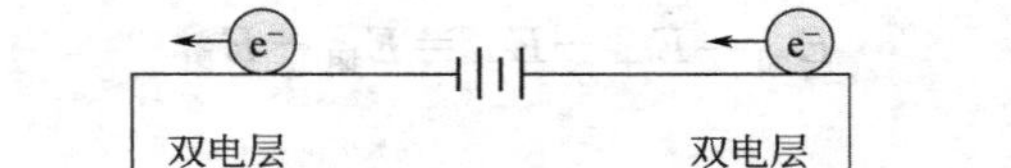

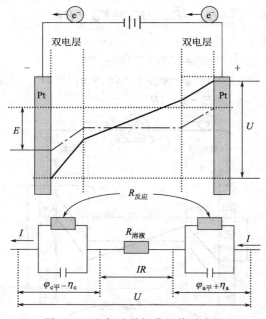

图 4-10 电解池的极化规律示意图

总结来说，电解池随着电流密度的增加，电极的极化程度增加，过电位也增加，电解池的端电压也会增加，消耗的能量增加。而原电池随着电流密度的增加，电池两端的端电压降低，意味着原电池对外做功的能力降低。

第5章 传质过程及其对电化学反应规律的影响

如前所述，电化学反应过程会经历扩散、吸附、电荷传递、脱附和扩散等步骤。事实上，在电化学反应过程中，由于反应器尺寸与类型所限，如铅酸电池、燃料电池、锂离子电池和超级电容器，反应物粒子在液相中的传质过程往往比较缓慢。这种情况下，液相传质过程就有可能成为反应过程的速率控制步骤。通常把由于液相传质过程限制电化学反应速率的过程称为浓差极化。浓差极化会导致电极界面双电层附近反应物浓度发生变化，致使电极的平衡电位发生变化，从而限制电化学生产中电极表面的反应能力。

在电化学的研究过程中，浓差极化也经常起到主导作用，使电化学现象的研究变得困难。如溶液仅在自然对流的作用下，若反应粒子浓度为 $1.0\text{mol}\cdot\text{L}^{-1}$，一般能达到的电流密度在 $0.01\sim0.1\text{A}\cdot\text{cm}^{-2}$ 之间；如果有强烈的搅拌，如鼓泡、搅拌或者电极旋转，电流密度可以达到 $10\sim100\text{A}\cdot\text{cm}^{-2}$。但是，这个数值与电化学反应的理论极限仍有较大距离，电化学反应过程有可能受到传质过程的影响。因此，通过研究电极/电解液界面溶液相中的传质过程，寻求改善这一步骤反应速率的方法和控制因素，以消除由于这一因素导致的各种限制作用，无论对于电化学工业生产还是电化学理论研究都有重要意义。

5.1 液相传质的三种方式

液相传质主要指粒子（原子、分子与离子等）在液体中的传递过程，主要有对流、扩散和电迁移三种方式。

5.1.1 对流传质

对流是粒子随着流动的流体一起运动的传质方式。值得注意的是，在对流传质过程中液体与粒子之间没有相对运动。对流一般可分为自然对流和强制对流。自然对流的传质动力主要是溶液中各部分之间存在的密度差而引起溶液各部分的重力不平衡。强制对流主要是外部作用（如搅拌、鼓泡等）导致的液体流动。

对流传质速度一般采用单位时间内、单位截面积（垂直于流动方向）上通过的流量来表示：

$$J_{对,x}=v_x c_i \tag{5.1}$$

式中，$J_{对,x}$ 为 x 方向的流量，$mol \cdot cm^{-2} \cdot s^{-1}$；$v_x$ 为在 x 方向的流速，$cm \cdot s^{-1}$；c_i 为 i 粒子的浓度，$mol \cdot L^{-1}$。

一般来说，对流主要作用于溶液主体，对电极附近液层的影响不大。

5.1.2 扩散传质

扩散传质一般指物质粒子（分子、原子和离子）从高浓度向低浓度运动的现象。即使在溶液完全静止的情况下，由于组分存在浓度差，也会发生从高浓度向低浓度的扩散传质。扩散流量一般由 Fick 第一定律[1]决定，如下式表示：

$$J_{扩,x}=-D_i\left(\frac{dc_i}{dx}\right) \tag{5.2}$$

式中，D_i 为 i 组分的扩散系数；$\frac{dc_i}{dx}$为浓度梯度。

5.1.3 电迁移传质

当研究带电粒子时，在对流和扩散过程以外，还会发生电迁移传质过程。电迁移传质过程是电化学中的特性，其作用对象为带电粒子。电迁移特指电场作用下粒子发生的定向移动传质。电迁移所引起的流量为：

$$J_{迁,x}=\pm E_x u_i^0 c_i \tag{5.3}$$

式中，E_x 为 x 方向的电场强度，$V \cdot cm^{-1}$；u_i^0 为带电粒子 i 的离子淌度[2]，$cm^2 \cdot s^{-1} \cdot V^{-1}$。

值得注意的是，除了离子会带有电荷，在溶液中原子、分子或者原子簇等在

[1] 1855 年，菲克发现在单位时间内通过垂直于扩散方向的单位截面积的扩散物质流量（称为扩散通量 diffusion flux，用 J 表示）与该截面处的浓度梯度（concentration gradient）成正比，即 Fick 第一定律。

[2] 离子淌度：单位电场强度下离子迁移的速率，即电位梯度为每 $1m \cdot V^{-1}$ 时离子的迁移速率。

电解液中由于发生电荷吸附等，也会在电场作用下发生电迁移。这个过程通常称为“电泳”。汽车车身的很多防腐过程都是通过电泳实现的。

通常电化学体系中上述三种液相传质过程会平行进行，总流量可以表示为：

$$J_x = J_{对,x} + J_{扩,x} + J_{迁,x} = v_x c_i - D_i\left(\frac{\mathrm{d}c_i}{\mathrm{d}x}\right) \pm E_x u_i^0 c_i \tag{5.4}$$

虽然上述三个过程在传质过程中会共同作用，但不同传质方式的传质推动力不一样，作用区域也不同。按照作用区域，通常可以把电极表面近似地分为双电层区、扩散区和对流区。表 5-1 列出了不同传质方式的传质动力、传输物质与传质区域等。

表 5-1　三种传质方式的对比

传质方式	电迁移	对流	扩散
传质动力	电场力	重力差/外力	化学位梯度
传输物质	带电粒子	任何微粒	任何微粒
传质区域	$\delta \sim l$	$x > l$	$\delta < x < l$
传质通量	$J_x = \pm c_i u_i^0 E_x$	$J_x = c_i v_x$	$J_x = -D_i \frac{\mathrm{d}c_i}{\mathrm{d}x}$

图 5-1 为电极表面不同传质区域的示意图。从电极表面到 x_1 处（距离为 d）的区域为双电层区，d 就是双电层的厚度。如果溶液浓度不是很稀，这个区域的厚度很小，一般在 $10^{-7} \sim 10^{-6}$ cm 之间。这个区域主要受双电层电位的影响，传质过程作用的较小。而在 $x_1 \sim x_2$ 区域，一般称为扩散区，其厚度主要在 $10^{-3} \sim 10^{-2}$ cm 之间，这个区域较靠近电极/电解液双电层表面，对流的作用较小，主要的传质方式是扩散和电迁移。而在 x_2 以外到溶液的主体处，一般认为是对流区，这个区域与电极界面较远，浓度与溶液主体接近，主要传质方式为对流和电迁移。

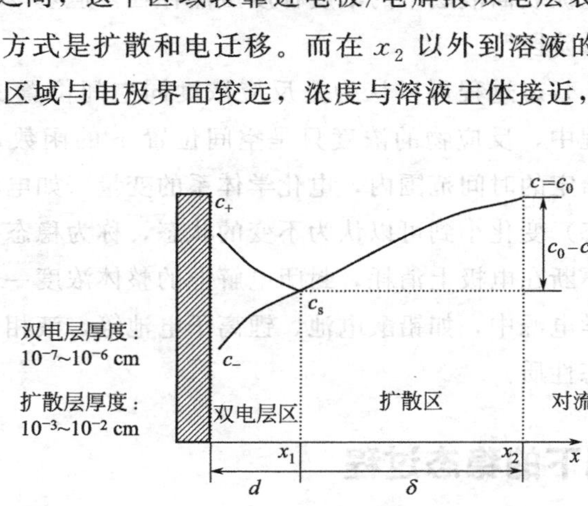

图 5-1　电极表面传质区域示意图

5.2 稳态扩散和非稳态扩散

电化学反应会在一定程度上引起电极界面附近液层中反应粒子的浓度变化，这会破坏反应物与产物浓度分布的平衡。如图 5-2 所示，随着反应和传质过程的进行，电极表面会出现浓度差，影响扩散传质过程。

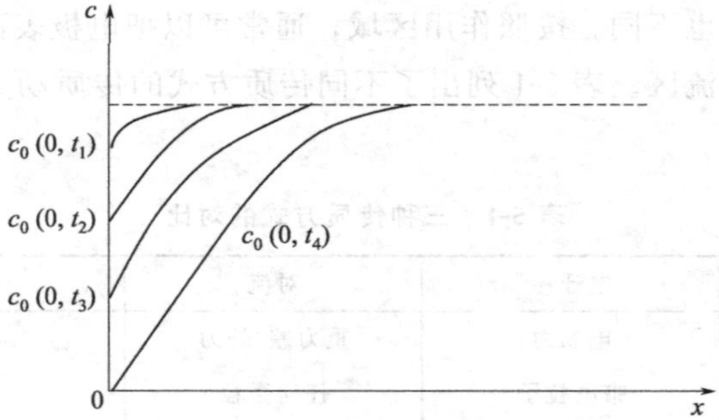

图 5-2　反应开始阶段电极/电解液界面浓度变化

在反应开始阶段，传质速率低于化学反应速率，表现为扩散传质速率不足以补偿反应所引起的反应粒子消耗，电极表面反应物浓度会如图 5-2 所示，界面浓度从 $c_0(0,t_1)$ 到 $c_0(0,t_3)$，浓度梯度逐渐增加。通常把这个过程称为“非稳态扩散阶段”或“暂态阶段”。

随着反应的继续进行，当浓度差的范围延伸到电极表面附近的薄溶液层外 $c_0(0,t_4)$ 时，由于溶液主体的浓度基本恒定，电极表面反应粒子的消耗与传质达到平衡。此时，电极表面液层中的浓度梯度虽然存在，但基本不再变化，这个阶段称为“稳态扩散阶段”。

根据上述分析，暂态过程可以认为是反应浓度同空间位置 x 与时间 t 的函数；而稳态扩散过程中，反应物的浓度只是空间位置 x 的函数，而与时间 t 无关。具体来说，在指定的时间范围内，电化学体系的变量（如电流、电位、浓度分布及电极表面状态）变化小到可以认为不变的状态，称为稳态扩散。

由于反应粒子不断在电极上消耗，封闭电解池的整体浓度一般总会减小。严格来说，大多数化学电源中，如铅酸电池、锂离子电池等，液相传质过程都在一定程度上具有非稳态性质。

5.3 理想情况下的稳态过程

如前所述，远离电极表面的液相传质主要是靠对流作用传质，而在电极表面液层中，扩散传质起主要作用。这是一个较为理想的过程，但在实际过程中传质区域的区分较为困难。

为了便于单独研究扩散传质的规律，科学家设计了一种理想稳态扩散传质的情况（图 5-3）。这种特殊的设计可用于分别研究扩散和对流作用对电化学反应过程的影响。事实上，在电化学反应过程中，由于电场的作用，电迁移很难消除。为了简化研究过程，消除电迁移对传质过程的影响，通常在电解液中加入大量惰性电解质，这样电解液中离子传导主要由惰性电解质承担。

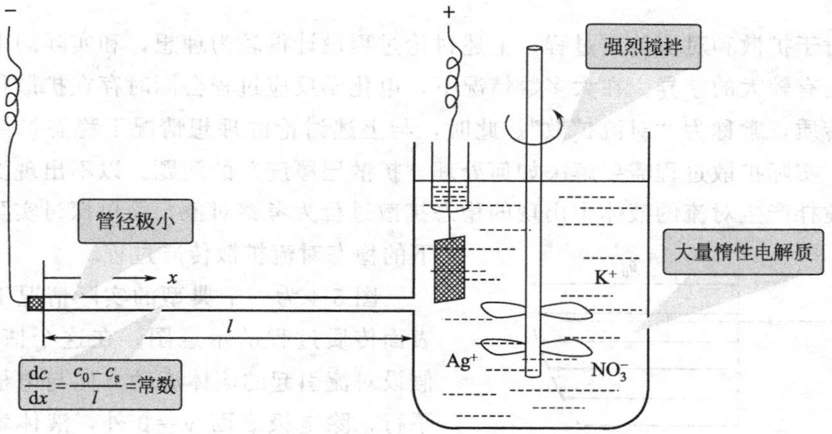

图 5-3　理想情况下稳态扩散过程示意图

具体实验装置如图 5-3 所示。在一个大容器内接上一个管径极小的毛细管，其长度为 l。为了保持溶液主体浓度基本不变，设大容器的溶液体积比毛细管的容积足够大，这样可以保证反应过程中电解液组成基本不变。同时，在大容器中进行持续不断的搅拌以保证容器中不存在电解液的浓度梯度。这种情况下，毛细管内只受到扩散传质过程的影响。达到稳态后，毛细管内的浓度梯度可表示为：

$$\frac{\mathrm{d}c_i}{\mathrm{d}x}=\frac{c_{i(x=l)}-c_{i(x=0)}}{l}=\frac{c_{i,0}-c_{i,\mathrm{s}}}{l} \tag{5.5}$$

式中，l 为扩散层厚度。

这种情况下的流量为：

$$J_{扩,i}=-D_i\frac{c_{i,0}-c_{i,\mathrm{s}}}{l} \tag{5.6}$$

因此，稳态扩散电流密度可以表示为：

$$j=-nFJ_{扩,i}=nFD_i\frac{c_{i,0}-c_{i,\mathrm{s}}}{l} \tag{5.7}$$

当电极表面的浓度 $c_{i,\mathrm{s}}=0$ 时，反应粒子浓度梯度最大，这种情况称为“完全浓差极化”。此时，电流密度将趋近最大极限值，称为稳态极限扩散电流密度（j_d），即：

$$j_d = nFD_i \frac{c_{i,0}}{l} \tag{5.8}$$

5.4 实际情况下的稳态对流扩散过程和旋转圆盘电极

5.4.1 实际情况下的稳态对流扩散过程

对于扩散和对流传质过程，上述讨论过程设计得较为理想，和实际的电化学过程会有较大的差异。在大多数情况下，电化学反应过程会同时存在扩散传质和对流传质，常称为“对流扩散”。此时，与上述讨论的理想情况下稳态扩散过程相比，实际扩散过程需要解决如何处理“扩散层厚度”的问题。以不出现湍流且由于搅拌产生对流的液体中出现的稳态扩散过程为考察对象，简单探讨实际情况下的稳态对流扩散传质过程。

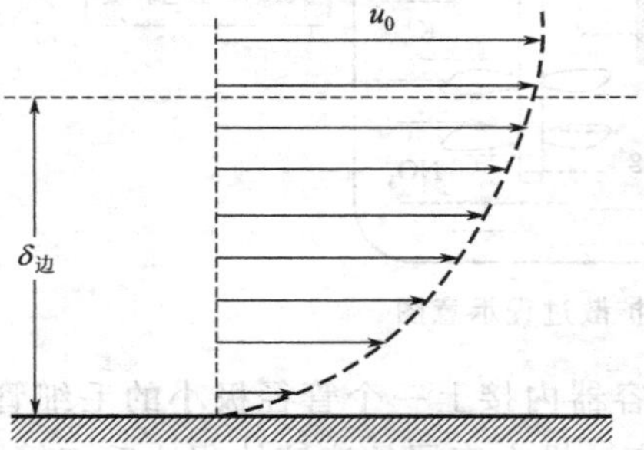

图 5-4　实际情况下的稳态对流扩散示意图

图 5-4 为一个典型的实际情况下电极表面传质过程的示意图。在这个情况下，假设对流引起的流体流动方向与电极表面平行，除电极表面 $y=0$ 外，液体均不是完全静止。液体切向流速随距离电极表面距离的增加而逐渐加大，直到超过一定距离（$\delta_边$）之后，液体以恒定的速度 u_0 运动。从流体力学可知，电极表面附近到速度为 u_0 之间的液层，称“边界层”，$\delta_边$ 就是边界层厚度。

由流体力学规律可知，边界层厚度（$\delta_边$）与流速 u_0 的定量关系为：

$$\delta_边 = \sqrt{\frac{\nu x}{u_0}} \tag{5.9}$$

式中，ν 为流体的“动力黏度”，ν＝黏度（η）/密度（ρ）。

实际情况下电极表面的情况比较复杂，如图 5-5 所示，电极表面附近存在一薄层，其中反应粒子浓度发生变化的“扩散层”（厚度为 δ），与边界层厚度（$\delta_边$）相比，扩散层要薄得多。在边界层内扩散层外（$\delta<y<\delta_边$）的区域内，液体的流速比较大，反应粒子的浓度差不明显。也就是说，浓差现象主要出现在扩散层的范围内（$y<\delta$）。

需要注意，在扩散层内部仍然存在一定的液体切向运动，传质过程也是扩散

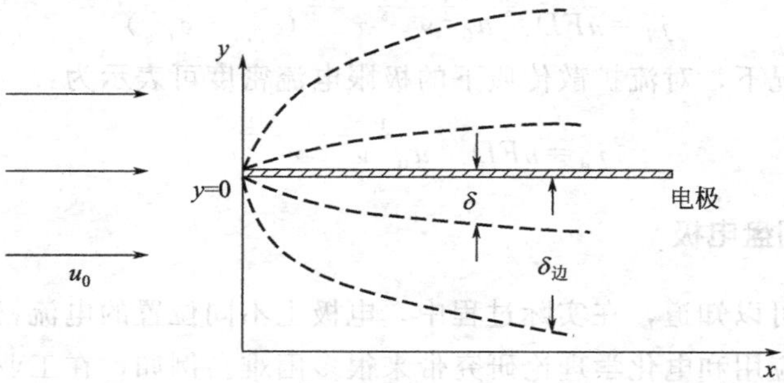

图 5-5　电极表面的边界层 $\delta_边$ 和扩散层 δ 厚度对比示意图

和对流两种作用的综合效果。实际过程中，即使在稳态情况下，扩散层的边界也不固定，浓度也不同。

可以发现，实际传质过程的扩散层厚度的确定极为困难。为了讨论方便，假定在电极/电解液界面存在一层较为稳定的有效层，$\delta_{有效}$，一般称为有效扩散层，具体如图 5-6 所示。

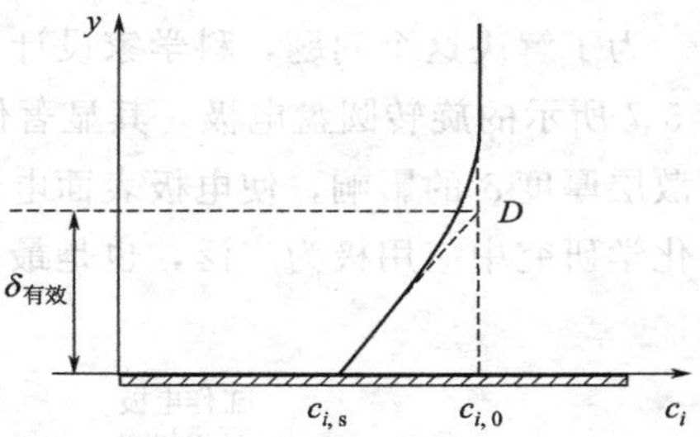

图 5-6　电极表面有效扩散层厚度示意图

有效扩散层厚度与理想扩散过程中的扩散层厚度物理含义相同，但有效扩散层不存在明显的界面，其作用仅用于计算扩散层的有效厚度。从图 5-6 可以得到：

$$\delta_{有效}=\frac{c_{i,0}-c_{i,s}}{\left(\frac{\mathrm{d}c}{\mathrm{d}y}\right)_{y=0}} \tag{5.10}$$

根据流体力学理论，可知 $\delta_{有效}$ 和 $\delta_边$ 之间存在近似关系：

$$\frac{\delta_{有效}}{\delta_边}\approx\left(\frac{D}{\nu}\right)^{1/3} \tag{5.11}$$

若将式（5.9）代入式（5.11），可以得到：

$$\delta_{有效}\approx D^{1/3}\nu^{1/6}x^{1/2}u_0^{-1/2} \tag{5.12}$$

这就是对流扩散传质情况下的有效扩散层厚度。此时，实际情况下稳态扩散时粒子的流量为：

$$J_x=-D\frac{c_{i,0}-c_{i,s}}{\delta_{有效}} \tag{5.13}$$

相应的电流密度为：

$$j_i = nFD_i^{\frac{2}{3}} u_0^{\frac{1}{2}} \nu^{-\frac{1}{6}} x^{-\frac{1}{2}} (c_{i,0} - c_{i,s}) \tag{5.14}$$

同样的情况下，对流扩散传质下的极限电流密度可表示为：

$$j_d = nFD_i^{\frac{2}{3}} u_0^{\frac{1}{2}} \nu^{-\frac{1}{6}} x^{-\frac{1}{2}} c_{i,0} \tag{5.15}$$

5.4.2 旋转圆盘电极

上面分析可以知道，在实际过程中，电极上不同位置的电流密度不一致，这给电化学工业应用和电化学理论研究带来很多困难。例如，在工业用电化学装置中，电极上电流密度分布不均匀就意味着不能充分利用电极的生产能力，浪费固定资产投资，并可能引起反应产物的不均匀分布和副产物的增多，增加能耗，降低反应的选择性。在电化学研究中，这意味着电极表面各处的电流与反应特性不同，使数据处理变得复杂，研究和分析结果变得不可靠。

为了解决这个问题，科学家设计了不同的装置和过程。其中，最常用的是如图 5-7 所示的旋转圆盘电极，其显著优势是可以用较简单的方法消除流体距离对扩散层厚度 δ 的影响，使电极表面电流分布均匀。这种特性使得旋转圆盘电极在电化学研究中应用极为广泛，也是最基本的电化学研究与分析工具之一。

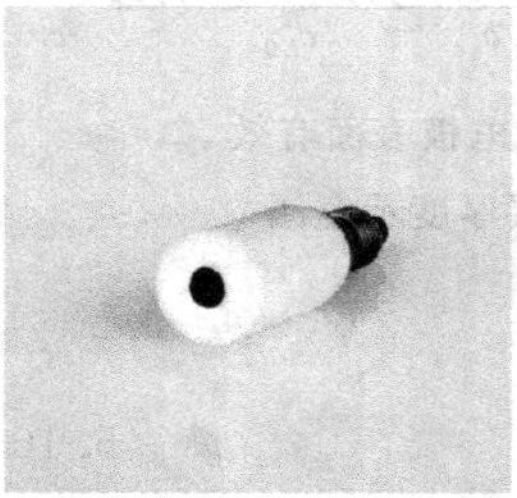

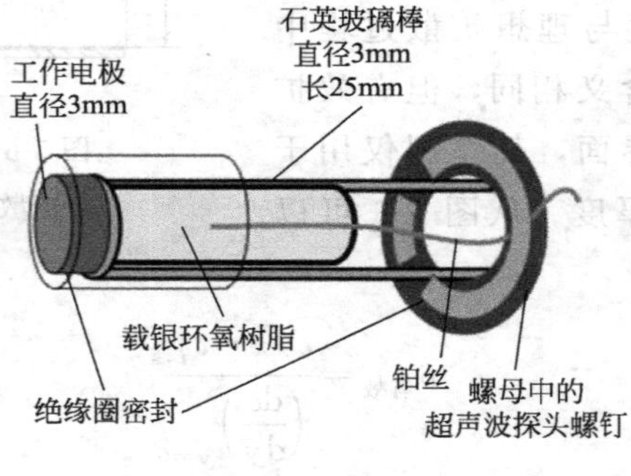

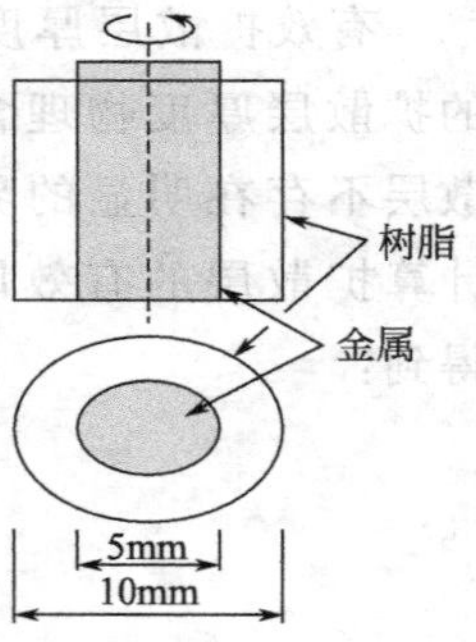

图 5-7　旋转圆盘电极及其结构

旋转圆盘电极结构具有如下特征：

① 电极与转轴具有很好的轴对称性；

② 电极的绝缘层相对较厚，可以忽略边缘效应对传质过程的影响；

③ 电极极为光滑，表面粗糙度小于扩散层厚度。

同时，在使用过程中，为了避免电极表面形成湍流而影响结果，一般旋转圆盘电极需要有适当的转速。转速太慢（$<1\text{r}\cdot\text{s}^{-1}$）时自然对流会有干扰作用，转速太快（$>1000\text{r}\cdot\text{s}^{-1}$），则会出现湍流。

根据图 5-8 旋转圆盘电极附近流体运动情况，我们来分析一下旋转圆盘电极上扩散过程的规律。

① 旋转圆盘电极上圆盘中心是对流的冲击点。越接近边缘，距离 x 值越大。具有如下规律：

$$\delta \propto x^{1/2} \tag{5.16}$$

也就是说，离圆盘中心越远，扩散层厚度越厚。

② 如图 5-8 所示，由旋转离心力引起的溶液切向速率 u_0，越接近边缘越大，并具有如下规律：

$$\delta \propto u_0^{-1/2} \tag{5.17}$$

也就是说，离圆盘中心越远，扩散层厚度越薄。

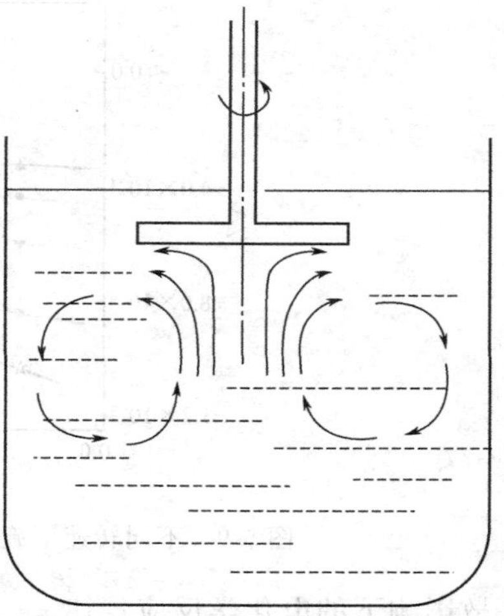

图 5-8 旋转圆盘电极附近流体的运动情况

③ 由上述两点可见旋转圆盘电极对扩散层的作用有两种相反的影响，并且两者的影响恰好比例相同。当转速为 n_0（$\mathrm{r \cdot s^{-1}}$）时，圆盘上各点的切向速率可以表示为：

$$u_0 = 2\pi n_0 x \tag{5.18}$$

这时，由流体力学关系可以得到扩散层厚度为：

$$\delta = 1.62 D^{1/3} \nu^{1/6} \omega^{-1/2} \tag{5.19}$$

式中，ω 为角速度，$\omega = 2\pi n_0$。

也就是说，圆盘电极上各点的扩散层厚度与 x 无关。i 粒子在旋转圆盘电极上的扩散电流密度为：

$$j_i = nFD_i \frac{c_{i,0} - c_{i,\mathrm{s}}}{\delta} = 0.62 nFD_i^{\frac{2}{3}} \nu^{-\frac{1}{6}} \omega^{\frac{1}{2}} (c_{i,0} - c_{i,\mathrm{s}}) \tag{5.20}$$

同样，达到“完全浓差极化”时的 i 粒子极限扩散电流密度可以表示为：

$$j_{\mathrm{d}} = 0.62 nFD_i^{\frac{2}{3}} \nu^{-\frac{1}{6}} \omega^{\frac{1}{2}} c_{i,0} \tag{5.21}$$

5.4.3 旋转圆盘电极的主要应用

由于独特的结构设计，旋转圆盘电极在电化学中有很多独特的作用。

① 可以通过控制转速来控制电化学反应过程的速率。图 5-9 为转速为 100～1600$\mathrm{r \cdot min^{-1}}$ 条件下，Pt/C 催化剂的 ORR 反应的极限扩散电流的测试数据，可以发现，转速对电流有重要的影响。

② 可以利用旋转圆盘电极来计算电化学参数，如扩散系数、反应的电荷转移数等。

③ 通过控制转速，可以获得不同控制步骤的电化学反应过程，用于研究无

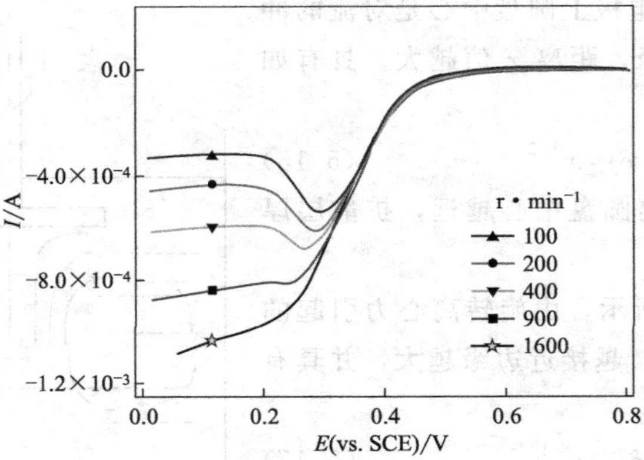

图 5-9 不同转速下旋转圆盘电极上 ORR 的电流-电压曲线

扩散影响下的电化学反应规律。

④ 通过控制转速，可模拟不同扩散层厚度的电化学反应过程。

⑤ 结合旋转圆环电极，旋转圆盘电极可用于电化学中间产物的检测和电化学反应历程的分析。

5.5 电迁移对反应过程的影响

前面的讨论中为了简便处理，均假设溶液中存在足够的惰性电解质，因此在电极表面附近的液面只存在扩散与对流传质。事实上，电迁移传质过程对电化学反应也有重要影响。这部分我们简单讨论电迁移对反应速率的影响。

为了讨论方便，仍在图 5-3 的实验装置基础上进行讨论。图 5-10 是对图 5-3

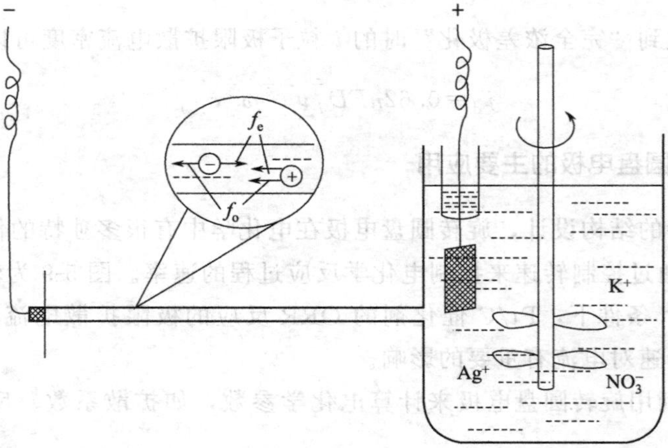

图 5-10 浓度梯度（f_o）和电场力（f_e）对阴阳离子作用的示意图

的改进，表示了电迁移与扩散过程共同影响的传质情况。此时，除了受到扩散传质过程的影响外，电迁移过程也对离子分布有较大影响。

达到稳定状态后，离子浓度不再随时间变化。因为电场作用和浓度梯度同时存在，在稳态传质的前提下，电极表面阴离子的浓度保持不变。也就是说，如图 5-11 所示，在这种情况下，阴离子的电迁移传质和扩散传质流量大小相等，方向相反，有：

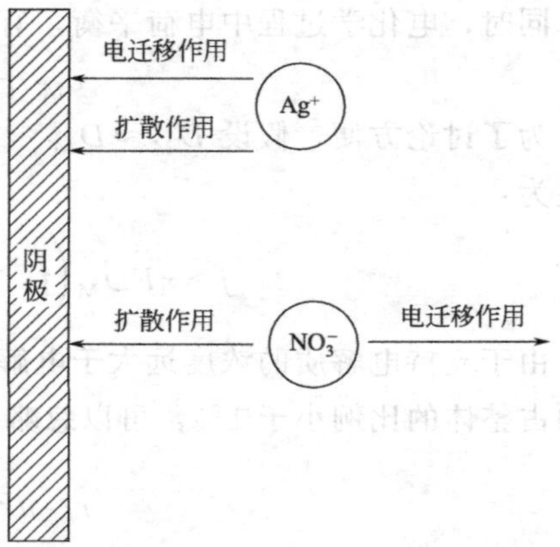

图 5-11　电迁移作用对传质过程的影响示意图

$$J_{-}=J_{-,扩散}+J_{-,电迁移}=0 \tag{5.22}$$

对于阳离子，如图 5-11 所示，为了保持离子浓度不变，则电迁移传质和扩散传质流量相同，方向也相同。也就是说：

$$J_{+}=J_{+,扩散}+J_{+,电迁移}=2J_{+,扩散} \tag{5.23}$$

可以得到在电迁移的作用下，电流密度为：

$$j=2FD_{+}\frac{\mathrm{d}c_{+}}{\mathrm{d}x}=2j_{+,扩散} \tag{5.24}$$

也就是说，在这种情况下，由于电迁移作用，电化学反应速率比单纯扩散作用下的电流密度增加一倍。

定性地说，对于正离子发生的还原反应或者负离子发生的氧化反应，电迁移作用会促进传质过程，反应电流增加；而对于正离子发生氧化反应或负离子发生还原反应，则电迁移作用会降低扩散速率并降低电流密度。

我们还可以同样分析惰性电解质的作用。假定反应物为 $M^{+}A^{-}$，如果除了反应物 $M^{+}A^{-}$ 以外，还加入了大量惰性电解质 $M'^{+}A^{-}$。达到稳定状态下，对于阴离子 A^{-}，在稳态条件下其浓度不变，因此有：

$$J_{A^{-}}=J_{A^{-},扩散}+J_{A^{-},电迁移}=-D_{\mathrm{A}}\left(\frac{\mathrm{d}c_{\mathrm{A}}}{\mathrm{d}x}\right)-E_{x}u_{\mathrm{A},0}c_{\mathrm{A}}=0 \tag{5.25}$$

而对于阳离子 M，有：

$$J_{\mathrm{M}^{+}}=J_{\mathrm{M}^{+},扩散}+J_{\mathrm{M}^{+},电迁移}=-D_{\mathrm{M}}\left(\frac{\mathrm{d}c_{\mathrm{M}}}{\mathrm{d}x}\right)+E_{x}u_{\mathrm{M},0}c_{\mathrm{M}} \tag{5.26}$$

对于支持电解质，反应过程浓度不变，因此：

$$J_{\mathrm{M}'^{+},扩散}+J_{\mathrm{M}'^{+},电迁移}=-D_{\mathrm{M}'}\left(\frac{\mathrm{d}c_{\mathrm{M}'}}{\mathrm{d}x}\right)+E_{x}u_{\mathrm{M}',0}c_{\mathrm{M}'}=0 \tag{5.27}$$

同时，电化学过程中电荷平衡，有：

$$c_{M'}+c_M=c_A \tag{5.28}$$

为了讨论方便，假设 $D_M \approx D_{M'} \approx D_A$，$\mu_{M,0} \approx \mu_{M',0} \approx \mu_{A,0}$，可以得到电流密度为：

$$j \approx nFD_M\left(1-\frac{1}{2}\times\frac{c_M}{c_{M'}}\right)\times\frac{dc_{M,0}}{dx} \tag{5.29}$$

由于支持电解质的浓度远大于电解质的浓度，假定 $c_{M'} \geqslant 50c_M$，则上式的第二项占整体的比例小于1%，可以忽略，从而得到：

$$j \approx nFD_M\frac{dc_M}{dx} \tag{5.30}$$

也就是说，加入大量惰性电解质后，可以忽略电迁移对传质过程的影响。这对生产实践和研究工作都极为重要。

5.6 液相传质步骤控制时的电化学反应规律

如前所述，把液相传质过程为控制步骤的电化学反应过程称为浓差极化。研究这个过程的电化学规律，可以方便地用液相传质过程的动力学规律来代替整个过程的规律，下面进行详细讨论。

假设电化学反应，$O+ne^- \longrightarrow R$，在一具有大量溶液的容器中进行，同时，溶液中存在大量的惰性电解质，反应为扩散步骤控制的阴极过程。根据以上假设，整个过程中唯一的控制步骤是传质过程，故电子转移过程处于“准平衡态”。此时，只要知道电极/电解液表面的反应粒子浓度（c_s），就可以用能斯特方程来计算电极电位。液相传质过程为控制步骤时，有：

$$\varphi=\varphi^{\ominus}+\frac{RT}{nF}\ln\frac{\gamma_O c_{O,s}}{\gamma_R c_{R,s}} \tag{5.31}$$

通电前的平衡电位为：

$$\varphi_{平}=\varphi^{\ominus}+\frac{RT}{nF}\ln\frac{\gamma_O c_{O,0}}{\gamma_R c_{R,0}} \tag{5.32}$$

先对式（5.32）进行简单讨论。当电流 $j=0$ 时，也就是不存在极化的情况下，把 $c_{O,s}=c_{O,0}$，$c_{R,s}=c_{R,0}$，代入式（5.31），可以得到：$\varphi=\varphi^{\ominus}+\frac{RT}{nF}\ln\frac{\gamma_O c_{O,0}}{\gamma_R c_{R,0}}=\varphi_{平}$。此时电位与平衡电位一致，电极处于平衡状态。

而当 $j\neq 0$ 时，也就是说存在极化的情况下，电极电位会偏离平衡电位。

根据式（5.20）和式（5.21）规律，可获得浓度与电流密度和极限电流密度的关系：

$$c_{i,\mathrm{s}}=c_{i,0}\left(1-\frac{j}{j_{\mathrm{d}}}\right) \tag{5.33}$$

将上式代入式（5.31）后可获得相应的浓差极化电化学规律。我们分两种情况来讨论。

（1）反应产物生成独立相，即产物为气体/固体

在这种情况下，产物的活度等于 1，即：

$$\gamma_{\mathrm{R}}c_{\mathrm{R,s}}=\gamma_{\mathrm{R}}c_{\mathrm{R,0}}=1 \tag{5.34}$$

此时：

$$\begin{aligned}\varphi&=\varphi^{\ominus}+\frac{RT}{nF}\ln\gamma_{\mathrm{O}}c_{\mathrm{O,0}}\left(1-\frac{j}{j_{\mathrm{d}}}\right)\\&=\varphi_{平}+\frac{RT}{nF}\ln\frac{j_{\mathrm{d}}-j}{j_{\mathrm{d}}}\end{aligned} \tag{5.35}$$

将式（5.35）作图，可得到如图 5-12(a) 所示的曲线。可以发现，在这种情况下，具有一个与电极电位无关的电流密度，这就是前面讨论的极限扩散电流密度。这是浓差极化的一个重要特征。将 φ 与 $\ln\left(1-\frac{j}{j_{\mathrm{d}}}\right)$ 作图，可以得到图 5-12(b) 所示的直线关系，斜率为 $\frac{RT}{nF}$，同时可以通过斜率获得反应的电子转移数 n。

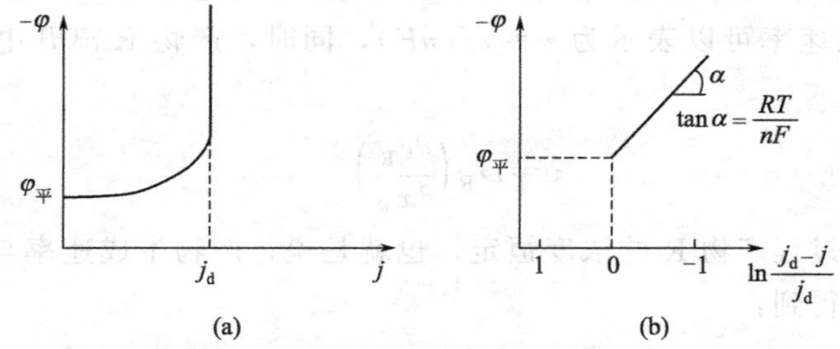

图 5-12　反应产物生成独立相时的电化学反应规律

同时，φ 与 $\varphi_{平}$ 的差值就是反应的过电位，由式（5.35）可以得到：

$$\eta=\varphi-\varphi_{平}=\frac{RT}{nF}\ln\frac{j_{\mathrm{d}}-j}{j_{\mathrm{d}}} \tag{5.36}$$

即：

$$1-\frac{j}{j_{\mathrm{d}}}=\mathrm{e}^{nF\eta/RT} \tag{5.37}$$

当 $\eta F/RT$ 比较小时，可根据麦克劳林公式 $\mathrm{e}^{x}=1+x\,(x\rightarrow 0)$ 展开，可以得到：

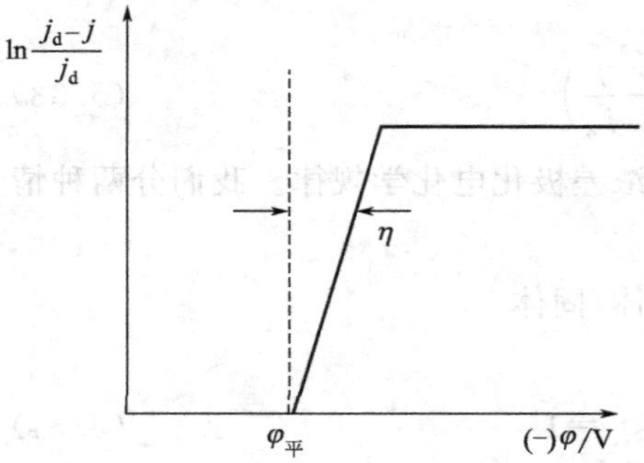

图 5-13 电位 φ 与 $\ln\frac{j_d-j}{j_d}$ 关系图

$$1-\frac{j}{j_d}=1+nF\eta/RT \quad (5.38)$$

对式（5.36）作图，可以得到图 5-13。从中可以发现，过电位 η 与 $\left(1-\frac{j}{j_d}\right)$ 是线性关系，具有：

$$\eta=\frac{-RT}{nFj_d}\times j \quad (5.39)$$

在这种情况下，由于过电位和电流为线性关系，可以把 $R_c=\frac{-RT}{nFj_d}$ 看成反应的电阻。由于过程主要由传质过程控制，R_c 也称为传质电阻。

由于电化学反应的特殊性，很多反应过程，如电镀、电解生成气体的反应都为反应物单独成相的过程，可以方便地用上述规律对具体过程进行分析。

（2）反应产物可溶的情况

当反应产物可溶时，$\gamma_R c_{R,s}\neq 1$。对于 $\varphi=\varphi^\ominus+\frac{RT}{nF}\ln\frac{\gamma_O c_{O,s}}{\gamma_R c_{R,s}}$，需要知道电极表面的产物浓度 $c_{R,s}$，才可获得电流-电位关系。

这种情况下，可以通过产物 R 的浓度变化来计算电极表面反应物的浓度 c_s。产物 R 的生成速率可以表示为 $v=j/(nF)$，同时，产物 R 离开电极的扩散速率为：

$$v=D_R\left(\frac{\partial c_R}{\partial x_R}\right)_{x=0} \quad (5.40)$$

稳态扩散过程产物 R 的浓度恒定，也就是说，产物生成速率与传质离开速率一致。可以得到：

$$\frac{j}{nF}=D_R\left(\frac{c_{R,s}-c_{R,0}}{\delta_R}\right) \quad (5.41)$$

在稳态扩散下，可以得到：

$$c_{R,s}=c_{R,0}+\frac{j\delta_R}{nFD_R} \quad (5.42)$$

而在反应前，产物的浓度为 0，所以，

$$c_{R,s}=\frac{j\delta_R}{nFD_R} \quad (5.43)$$

而 $j_d=nFD_i\frac{c_{i,0}}{\delta_O}$，可以得到，

$$c_{O,0}=\frac{j_d\delta_O}{nFD_O} \tag{5.44}$$

同时 $c_{O,s}=c_{O,0}\left(1-\frac{j}{j_d}\right)$

可以把 $c_{R,s}=\frac{i\delta_R}{nFD_R}$、$c_{O,s}=c_{O,0}\left(1-\frac{j}{j_d}\right)$

代入 $\varphi=\varphi^{\ominus}+\delta_O D_R\frac{\gamma_O c_{O,s}}{\gamma_R c_{R,s}}$

可以得到：

$$\varphi=\varphi^{\ominus}+\frac{RT}{nF}\ln\frac{\gamma_O\delta_O D_R}{\gamma_R\delta_R D_O}+\frac{RT}{nF}\ln\frac{j_d-j}{j_d} \tag{5.45}$$

当 $j=1/2j_d$ 的时候，上式最后一项为0。这个电位为称为电化学反应的半波电位[1]。

令 $\varphi_{1/2}=\varphi^{\ominus}+\frac{RT}{nF}\ln\frac{\gamma_O\delta_O D_R}{\gamma_R\delta_R D_O}$，可以得到：

$$\varphi=\varphi_{1/2}+\frac{RT}{nF}\ln\frac{j_d-j}{j_d} \tag{5.46}$$

图5-14(a) 为根据上式作的电流密度-电位曲线图，可以发现，同样有一个和电位无关的极限扩散电流密度存在。图5-14(b) 为以 $\ln\frac{j_d-j}{j_d}$ 对 φ 作图，得到的 φ 和 $\ln\frac{j_d-j}{j_d}$ 的关系图，其截距为 $\varphi_{1/2}$，根据斜率同样可以方便地得到反应的电子转移数 n。

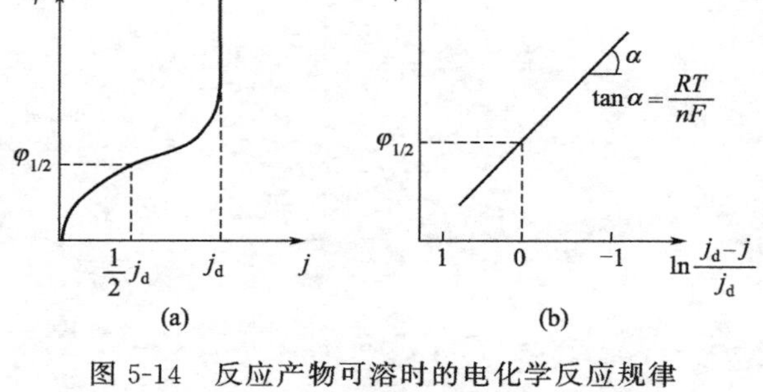

图5-14　反应产物可溶时的电化学反应规律

[1] 半波电位是极谱分析中，待测物质所产生的电解电流为扩散电流一半时所对应滴汞电极的电位，称为半波电位，用 $\varphi_{1/2}$ 表示。在一定实验条件下，半波电位 $\varphi_{1/2}$ 只与离子本性有关，与浓度无关，是离子的特性常数，可作为定性分析的依据。

根据上面的分析可以发现，浓差极化具有以下特征：

① 在一定的电位范围内出现一个不受电极电位变化影响的电流密度，也就是存在极限扩散电流密度 j_d；

② 提高搅拌强度可以增大极限扩散电流密度；

③ 提高溶液主体浓度可提高反应的电流密度；

④ 反应电流与电极真实表面积无关，与表观面积密切相关。

第6章
电子转移步骤对电化学反应规律的影响

电化学反应的一个重要特征是反应速率和电极电位相关。上一章讨论液相传质过程及其电化学规律，这一章讨论电子转移步骤对电化学反应规律的影响。

一般认为电极/电解液界面上的反应速率都比较快，电子转移步骤不会成为整个反应的控制步骤。事实上，很多电化学反应都会受到电子转移步骤的控制。譬如，有些反应在过电位超过 1.0V 的时候电流密度仍远小于极限电流密度（如水电解反应）。在这种情况下，电化学反应主要受电子转移步骤过慢的影响。

电子转移步骤一般指反应物在电极/电解液双电层界面得失电子，发生反应，并生成产物的过程。这个过程实际上包括化学反应和电子转移两部分。电子转移步骤为控制步骤，就是通常讲的电化学极化过程，反应规律遵从电子转移步骤的动力学规律。

6.1 电极电位对电子转移步骤的影响

6.1.1 电极电位对电子转移过程的影响

电化学反应过程的一个特点就是电极电位对反应速率有重要影响。这种影响可以是直接影响，也可以是间接影响。上一章讨论的传质过程对电化学反应速率的影响，就是间接影响。这个过程中，电子转移步骤处于“准平衡态”，电极电位主要通过改变电极/电解液界面反应物浓度来改变反应速率。直接影响就是电极电位通过对反应活化能的影响而直接影响化学反应速率。这是本章要讨论的重点。

如图 6-1 所示，对于一个化学反应，反应粒子必须吸收一定的能量再激发到一种不稳定的过渡状态——活化态，才有可能发生向反应产物方向的转化。ΔG_1、ΔG_2 分别为正向反应和逆向反应的活化能，正向反应和逆向反应活化能之差就是反应的热量 Q。

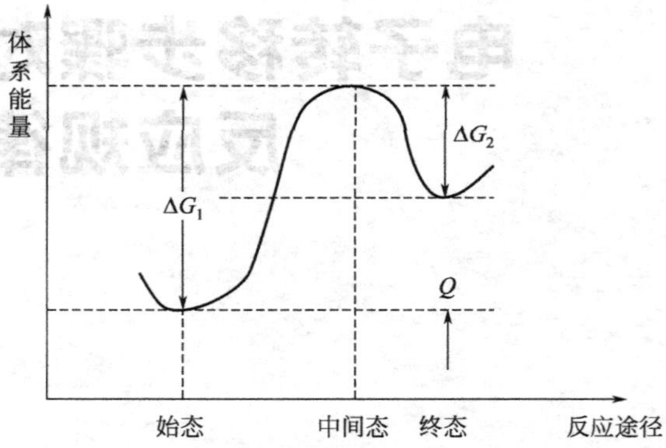

图 6-1　化学反应体系能量与体系状态的关系

电子转移步骤为电化学反应的控制步骤时，电极电位通过影响反应活化能而直接影响电子转移过程。我们来讨论 $O+e^- \rightleftharpoons R$ 这个电化学还原反应的反应过程。为了简便，以 $Ag^+ + e^- \rightleftharpoons Ag$ 这个具体反应为例。同时，为了讨论方便，进行以下几点假设：

① 把上述反应看成 Ag^+ 在电极/电解液界面的转移过程，用 Ag^+ 的位能变化来表示体系自由能的变化；

② 电解液中参与反应的 Ag^+ 位于扩散层外平面，电极上参与反应的 Ag^+ 位于电极表面的晶格中，活化态介于这两个状态之间；

③ 电极/电解液界面上不存在特性吸附，也不存在离子双电层以外的其它相间电位；

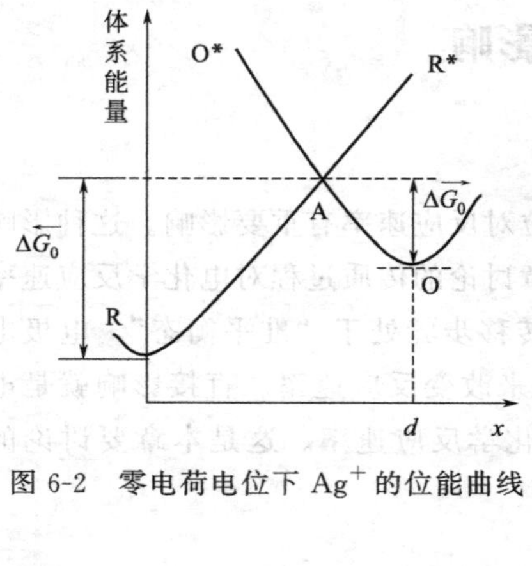

图 6-2　零电荷电位下 Ag^+ 的位能曲线

④ 双电层是紧密层结构，不存在扩散层电位 ψ_1。

首先讨论电极电位对反应活化能的影响过程。图 6-2 为银电极刚浸入硝酸银电解液瞬间 Ag^+ 的位能曲线。位能曲线是表示金属离子处于电极/电解液界面不同位置时位能高低的曲线。其中，O 为氧化态，表示溶液中的 Ag^+；R 为还原态，表示金属晶格中的 Ag^+；曲线 OO^* 为 Ag^+ 脱去水化膜从电解液中逸出的位能变化；RR^* 表

示 Ag^+ 从晶格逸出的位能变化。所以，OAR 为 Ag^+ 从溶液相到电极的相间转移的位能曲线。$\Delta \overrightarrow{G}_0$ 和 $\Delta \overleftarrow{G}_0$ 分别为正向反应与逆向反应的活化能。

6.1.2　电位对反应活化能的影响

第 2 章讨论可知，电化学体系中带电粒子的能量状态可用电化学位表示，$\overline{\mu}=\mu+nF\varphi^{M}$。因此，在不存在其它相间电位、也没有离子双电层的情况下，电极/电解液之间不存在内电位差，Ag^+ 的电化学位就等于其化学位。也就是说，没有界面电场存在（$\Delta\varphi=0$）时，Ag^+ 在反应过程中自由能变化等于其化学位的变化，这种情况就是普通的化学反应。其位能曲线如图 6-3 中的曲线 1 所示，与图 6-2 中的位能曲线 OAR 规律一致。

下面讨论存在界面电场的情况。当电极/电解液界面双电层存在电位差为 $\Delta\varphi$，且 $\Delta\varphi>0$ 时，由于 Ag^+ 受界面电场的影响，在上述假设的前提下，其电化学位为 $\overline{\mu}=\mu+nF\varphi^{M}=\mu+nF\Delta\varphi$。由于 $\Delta\varphi>0$，紧密层内各点上 Ag^+ 的电化学位会受到界面电场的影响而有不同程度的增加，其电位分布如图 6-3 中的曲线 4 所示。把曲线 1 和曲线 4 叠加，就可得到 Ag^+ 在双电层电位差为 $\Delta\varphi$ 时的位能曲线，如图 6-3 中曲线 2 所示。

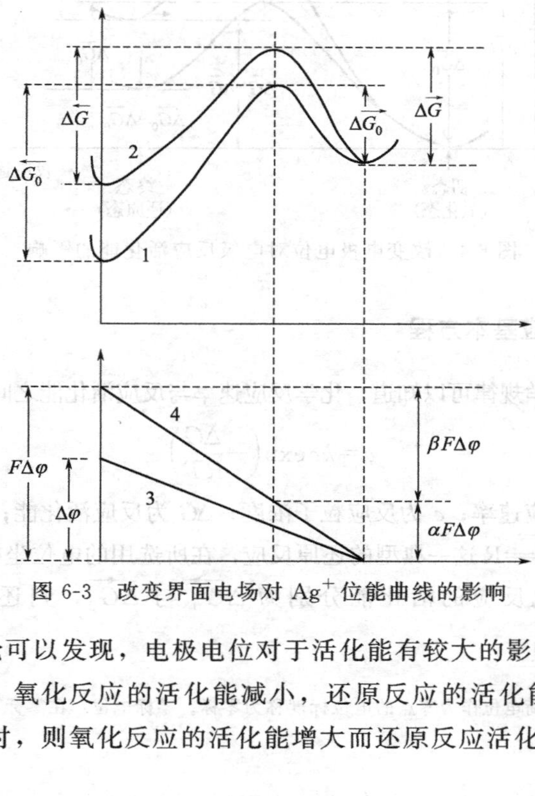

图 6-3　改变界面电场对 Ag^+ 位能曲线的影响

通过上述讨论可以发现，电极电位对于活化能有较大的影响。在电极电位的作用下（$\Delta\varphi>0$），氧化反应的活化能减小，还原反应的活化能增加。同样分析可知，如 $\Delta\varphi<0$ 时，则氧化反应的活化能增大而还原反应活化能减小。

总的来说，电化学反应中活化能与电极电位的关系可以用下述表达式表示：

$$\overrightarrow{\Delta G}=\overrightarrow{\Delta G_0}+\alpha nF\Delta\varphi \tag{6.1}$$

$$\overleftarrow{\Delta G}=\overleftarrow{\Delta G_0}-\beta nF\Delta\varphi \tag{6.2}$$

式中，$\overrightarrow{\Delta G}$ 为还原反应活化能；$\overleftarrow{\Delta G}$ 为氧化反应活化能；α、β 为传递系数或对称系数，代表了电极电位对氧化和还原反应活化能的影响程度；n 为反应的转移电子数；$\Delta\varphi$ 为电极电位的改变值。

需要说明的是，上述分析为了说明问题，把反应过程假设得较为简单，与实际过程具有较大的差异。事实上，电极反应过程并不仅仅是某一种带电离子的转移过程，也无法认为这种粒子所带的电荷在整个过程中没有变化。

虽然上述分析过程较为简便，但结论是准确的。不管反应细节和历程如何，对于 $O+ne^-$ ══ R 这个反应，伴随着 1mol 物质的变化，总有 nF 的电荷转移。同时，如果电极电位增加了 $\Delta\varphi$，该反应产物的总势能也必然增加 $nF\Delta\varphi$，反应过程的位能曲线就由图 6-4 中的 1 变为了 2。

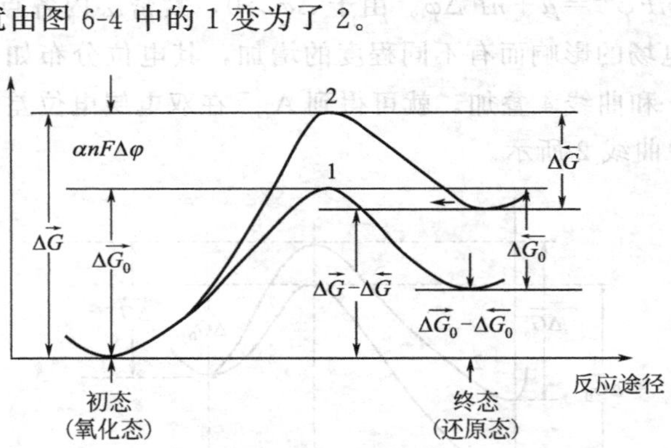

图 6-4 改变电极电位对电极反应活化能的影响

6.1.3 电化学反应基本方程

根据化学动力学规律可以知道，化学反应速率与反应活化能之间的关系可以写为：

$$v=kc\exp\left(-\frac{\Delta G}{RT}\right) \tag{6.3}$$

式中，v 为反应速率；c 为反应粒子浓度；ΔG 为反应活化能；k 为指前因子。

对于 $O+ne^-$ ⇌ R 这一典型的还原反应，在所选用的电位坐标零点处（$\varphi=0$[❶]）的还原反应与氧化反应的活化能分别为 $\overrightarrow{\Delta G_0}$ 与 $\overleftarrow{\Delta G_0}$，则还原反应和氧化反

❶ 零标：把以零电荷电位作为零点的电位标度称为零标。零标电位：在零标下的相对电极电位称为零标电位。

应的速率分别为：

$$\overrightarrow{v}=\overrightarrow{k}c_{\mathrm{O}}^{*}\exp\left(-\frac{\Delta\overrightarrow{G_0}}{RT}\right)=\overrightarrow{K}c_{\mathrm{O}}^{*} \tag{6.4}$$

$$\overleftarrow{v}=\overleftarrow{k}c_{\mathrm{R}}^{*}\exp\left(-\frac{\Delta\overleftarrow{G_0}}{RT}\right)=\overleftarrow{K}c_{\mathrm{R}}^{*} \tag{6.5}$$

式中，$\overrightarrow{k}$、$\overleftarrow{k}$ 为反应的指前因子；c_{O}^{*}、c_{R}^{*} 分别为电极表面反应物 O 和产物 R 的浓度；$\overrightarrow{K}$、$\overleftarrow{K}$ 分别为电位坐标零点处（$\varphi=0$）的反应速率常数，有：

$$\overrightarrow{K}=\overrightarrow{k}\exp\left(-\frac{\Delta\overrightarrow{G_0}}{RT}\right) \tag{6.6}$$

$$\overleftarrow{K}=\overleftarrow{k}\exp\left(-\frac{\Delta\overleftarrow{G_0}}{RT}\right) \tag{6.7}$$

如果用 $\overrightarrow{j_0}$、$\overleftarrow{j_0}$ 分别表示电位坐标零点（$\varphi=0$）正向与逆向单向绝对反应速率的电流密度，则有：

$$\overrightarrow{j_0}=nF\overrightarrow{K}c_{\mathrm{O}}^{*} \qquad \overleftarrow{j_0}=nF\overleftarrow{K}c_{\mathrm{R}}^{*} \tag{6.8}$$

同样，以（$\varphi=0$）为坐标原点，将电极电位改变到 $\varphi=\varphi$（即 $\Delta\varphi=\varphi$），则根据式（6.1）与式（6.2），可以得到：

$$\Delta\overrightarrow{G}=\Delta\overrightarrow{G_0}+\alpha nF\varphi \tag{6.9}$$

$$\Delta\overleftarrow{G}=\Delta\overleftarrow{G_0}-\beta nF\varphi \tag{6.10}$$

当电子转移步骤作为反应的速率控制步骤时，一般情况下液相传质步骤会处于“准平衡态”，反应粒子在电极表面与溶液主体之间浓度一致。同时，前面假设双电层中不存在分散层，这样，电极表面反应物浓度和该粒子的主体浓度一致，可用 c_{O} 代替 c_{O}^{*}，c_{R} 代替 c_{R}^{*}，所以有：

$$\overrightarrow{j}=nF\overrightarrow{k}c_{\mathrm{O}}\exp\left(-\frac{\Delta\overrightarrow{G_0}+\alpha nF\varphi}{RT}\right)=nF\overrightarrow{K}c_{\mathrm{O}}\exp\left(-\frac{\alpha nF\varphi}{RT}\right) \tag{6.11}$$

$$\overleftarrow{j}=nF\overleftarrow{k}c_{\mathrm{R}}\exp\left(-\frac{\Delta\overleftarrow{G_0}-\beta nF\varphi}{RT}\right)=nF\overleftarrow{K}c_{\mathrm{R}}\exp\left(\frac{\beta nF\varphi}{RT}\right) \tag{6.12}$$

用 $\overrightarrow{j_0}$、$\overleftarrow{j_0}$ 来表示，则可以得到：

$$\overrightarrow{j}=\overrightarrow{j_0}\exp\left(-\frac{\alpha nF\varphi}{RT}\right) \tag{6.13}$$

$$\overleftarrow{j}=\overleftarrow{j_0}\exp\left(\frac{\beta nF\varphi}{RT}\right) \tag{6.14}$$

把上式取对数，可以得到如下关系：

$$\begin{cases}\varphi=\dfrac{RT}{\alpha nF}\ln\overrightarrow{j}_0-\dfrac{RT}{\alpha nF}\ln\overrightarrow{j} & (6.15)\\ \varphi=-\dfrac{RT}{\beta nF}\ln\overleftarrow{j}_0+\dfrac{RT}{\beta nF}\ln\overleftarrow{j} & (6.16)\end{cases}$$

这就是电子转移步骤为控制步骤的电化学反应基本方程。这是电子转移步骤最为重要的关系，表明了电位和电流密度也就是反应速率的关系。

图 6-5 为根据式（6.15）、式（6.16）得到的过电位与电流密度的关系图。它表示 φ 与 $\ln\overrightarrow{j}$、$\ln\overleftarrow{j}$ 之间存在线性关系，或者 φ 与 $\overrightarrow{j}$、$\overleftarrow{j}$ 之间存在“半对数关系”。这是电化学步骤最基本的动力学特征。电位越正，氧化反应速率越快；电位越负，还原反应速率越快。

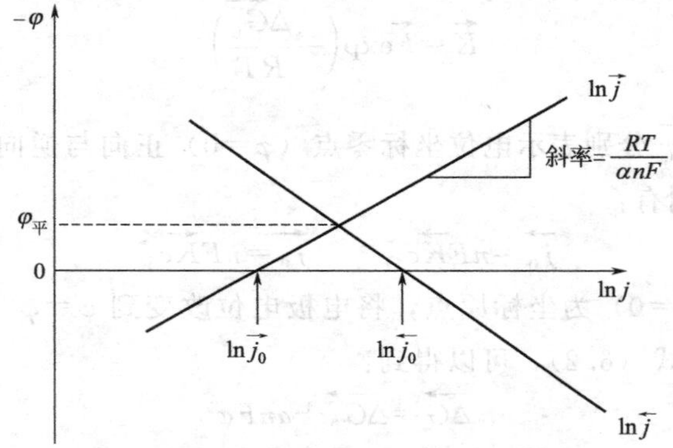

图 6-5　电位对电化学反应绝对速率的影响

6.2 电子转移步骤的基本动力学参数

把描述电子转移步骤动力学特征的物理量称为动力学参数，主要参数包括：

① 传递系数 α、β；

② 交换电流密度 j_0；

③ 电化学反应速率常数 K。

6.2.1 传递系数 α、β

传递系数 α、β 取决于电化学反应的性质，表示电极电位对还原反应活化能和氧化反应活化能影响的程度。对于单电子反应，$\alpha+\beta=1$，且常常有 $\alpha\approx\beta\approx0.5$，所以传递系数又称为对称系数。

6.2.2 交换电流密度 j_0

事实上，电位坐标是可以任意选择的。如果选择氧化还原体系的平衡电位

($\varphi_{平}$) 作为电位坐标的零点，则电极电位的数值就可以表示为电极电位与平衡电位之间的差。这就是前面讨论的“超电势”。如前讨论的，习惯上对阳极反应和阴极反应采用不同的超电势定义，并分别称为阳极超电势 η_a 和阴极超电势 η_c。图 6-6 为超电势对 $\vec{j}$ 和 $\overleftarrow{j}$ 的影响。其中对阴极反应有：

$$\eta_c=\varphi_{平}-\varphi=-\frac{RT}{\alpha nF}\ln\vec{j}_0+\frac{RT}{\alpha nF}\ln\vec{j} \tag{6.17}$$

对阳极反应有：

$$\eta_a=\varphi-\varphi_{平}=-\frac{RT}{\beta nF}\ln\overleftarrow{j}_0+\frac{RT}{\beta nF}\ln\overleftarrow{j} \tag{6.18}$$

在式 (6.17) 和式 (6.18) 中，$\vec{j}_0$ 和 $\overleftarrow{j}_0$ 表示在反应体系平衡电位下的绝对电流密度，故显然应有 $\vec{j}_0=\overleftarrow{j}_0$。因此，可用统一的符号 j_0 来代替 $\vec{j}_0$ 和 $\overleftarrow{j}_0$，j_0 也被称为“交换电流密度”，如此，式 (6.17) 和式 (6.18) 可以写成：

$$\eta_c=-\frac{RT}{\alpha nF}\ln j_0+\frac{RT}{\alpha nF}\ln\vec{j}=\frac{RT}{\alpha nF}\ln\frac{\vec{j}}{j_0} \tag{6.19}$$

以及：

$$\eta_a=-\frac{RT}{\beta nF}\ln j_0+\frac{RT}{\beta nF}\ln\overleftarrow{j}=\frac{RT}{\beta nF}\ln\frac{\overleftarrow{j}}{j_0} \tag{6.20}$$

把上式改为指数形式，则有：

$$\vec{j}=j_0\exp\left(\frac{\alpha nF}{RT}\eta_c\right) \tag{6.21}$$

$$\overleftarrow{j}=j_0\exp\left(\frac{\beta nF}{RT}\eta_a\right) \tag{6.22}$$

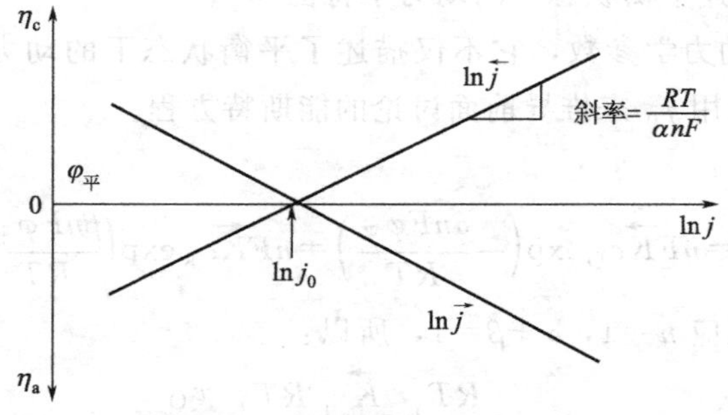

图 6-6　超电势对 $\vec{j}$ 和 $\overleftarrow{j}$ 的影响

根据上面的讨论，可以发现电极反应的基本动力学参数是“传递系数”(α 和 β) 和平衡电位 ($\varphi_{平}$) 下的“交换电流密度” (j_0)，后者通常简称为“交换电流”。知道传递系数和交换电流密度，就可以获得任何电位下的绝对电流密度。同时有：

$$j_0=nF\overrightarrow{K}c_O\exp\left(-\frac{\alpha nF\varphi_{平}}{RT}\right)=nF\overleftarrow{K}c_R\exp\left(\frac{\beta nF\varphi_{平}}{RT}\right) \tag{6.23}$$

j_0是极为重要的电化学参数，反映了平衡电位下氧化反应和还原反应的绝对反应速率。下面讨论影响交换电流密度的因素以及j_0的作用。

（1）影响交换电流密度的因素

j_0为重要的电化学参数，它主要受电化学反应特征、电极本性以及反应物浓度等方面的影响。

① 从式（6.23）可以知道j_0与反应速率常数$\overrightarrow{K}$、$\overleftarrow{K}$有关，而反应速率常数与电化学反应特性，也就是具体的电化学反应过程密切相关。不同的电化学反应，交换电流密度值可能差别很大。

② j_0与电极材料有关

同一种电化学反应在不同的电极材料上进行，交换电流密度可能相差很大。电极材料起着催化剂的作用。电极材料不同，对同一电化学反应的催化活性也不同。比如，对于不同的氢气氧化反应，Hg电极上在$0.1\text{mol}\cdot\text{L}^{-1}$ H_2SO_4溶液中的j_0为$6\times10^{-12}\text{A}\cdot\text{cm}^{-2}$，而在Pt电极上的$j_0$为$1.6\times10^{-3}\text{A}\cdot\text{cm}^{-2}$，两者相差在十亿倍左右。

③ j_0与反应物质的浓度有关

从式（6.23）可以看出，反应物的浓度对交换电流密度影响较大，对于同一个反应，反应物浓度不同，j_0会有10倍甚至几十倍的差异。

（2）交换电流密度的作用

交换电流密度j_0与电化学反应的动力学特征密切相关，具有如下作用。

① 可用j_0描述平衡状态下的动力学特征

j_0是重要的动力学参数，它不仅描述了平衡状态下的动力学特征，也具有热力学性质，可以用j_0来推导前面讨论的能斯特方程。

具体过程如下：

$$j_0=nF\overrightarrow{K}c_O\exp\left(-\frac{\alpha nF\varphi_{平}}{RT}\right)=nF\overleftarrow{K}c_R\exp\left(\frac{\beta nF\varphi_{平}}{RT}\right) \tag{6.24}$$

对于单电子反应$n=1$，$\alpha+\beta=1$，所以：

$$\varphi_{平}=\frac{RT}{F}\ln\frac{\overrightarrow{K}}{\overleftarrow{K}}+\frac{RT}{F}\ln\frac{c_O}{c_R} \tag{6.25}$$

令标准状态下的平衡电位：

$$\varphi^{\ominus'}=\frac{RT}{F}\ln\frac{\overrightarrow{K}}{\overleftarrow{K}} \tag{6.26}$$

可以得到：

$$\varphi_{平}=\varphi^{\ominus'}+\frac{RT}{F}\ln\frac{c_O}{c_R} \tag{6.27}$$

将式（6.27）和第 3 章的能斯特方程 $\varphi_{平}=\varphi^{\ominus}+\frac{RT}{nF}\ln\frac{a_O}{a_R}$ 对比，可以发现，两者的差异就是反应式中的活度与浓度。这个差异是分析时为了简便用浓度代替了活度而造成的。也就是说，式（6.27）就是能斯特方程的另一种表达方式。这充分说明了 j_0 的热力学性质，也证明了 j_0 可以起到电化学热力学与电化学动力学的桥梁作用。

② 用 j_0 表示电化学反应速率

交换电流密度正是描述其动力学特性的基本参数。对于单电子反应，可以用交换电流密度来表示电化学反应的绝对反应速率。

③ 用 j_0 描述电化学反应的难易程度

交换电流密度越大，电化学反应越容易进行，其去极化的作用也越强，因而电位偏离平衡态的程度，即电极极化的程度就越小。相反，交换电流密度越小，意味着电化学反应越难进行，极化作用也越强。

6.2.3 反应速率常数 K

交换电流密度 j_0 是最重要的基本动力学参数，但它的应用受到较大限制。一个主要原因是 j_0 的数值与反应物的浓度有关。如果浓度改变，j_0 数值就会改变，使用 j_0 来描述动力学特征时，需要注明各反应物的浓度，显然这样不太方便。为了使基本参数有更广泛的实用性，研究者提出了用反应速率常数 K 这个动力学参数代替 j_0。K 的最大优势在于不仅可以描述电化学引发的动力学性能，还和反应物浓度没有关系。

K 可以通过平衡电位方程导出，具体过程如下。

根据平衡电位方程：

$$\varphi_{平}=\varphi^{\ominus'}+\frac{RT}{nF}\ln\frac{c_O}{c_R} \tag{6.28}$$

当 $c_O=c_R$ 时，$\varphi_{平}=\varphi^{\ominus'}$，在此电位下：

$$F\overrightarrow{K}c_O\exp\left(-\frac{\alpha F}{RT}\varphi^{\ominus'}\right)=F\overleftarrow{K}c_R\exp\left(\frac{\beta F}{RT}\varphi^{\ominus'}\right) \tag{6.29}$$

由于 $c_O=c_R$，则可以得到：

$$K=\overrightarrow{K}\exp\left(-\frac{\alpha F}{RT}\varphi^{\ominus'}\right)=\overleftarrow{K}\exp\left(\frac{\beta F}{RT}\varphi^{\ominus'}\right) \tag{6.30}$$

式（6.30）中的 K 即称为反应速率常数，也可以把 K 看成是 $\varphi=\varphi_{平}$ 时反应物越过活化能垒的速率，表示标准电极电位和反应物浓度为单位浓度时的电化学反应绝对速率。

事实上，从上述推导过程可以看出，反应速率常数 K 是交换电流密度的一个特例。K 排除了溶液浓度的影响，是特殊条件下的交换电流密度。它既具有交换电流密度的性质，同时与反应物质浓度无关，为使用带来了普适性。

用电化学反应速率常数 K 描述电化学动力学性质时，电子转移步骤基本动力学规律可表述为：

$$\begin{cases}\overrightarrow{j}=nF\overrightarrow{K}c_{\mathrm{O}}\exp\left[-\dfrac{\alpha F}{RT}(\varphi-\varphi^{\ominus'})\right] & (6.31)\\ \overleftarrow{j}=nF\overleftarrow{K}c_{\mathrm{R}}\exp\left[\dfrac{\beta F}{RT}(\varphi-\varphi^{\ominus'})\right] & (6.32)\end{cases}$$

6.3 电子转移步骤电化学反应规律

6.3.1 巴特勒-福尔默方程

当电化学反应净电流不等于零时，也会导致电极发生极化。电极电化学反应由于不平衡而出现净电流，即 $\overrightarrow{j}\neq\overleftarrow{j}$，此时电极上平衡状态被破坏，电极电位偏离了平衡值。这种情况就是“电化学极化”。

下面讨论这种情况的电化学规律。为了讨论方便，对于 $\mathrm{O}+n\mathrm{e}^-\rightleftharpoons\mathrm{R}$ 反应，我们讨论 $n=1$，也就是 $\mathrm{O}+\mathrm{e}^-\rightleftharpoons\mathrm{R}$ 的情况。对于 $n\neq1$ 的情况，相对比较复杂。其中的原因是电化学反应中传递的电荷数与反应历程密切相关。很多反应虽然 $n>1$，但是可能一次也只传递一个电子。因此，我们后续再讨论 $n\neq1$ 的情况。

此时，电极上的氧化电流与还原电流分别为：

$$\begin{cases}\overrightarrow{j}=\overrightarrow{j}_0\exp\left(-\dfrac{\alpha F\Delta\varphi}{RT}\right) & (6.33)\\ \overleftarrow{j}=\overleftarrow{j}_0\exp\left(\dfrac{\beta F\Delta\varphi}{RT}\right) & (6.34)\end{cases}$$

电化学反应的净电流可以表示为正向电流与逆向电流的差，也就是：

$$j=\overrightarrow{j}-\overleftarrow{j}=j_0\left[\exp\left(-\frac{\alpha F\Delta\varphi}{RT}\right)-\exp\left(\frac{\beta F\Delta\varphi}{RT}\right)\right] \tag{6.35}$$

这就是巴特勒-福尔默（Butler-Volmer）方程。巴特勒-福尔默方程是电化学动力学的一个最基本的动力学关系，它考虑了同一电极会同时有阴极过程与阳极过程，描述了电子转移步骤为控制步骤时电极电位和反应电流密度的关系。

通常规定电极上发生净还原反应，也就是阴极反应时，j 为正值；而发生净氧化反应，也就是阳极反应时，j 为负值。这样，电化学反应净速度用正值表示时，可用 j_c 表示阴极反应电流密度，用 j_a 表示阳极反应电流密度。对于单电子反应，可以得到下述表达式：

$$j_c=\overrightarrow{j}-\overleftarrow{j}=j_0\left[\exp\left(\frac{\alpha F}{RT}\eta_c\right)-\exp\left(-\frac{\beta F}{RT}\eta_c\right)\right] \tag{6.36}$$

$$j_a=\overleftarrow{j}-\overrightarrow{j}=j_0\left[\exp\left(\frac{\beta F}{RT}\eta_a\right)-\exp\left(-\frac{\alpha F}{RT}\eta_a\right)\right] \tag{6.37}$$

式中，η_c、η_a 分别表示阴极超电势和阳极超电势，都为正值。

图 6-7 为根据式（6.36）、式（6.37）绘制的单电子可逆反应的动力学规律曲线，表示了阴极电流密度、阳极电流密度和净电流密度与超电势的关系。

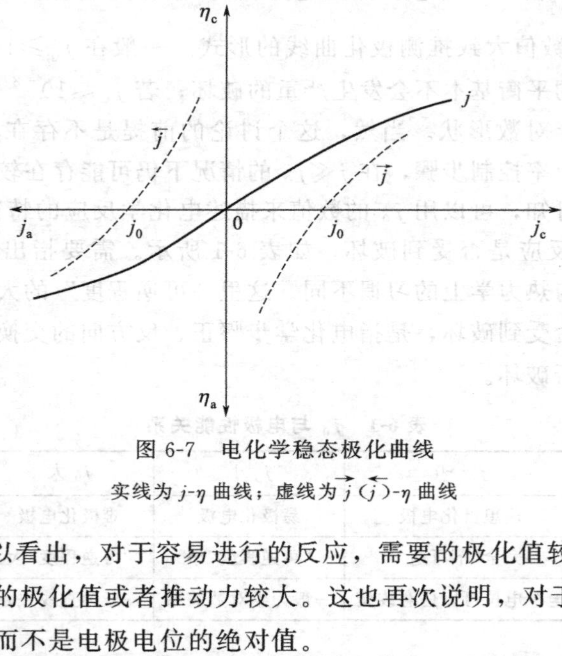

图 6-7　电化学稳态极化曲线

实线为 j-η 曲线；虚线为 $\overrightarrow{j}$ ($\overleftarrow{j}$)-η 曲线

从图 6-7 可以看出，对于容易进行的反应，需要的极化值较小，而对于难发生的反应，需要的极化值或者推动力较大。这也再次说明，对于电化学反应真正重要的是超电势而不是电极电位的绝对值。

图 6-8 是图 6-7 的另外一种形式，也称为电化学稳态极化曲线。稳态极化曲线是电化学中极为重要的关系，从化学本质上衡量反应的特性，也是分析化学电源性能最基本也是最重要的曲线。

结合图 6-7 与图 6-8 可以发现，极化曲线的形状与 j 与 j_0 的比值密切相关。在 $j \ll j_0$ 阶段，平衡几乎没有破坏，此时超电势 η 很小，可以得到直线的极化曲线（后续分析）；在 $j \gg j_0$ 时，电化学反应的平衡受到严重的破坏，这种情况下，η 的数值很大，出现半对数的极化曲线。

在实际过程中，电流密度一般在 $10^{-5} \sim 1.0\text{A} \cdot \text{cm}^{-2}$ 的范围内。因此，可

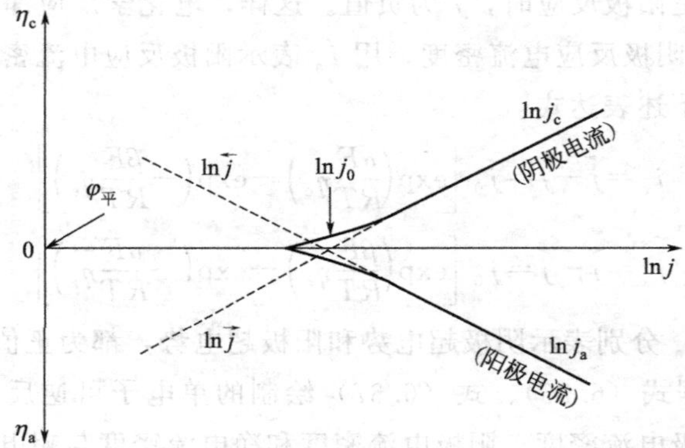

图 6-8 超电势对阴极电流和阳极电流的影响规律

以通过 j_0 的绝对数值大致推测极化曲线的形式。一般在 $j_0 \geqslant 10 \sim 100\text{A} \cdot \text{cm}^{-2}$ 时，电化学反应的平衡基本不会发生严重的破坏；若 $j_0 \leqslant 10^{-8}\text{A} \cdot \text{cm}^{-2}$ 时，极化曲线几乎都是半对数形状。当然，这个讨论的前提是不存在其它速率控制步骤，如果有其它速率控制步骤，在 $j \ll j_0$ 的情况下仍可能存在较大极化。

从以上分析可知，可以用 j_0 的数值来描述电化学反应的特征，也可以用 j/j_0 的比值来判断反应是否受到破坏，如表 6-1 所示。需要指出的是，这里“可逆”一词的用法与热力学上的习惯不同。这里“可逆程度”的大小以及这一反应的“可逆性”是否受到破坏，是指电化学步骤正、反方向的交换电流密度的大小以及这一平衡是否破坏。

表 6-1 j_0 与电极性能关系

j_0 的数值	$j_0 \to 0$	j_0 小	j_0 大	$j_0 \to \infty$
极化性能	理想极化电极	易极化电极	难极化电极	理想去极化电极
电极反应的可逆程度	完全“不可逆”	“可逆程度”小	“可逆程度”大	完全“可逆”
j-η 关系	电极电位可以任意改变	一般为半对数关系	一般为直线关系	电极电位不会改变

如果反应的 j_0 比较小，电极容易发生极化，在这种情况下，j-η 的关系一般为半对数关系。如理想极化电极，电化学反应很难发生，对应的 j_0 趋近于零，电极完全不可逆，电流主要用于改变双电层界面。如果反应 j_0 比较大，电化学反应速率很快，则电极难以极化，j-η 一般为直线关系。如理想去极化电极，反应完全可逆，电极电位不会随着电流的改变而变化，常用的参比电极就具有这种特征。

6.3.2 塔菲尔公式

事实上，在电化学动力学理论建立之前，人们在生产实践中就总结了电化学反应的一些基本规律。塔菲尔公式是其中杰出的代表。Tafel 在多年研究金属电极与电化学制备有机物基础上，1905 年在“关于氢气阴极析出过程的极化研究”的论文中提出了超电势 η 和电流密度 j 之间的经验公式。其数学表达式为：

$$\eta = a + b\ln j \tag{6.38}$$

塔菲尔公式第一次对电极动力学过程给出了定量描述。式中，超电势 η 和电流密度 j 均取正值，a 和 b 为与反应相关的两个常数。

事实上，塔菲尔公式是巴特勒-福尔默方程在高超电势情况下的一个特殊简化。可以利用巴特勒-福尔默方程对塔菲尔公式进行理论推导。

以阴极极化为例。由巴特勒-福尔默方程可以知道，在阴极极化时：

$$j_c = \vec{j} - \overleftarrow{j} = j_0\left[\exp\left(\frac{\alpha F}{RT}\eta_c\right) - \exp\left(-\frac{\beta F}{RT}\eta_c\right)\right] \tag{6.39}$$

在高超电势下，一般阴极电流要远大于阳极电流，所以有：

$$\exp\left(\frac{\alpha F}{RT}\eta_c\right) \gg \exp\left(-\frac{\beta F}{RT}\eta_c\right) \tag{6.40}$$

可以得到

$$j_c \approx j_0 \exp\left(\frac{\alpha F}{RT}\eta_c\right) \tag{6.41}$$

$$\eta_c = -\frac{RT}{\alpha F}\ln j_0 + \frac{RT}{\alpha F}\ln j_c \tag{6.42}$$

其形式与塔菲尔公式完全一致，实质上反映了还原反应速率远大于氧化反应速率情况下的动力学特征。同样地，对于阳极极化，可以得到：

$$\eta_a = -\frac{RT}{\beta F}\ln j_0 + \frac{RT}{\beta F}\ln j_a \tag{6.43}$$

式 (6.42) 与式 (6.43) 为高超电势（或者 $|j| \gg j_0$）时巴特勒-福尔默方程的近似公式。可以发现，塔菲尔公式是巴特勒-福尔默方程在高超电势条件下的特殊应用。这也从实践角度对巴特勒-福尔默方程的准确性进行了验证。

另外，通过巴特勒-福尔默方程，可以对塔菲尔公式中的参数进行更深入的理解。可以发现，阴极极化时：

$$a = -\frac{RT}{\alpha F}\ln j_0 \tag{6.44}$$

$$b = \frac{RT}{\alpha F} \tag{6.45}$$

阳极极化时：

$$a = -\frac{RT}{\beta F}\ln j_0 \tag{6.46}$$

$$b=\frac{RT}{\beta F} \tag{6.47}$$

这再一次明确地指出电子转移步骤为速率控制步骤时，超电势的大小取决于电化学反应性质（通过 j_0、α、β 体现）和反应的温度 T。

同时可以发现，a 与 j_0、T 有关，也就是与电极/电解液界面性质、溶液浓度及温度等因素有关；b 主要与温度有关。表 6-2 列出了 20℃时，金属电极上氢析出反应的 Tafel 常数 a 和 b 的数值，可以发现不同电极上同一反应的速率差别极大。

表 6-2　20℃时，金属电极上氢析出反应的 Tafel 常数 a 和 b

金属	溶液组成	a/V	b/V
Pb	$1.0mol \cdot L^{-1}$ H_2SO_4	1.56	0.110
Tl	$1.7mol \cdot L^{-1}$ H_2SO_4	1.55	0.140
Hg	$1.0mol \cdot L^{-1}$ H_2SO_4	1.42	0.113
Hg	$1.0mol \cdot L^{-1}$ HCl	1.41	0.116
Hg	$1.0mol \cdot L^{-1}$ KOH	1.51	0.105
Cd	$1.3mol \cdot L^{-1}$ H_2SO_4	1.40	0.120
Zn	$1.0mol \cdot L^{-1}$ H_2SO_4	1.24	0.118
Sn	$1.0mol \cdot L^{-1}$ HCl	1.24	0.116
Cu	$2.0mol \cdot L^{-1}$ H_2SO_4	0.80	0.115
Ag	$1.0mol \cdot L^{-1}$ HCl	0.95	0.116
Ag	$5.0mol \cdot L^{-1}$ H_2SO_4	0.95	0.130
Fe	$1.0mol \cdot L^{-1}$ HCl	0.70	0.125
Fe	$2.0mol \cdot L^{-1}$ NaOH	0.76	0.112
Ni	$0.11mol \cdot L^{-1}$ NaOH	0.64	0.100
Co	$1.0mol \cdot L^{-1}$ HCl	0.62	0.140
Pd	$1.1mol \cdot L^{-1}$ KOH	0.53	0.130
W	$1.0mol \cdot L^{-1}$ HCl	0.23	0.040
W	$5.0mol \cdot L^{-1}$ HCl	0.55	0.110
Pt	$1.0mol \cdot L^{-1}$ HCl	0.10	0.130
Pt	$1.0mol \cdot L^{-1}$ NaOH$+1.5mol \cdot L^{-1}$ Na_2SO_4	0.31	0.097

前面分析时假定巴特勒-福尔默方程高超电势的情况下可以近似用塔菲尔公式处理，一个需要明确的问题是，什么情况才算是高超电势？从式（6.44）可以发现，只有巴特勒-福尔默方程中两个指数项差别相当大的情况下，才符合塔菲尔关系。通常认为，其前提条件是两个指数项相差 100 倍以上，也就是：

$$\frac{\exp\left(-\frac{\alpha F}{RT}\eta_c\right)}{\exp\left(\frac{\beta F}{RT}\eta_c\right)}>100 \tag{6.48}$$

在 25℃时，$\eta_c>0.116V$ 时可以满足上述要求。对于阳极极化也同样。

6.3.3　低超电势下的电化学反应规律

从图 6-7 可以发现，在超电势比较小的时候，超电势与电流密度的关系近似呈线性关系。这种情况同样可以由巴特勒-福尔默方程进行推导。

以阴极极化为例，当超电势很小时，即 η_c 接近于 0 时，式（6.39）中，

$$\exp\left(\frac{\alpha F}{RT}\eta_c\right)\approx\exp\left(-\frac{\beta F}{RT}\eta_c\right) \tag{6.49}$$

此时正向反应与逆向反应电流密度接近，有：

$$|j|\ll j_0 \tag{6.50}$$

在这种情况下，电化学反应仍处于“近似可逆”的状态，称为低超电势下的电化学极化。当超电势很小时，式（6.35）可按泰勒级数❶形式展开，即：

$$j=j_0\left\{\left[1-\frac{\alpha F}{RT}\Delta\varphi+\frac{1}{2!}\left(\frac{\alpha F}{RT}\Delta\varphi\right)^2-\cdots\right]-\left[1+\frac{\beta F}{RT}\Delta\varphi+\frac{1}{2!}\left(\frac{\beta F}{RT}\Delta\varphi\right)^2+\cdots\right]\right\} \tag{6.51}$$

由于 $|\Delta\varphi|$ 很小，有：

$$\frac{\alpha F}{RT}|\Delta\varphi|\ll 1 \tag{6.52}$$

$$\frac{\beta F}{RT}|\Delta\varphi|\ll 1 \tag{6.53}$$

所以可略去展开式（6.51）中的高次项，得：

$$j\approx-\frac{Fj_0}{RT}\Delta\varphi \tag{6.54}$$

$$\Delta\varphi=-\eta_c\approx-\frac{RT}{F}\times\frac{j}{j_0} \tag{6.55}$$

令

$$R_r=\left|\frac{d(\Delta\varphi)}{dj}\right|_{\Delta\varphi\to 0}=\frac{RT}{Fj_0} \tag{6.56}$$

有：

$$\eta_c=R_r j \tag{6.57}$$

可以发现，反应电阻 R_r 与交换电流密度值成反比。它相当于电荷在电极/电解液界面传递过程中，单位面积上的等效电阻。这与第 5 章讨论的传质电阻 R_c 具有类似作用。

---

❶ 泰勒级数（Taylor series）用无限项连加式——级数来表示一个函数，这些相加的项由函数在某一点的导数求得。

6.3.4 电子转移步骤控制时的电化学基本规律

根据上述分析，可以发现，电子转移步骤为控制步骤时具有如下极化规律：

① 在低超电势下（η≤10mV 时），满足线性关系：$\eta = R_r j$。对于单电子反应，当 $\alpha \approx \beta \approx 0.5$ 时，超电势与极化电流密度适用线性关系。

② 高超电势下（η≥110mV 时），满足塔菲尔关系：$\eta = a + b\ln j$。

③ 在高超电势区与低超电势区之间存在过渡区域，通常也称为弱极化区。这个区域中，氧化反应和还原反应的速度差别介于①和②两种情况之间。这种情况下任何一方都不能忽略，电化学极化规律须用完整的巴特勒-福尔默方程描述。

6.4 双电层结构对电化学反应速率的影响

6.4.1 双电层结构对电极电位的影响

在前面的讨论中均假设电极电位改变时只有紧密层电位差发生了变化。也就是说，分散层中电位差 ψ_1 等于零，紧密层电位差的变化 $\Delta(\varphi_a - \psi_1)$ 就是整个双电层电位差的变化 $\Delta\varphi$，没有考虑双电层结构对电化学反应速率的影响。

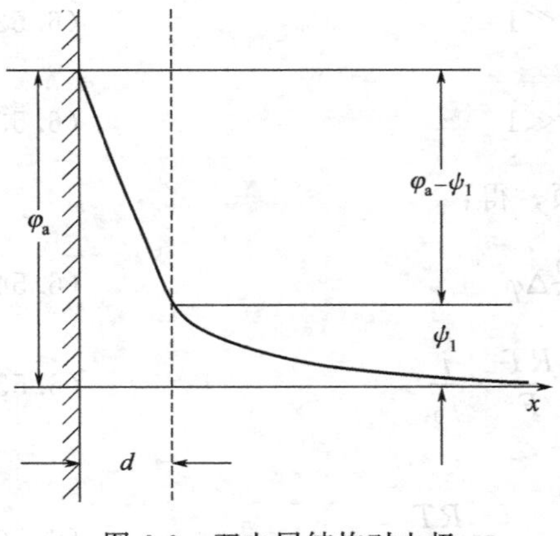

图 6-9 双电层结构对电极电位影响的示意图

由前面讨论可知，电极界面中分散层可以忽略的前提是电极表面电荷密度较大及电解液浓度较高。然而在稀溶液中，尤其是过电位较低的稀溶液中，ψ_1 电位在双电层电位差中会占有较大比重，这种情况下就无法忽略分散层对反应过程的影响。我们把这种影响称为 ψ_1 效应，它主要通过影响电位分布、电极/电解液界面粒子浓度等方式来改变反应过程。

图 6-9 表示了双电层结构对电极电位的影响。电化学反应发生在紧密层平面，电子转移步骤也在紧密层中进行。所以，对反应活化能和反应速率起作用的电位差并不是前面讨论的电极电位 $\Delta\varphi$，而是紧密层与电极表面的电位差，即紧密层电位（$\varphi_a - \psi_1$）。因此，就需要用紧密层电位（$\varphi_a - \psi_1$）来代替之前讨论的 $\Delta\varphi$。

6.4.2 双电层结构对离子浓度的影响

同时，分散层电位 ψ_1 除了影响反应的活化能，还会对反应物与产物的浓度分布有较大影响。在没有 ψ_1 电位存在的情况下，电极表面反应粒子浓度 c_s 就是溶液主体反应粒子的浓度 c_0。当存在 ψ_1 效应时，c_s 是反应粒子在分散层外 $\varphi=0$ 处的浓度，紧密层平面的反应粒子表面浓度为 c^*，而两者并不相等。因此，如图 6-10 所示，需要用在紧密层外平面反应物或者产物粒子的浓度 c^* 代替前面推导中用的 c_O 或 c_R。

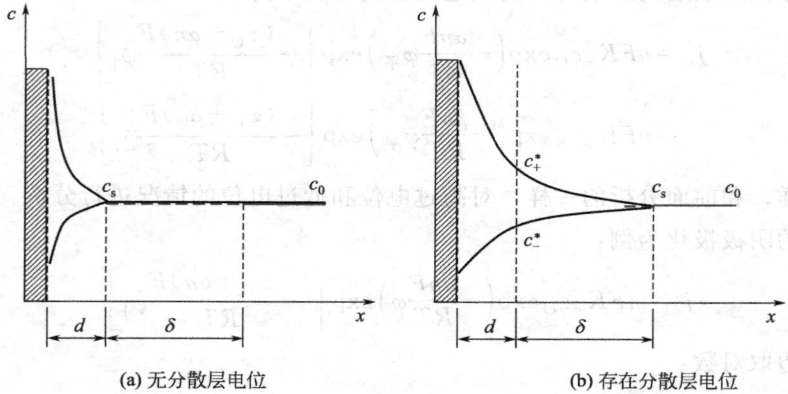

图 6-10　分散层电位对电极/电解液界面浓度的影响

由于受到界面电场的影响，双电层中带电粒子的浓度分布服从于微观粒子在势能场中的经典分布规律——玻尔兹曼分布定律，具体如下式所示：

$$c^*=c_s\exp\left(-\frac{zF}{RT}\varphi_1\right)=c\exp\left(-\frac{zF}{RT}\varphi_1\right) \tag{6.58}$$

式中，c^* 表示紧密层平面的反应粒子浓度；z 表示反应粒子所带的电荷数。

6.4.3　双电层结构对反应速率的影响

上述分析可以发现，ψ_1 电位既影响参与电子转移步骤的反应粒子浓度，也会改变电子转移步骤的活化能。因此，对于反应 $O+ne^-\rightleftharpoons R$，前面推导的基本动力学公式（6.31）和式（6.32）可改写为：

$$\vec{j}=nFK_c c_O^*\exp\left[-\frac{\alpha nF}{RT}(\varphi-\psi_1)\right] \tag{6.59}$$

$$\overleftarrow{j}=nFK_a c_R^*\exp\left[\frac{\beta nF}{RT}(\varphi-\psi_1)\right] \tag{6.60}$$

在阴极极化时，电化学反应速率与电极电位的关系：

$$\vec{j}=nFK_c c_{O,s}\exp\left(-\frac{z_O F}{RT}\psi_1\right)\exp\left[-\frac{\alpha nF}{RT}(\varphi-\psi_1)\right]$$

$$=nFK_c c_O\exp\left(-\frac{\alpha nF}{RT}\varphi\right)\exp\left[-\frac{(z_O-\alpha n)F}{RT}\psi_1\right] \tag{6.61}$$

在阳极极化时，用下式表示：

$$\overleftarrow{j}=nFK_{a}c_{R,s}\exp\left(-\frac{z_{R}F}{RT}\psi_{1}\right)\exp\left[-\frac{\beta nF}{RT}(\varphi-\psi_{1})\right]$$
$$=nFK_{a}c_{R}\exp\left(-\frac{\beta nF}{RT}\varphi\right)\exp\left[-\frac{(z_{R}-\beta n)F}{RT}\psi_{1}\right] \quad (6.62)$$

当存在分散层的影响时，交换电流密度可表示为：

$$j_{0}=nFK_{c}c_{O}\exp\left(-\frac{\alpha nF}{RT}\varphi_{平}\right)\exp\left[-\frac{(z_{O}-\alpha n)F}{RT}\psi_{1}\right]$$
$$=nFK_{a}c_{R}\exp\left(-\frac{\beta nF}{RT}\varphi_{平}\right)\exp\left[-\frac{(z_{R}+\beta n)F}{RT}\psi_{1}\right] \quad (6.63)$$

同样，和前面分析的一样，对高过电位和低过电位的情况进行分析。以高过电位下的阴极极化为例：

$$j_{c}=nFK_{c}c_{O}\exp\left(-\frac{\alpha nF}{RT}\varphi\right)\exp\left[-\frac{(z_{O}-\alpha n)F}{RT}\psi_{1}\right] \quad (6.64)$$

两边取对数：

$$-\varphi=-\frac{RT}{\alpha nF}\ln(nFK_{c}c_{O})+\frac{RT}{\alpha nF}\ln j_{c}+\frac{z_{O}-\alpha n}{\alpha n}\psi_{1} \quad (6.65)$$

$$\eta_{c}=\varphi_{平}-\varphi=\varphi_{平}-\frac{RT}{\alpha nF}\ln(nFK_{c}c_{O})+\frac{RT}{\alpha nF}\ln j_{c}+\frac{z_{O}-\alpha n}{\alpha n}\psi_{1}$$
$$=常数+\frac{z_{O}-\alpha n}{\beta n}\psi_{1}+\frac{RT}{\alpha nF}\ln j_{c} \quad (6.66)$$

因此，存在分散层电位 ψ_1 时，电化学反应速率与电极电位的关系为：

$$\eta_{c}=常数+\frac{z_{O}-\alpha n}{\alpha n}\varphi_{1}+\frac{RT}{\alpha nF}\ln j_{c} \quad (6.67)$$

对比前面的塔菲尔公式可以发现，由于 ψ_1 电位随电极电位 φ 变化而变化，上式中右边前两项之和不再是常数，过电位与电流密度也不再符合塔菲尔关系。

6.5 电化学极化与浓差极化共存时的动力学规律

在实际的电化学过程中，电化学极化或浓差极化单独存在的情况较少。通常情况下，电化学反应是浓差极化和电化学极化并存或者交替出现，两者的作用可能一个为主，一个为辅或者作用相当，通常把这种情况称为电化学极化与浓差极化混合控制。

当反应过程为电子转移步骤和扩散过程混合控制时，需要同时考虑两者对电化学反应速率的影响。由于传质过程主要影响电极/电解液界面的反应物和产物的浓度，对于这个过程的分析，一种方法是在电子转移步骤的动力学规律中加入浓度的变化规律，从而获得混合控制过程下的电化学规律。

在混合控制过程中，反应粒子缓慢扩散导致电极表面形成浓度梯度，此时反应粒子电极表面浓度不等于主体浓度。因此，对于混合控制的电化学反应过程，用反应粒子的表面浓度 c_s 代替前面讨论的溶液浓度 c_0。

对于 $O+ne^- \rightleftharpoons R$ 这个典型的电化学反应，在混合控制时，其电化学规律有：

$$\vec{j}=nF\vec{K}c_{O,s}\exp\left(-\frac{\alpha nF\varphi}{RT}\right) \tag{6.68}$$

其交换电流密度为：

$$j_0=FKc_O\exp\left(-\frac{\alpha nF\varphi_{平}}{RT}\right) \tag{6.69}$$

反应速率常数：

$$K=\vec{K}\exp\left(-\frac{\alpha nF\varphi_{平}}{RT}\right) \tag{6.70}$$

则有：

$$\vec{j}=nFK_c c_{O,s}\exp\left(-\frac{\alpha nF\varphi}{RT}\right)=j_0\frac{c_{O,s}}{c_O}\exp\left(-\frac{\alpha nF\Delta\varphi}{RT}\right) \tag{6.71}$$

$$\overleftarrow{j}=nFK_a c_{R,s}\exp\left(\frac{\beta nF\varphi}{RT}\right)=j_0\frac{c_{R,s}}{c_R}\exp\left(\frac{\beta nF\Delta\varphi}{RT}\right) \tag{6.72}$$

在阴极极化的条件下，可以得到混合控制时电化学反应的净速度为：

$$j_c=j_0\left[\frac{c_{O,s}}{c_O}\exp\left(-\frac{\alpha nF\Delta\varphi}{RT}\right)-\frac{c_{R,s}}{c_R}\exp\left(\frac{\beta nF\Delta\varphi}{RT}\right)\right] \tag{6.73}$$

考虑到通常情况下，出现电化学极化与浓差极化共存时的电流密度不会太小，故假设 $|j|\gg j_0$，因而可以忽略逆向反应，有：

$$\begin{aligned}j_c&=\vec{j}-\overleftarrow{j}\approx\vec{j}\\&=j_0\frac{c_{O,s}}{c_O}\exp\left(-\frac{\alpha nF\Delta\varphi}{RT}\right)=j_0\frac{c_{O,s}}{c_O}\exp\left(\frac{\alpha nF}{RT}\eta_c\right)\end{aligned} \tag{6.74}$$

上式，需要知道电极表面离子浓度 c_s。如前所述，可以结合传质过程的动力学规律来计算。由前面讨论可知：

$$c_{O,s}=c_{O,0}\left(1-\frac{j_c}{j_d}\right) \tag{6.75}$$

代入式（6.74），可以得到：

$$j_c=\left(1-\frac{j_c}{j_d}\right)j_0\exp\left(\frac{\alpha nF}{RT}\eta_c\right) \tag{6.76}$$

两边取对数，可以得到：

$$\eta_c=\frac{RT}{\alpha nF}\ln\frac{j_c}{j_0}+\frac{RT}{\alpha nF}\ln\frac{j_d}{j_d-j_c} \tag{6.77}$$

这就是电化学极化和浓差极化共存时的动力学公式。式（6.77）说明，混合控制时过电位可以分为两部分。式中右方第一项与塔菲尔公式形式一致，表明这部分过电位由电化学极化引起，其数值取决于 j_c 与 j_0 的比值；第二项包含了浓差极化的特征参数 j_d，表明这部分过电位由浓差极化引起，一般称为浓差过电位或扩散过电位，其数值大小取决于 j_c 和 j_d 的相对大小。

对于特定的反应，决定 j_d 的因素与决定 j_0 的因素不相同。式（6.77）中，除了 j_d 与 j_0 都与反应体系的浓度相关外，j_c 与 j_0 的关系不确定。因此，需要根据 j_c、j_d 与 j_0 这三个参数的相对大小来分析出现过电位的主要原因。

① 当 $j_0 \ll j_c \ll j_d$ 时，式中右边第二项可忽略不计。此时，反应符合塔菲尔关系。也就是说，这种情况下过电位完全由电化学极化导致。

② 当 $j_c \approx j_d \ll j_0$ 时，过电位主要由浓差极化导致。从前面的讨论中可知，$j_c \ll j_0$ 时，电化学反应步骤的平衡态基本上未遭到破坏。由于 $j_c \approx j_d$，则 $c_s \to 0$，接近于完全浓差极化的状况。因而这种情况下，电极过程的控制步骤是扩散步骤，过电位由浓差极化引起。此时，等式右边第一项可忽略不计，但是不能用该式右边第二项计算浓差极化的过电位。其原因为式（6.77）推导的前提 $j_c \gg j_0$ 已经不成立，此时电极过程仍应遵循浓差极化规律，需要按照上一章讨论的浓差极化规律来计算过电位。

③ 当 $j_c \approx j_d \gg j_0$ 时，式右边两项中任何一项都不能忽略不计，过电位是电化学极化和浓差极化共同作用的结果。也就是说，电极过程由电化学反应步骤和扩散步骤混合控制。在不同的 j_c 下，两个控制步骤中往往会有一个起主导作用。当电流密度较小时，以电化学极化为主；当电流密度较大，其数值趋近于极限扩散电流密度时，则浓差极化起主要作用。

④ 当 $j_c \ll j_0$，$j_c \ll j_d$ 时，$\eta_c \to 0$，一般不超过几毫伏。也就是说电极几乎不发生极化，可以认为电极处于平衡状态或者完全去极化状态。

需要特别指出的是，如果 $j_c \gg j_0$，当 j_c 达到极限扩散电流密度后，虽然电极反应速率完全受扩散速率控制，但是，这时电化学步骤仍然不是可逆的。这种情况与前面分析的非控制步骤的平衡基本没有破坏的“准平衡态”不一样。在前面的分析中，假定各步反应的活化能保持不变，因而各个分步反应的反应速率由反应中间产物的浓度变化控制。然而，电化学反应步骤的活化能也会随着电极电位的影响而变化。也就是说，当电极电位偏离平衡电位时，虽然电极平衡受到破坏，阴极电流或者阳极电流却能大大提高。也就是说，可以采用破坏电极平衡的方法来降低电化学反应的活化能，提高反应速率。

另外，在传质过程为控制步骤时，如果保持电极电位不变，通过外加搅拌等方式来促进传质过程，也会发生电化学反应的控制步骤从扩散控制转化为电化学控制的情况，这在电化学生产实践中作用较大。

6.6 电化学极化和浓差极化规律比较

由前面的分析可以知道，电子转移步骤与传质过程极化具有不同的动力学特征，这对于研究和生产实践有重要的意义。表 6-3 列出了电化学极化与浓差极化规律的差异。

表 6-3　电化学极化与浓差极化规律的比较

动力学性质	浓差极化	电化学极化
极化曲线形式	产物可溶时：$\eta \propto \ln \frac{j_d - j}{j}$ 产物不溶时：$\eta \propto \ln \frac{j_d - j}{j_d}$	高过电位：$\eta = a + b\ln j$ 低过电位：$\eta_c = R_r j$
搅拌强度对反应速率的影响	j^2 或 $j_d^2 \propto$ 搅拌强度	无影响
双电层结构对反应速率的影响	无影响	在稀溶液 φ_0 附近，有特性吸附时，存在 ψ_1 效应
电极材料及表面状态的影响	无影响	有显著影响
动力学性质	浓差极化	电化学极化
反应速率的温度系数	因活化能低，故温度系数小，一般为 $2\% \cdot ℃^{-1}$	活化能高，温度系数较大
电极真实面积对反应速率的影响	当扩散层厚度大于电极表面粗糙度时，与电极表观面积成正比，与真实面积无关	反应速率正比于电极真实面积

利用表 6-3 所列的特征，可对电化学过程进行分析，找到反应过程的控制因素和控制步骤，并可以针对不同的动力学特征，找到关键的控制因素，进而调控电化学反应的速率和选择性。比如，电子转移步骤为速率控制步骤时，可以通过提高反应的过电位、提高电极的真实面积、选择合适的电极材料、对电极进行表面处理以及选择合适的溶剂、pH 值、添加剂等来提升反应速率；而对于反应处于传质控制的过程，可以通过强化搅拌过程以降低扩散层厚度、提高电极表面反应物浓度、增加极限电流密度来改善反应特性。

电化学反应极为复杂。譬如，对于一些含有其它过程的电化学反应，如由前置转化步骤和催化步骤引起的动力极限电流、吸附极限电流、反应离子穿透有机物吸附层出现的极限电流等反应过程，则需要根据具体的反应特征和极限电流产生的原因进行综合考虑与分析。

6.7 多电子反应过程

前面讨论的反应过程主要是假设单电子（$n=1$）的反应过程。事实上，在实践过程中很多重要电化学反应涉及的是多个电子的传递过程。显然，这些电子的转移都是一次完成。前面的讨论没有考虑多电子的转移过程。下面通过二电子反应过程来讨论多电子转移的动力学规律。为了讨论简便，也不考虑扩散层电位 ψ_1 的影响。

对于多电子反应，首先需要确定反应的历程。反应是一次性传递多个电子还是每一次都传递一个电子？

以 $O+2e^- \rightleftharpoons R$ 为例，这个反应有两个电子参与，反应历程有两种可能：

① 在高过电位下，一次直接转移两个电子，电化学反应历程为 $O+2e^- \rightleftharpoons R$。这个过程称为单电子转移步骤，一次完成电子转移。

② 低过电位下，一次只转移一个电子，反应分两次完成：$O^{2+}+e^- \rightleftharpoons O^+$，$O^++e^- \rightleftharpoons R$。这个过程称为多电子转移步骤。该历程中，依靠连续进行的两个单电子转移步骤完成整个电化学反应过程。也就是说，多电子转移步骤是由一系列单电子转移步骤串联组成的。

由于一个粒子（离子、原子或分子）同时得到或失去两个或两个以上电子的可能性较小，大多数情况下一个电化学反应步骤中只转移一个电子。尤其是对多个电子参与的电化学反应（$n>2$ 时），一般不可能一次转移 n 个电子，反应历程多按多电子转移步骤进行。

对于多电子转移过程，分析的关键在于找到反应速率的控制步骤。当找到反应速率控制步骤后，其它过程可以认为处于“准平衡态”，以便于分析。

若 $O+2e^- = R$ 反应的反应历程为两个单电子步骤的串联，假设按照如下历程进行：

① $O+e^- = X$（中间粒子）

② $X+e^- = R$（假定为控制步骤）

可以发现，控制步骤作为单电子反应时，其动力学规律为：

$$\overrightarrow{j}_2 = F\overrightarrow{K}_2 c_X \exp\left(-\frac{\alpha_2 F\Delta\varphi}{RT}\right) \tag{6.78}$$

$$\overleftarrow{j}_2 = F\overleftarrow{K}_2 c_R \exp\left(\frac{\beta_2 F\Delta\varphi}{RT}\right) \tag{6.79}$$

而步骤①为准平衡态，可从步骤①求得 c_X 的大小：

$$\overrightarrow{j}_1 \approx \overleftarrow{j}_1 \tag{6.80}$$

$$F\overrightarrow{K}_1 c_O \exp\left(-\frac{\alpha_1 F\Delta\varphi}{RT}\right) = F\overleftarrow{K}_1 c_X \exp\left(\frac{\beta_1 F\Delta\varphi}{RT}\right) \tag{6.81}$$

$$c_X = \frac{\overrightarrow{K}_1}{\overleftarrow{K}_1} c_O \exp\left(-\frac{F\Delta\varphi}{RT}\right) \tag{6.82}$$

可以得到：

$$\overrightarrow{j}_2 = j_{2,0} \exp\left[-\frac{(1+\alpha_2)F\Delta\varphi}{RT}\right] \tag{6.83}$$

$$\overleftarrow{j}_2 = j_{2,0} \exp\left(\frac{\beta_2 F\Delta\varphi}{RT}\right) \tag{6.84}$$

稳态极化时，各个串联的单元步骤的速率应当相等，并等于控制步骤的速率。因此，在电极上由 n 个单电子转移步骤串联组成的多电子转移步骤的总电流密度（即电化学反应净电流密度）j 应为各单电子转移步骤电流密度之和，即 $j=nj_k$。其中 j_k 为控制步骤的电流密度。

对于双电子反应过程，具有如下的极化规律：

$$\begin{aligned} j &= 2(\overrightarrow{j}_2 - \overleftarrow{j}_2) = 2j_2 \\ &= 2j_{2,0}\left\{\exp\left[-\frac{(1+\alpha_2)F\Delta\varphi}{RT}\right] - \exp\left(\frac{\beta_2 F\Delta\varphi}{RT}\right)\right\} \end{aligned} \tag{6.85}$$

即

$$j = 2j_{2,0}\left\{\exp\left[-\frac{(1+\alpha_2)F\Delta\varphi}{RT}\right] - \exp\left(\frac{\beta_2 F\Delta\varphi}{RT}\right)\right\} \tag{6.86}$$

令：$j_0 = 2j_{2,0}$，代表双电子反应的总交换电流密度；$\overrightarrow{\alpha} = 1+\alpha_2$，表示还原反应总传递系数；$\overleftarrow{\alpha} = \beta_2$，表示氧化反应总传递系数。

有：

$$j = j_0\left[\exp\left(-\frac{\overrightarrow{\alpha} F\Delta\varphi}{RT}\right) - \exp\left(\frac{\overleftarrow{\alpha} F\Delta\varphi}{RT}\right)\right] \tag{6.87}$$

上式即为双电子转移控制步骤的动力学公式。这个公式也适用于其它多电子步骤的电化学反应过程。这和前面分析的巴特勒-福尔默方程具有同样的形式，也称为普遍化的巴特勒-福尔默方程。

从上面的分析可以发现，多电子转移过程和单电子转移过程的动力学特性是类似的。其中的差别在于多电子反应过程的动力学规律受到速率控制步骤——其中一步的电子转移步骤控制。

第 7 章 化学电源简述

电能与化学能之间的能量储存与转换过程是电化学研究重点之一。近年来，人口增长和经济快速发展带来了对能源的巨大需求，而过度开采传统化石能源引发了化石能源危机和环境污染等问题，寻求更加清洁、高效、可持续发展的新能源技术已经成为广大研究者的关注热点，也催生了超级电容器、二次电池和燃料电池等化学电源的研发与应用。

化学反应一般直接发生电子转移，化学能转换为热能。而电化学反应中，氧化和还原分别在阳极区与阴极区进行，外电路通过电子定向移动导通，电解液中通过离子导体导通，形成完整回路，并对外直接做功。

7.1 化学电源的发展历史

1791 年，意大利伽伐尼（Galvani）在实验室进行青蛙解剖实验时，意外发现将不同金属与蛙腿肌肉接触并形成回路时，蛙腿的肌肉有收缩现象。他推测是生物体内产生的“生物电”所致。1800 年，意大利科学家伏打（Volta）通过实验证明蛙腿肌肉的收缩是因为肌肉中存在导电的盐水，两个金属通过肌肉中的导电物质，连接形成电化学回路。据此，诞生了世界上首个实用化学电源（伏打电堆）。伏打电堆由铜和锌金属片交错叠放，两个金属片之间通过浸润盐水的纺织物隔开构成。后来，丹尼尔基于伏打电堆原理发明了以铜-锌金属为电极活性物质的丹尼尔电池，自此化学电源真正进入了实际应用。

进入 19 世纪以来，随着人们对电源的需求日益增加，化学电源技术得到了极大发展。这个阶段，科学家开发了很多不同的化学电源系统，如：1859 年，普兰特（Plante）发明的铅酸蓄电池；1868 年，勒克朗谢（G. Leclan-Chel）发明的锌-二氧化锰电池；1899 年，杨格尔（Jungner）发明的镉镍蓄电池；1901 年，爱迪生（Edison）发明的铁镍蓄电池。虽然这些电池历史悠久，但生命周期很长，目前在许多领域仍在使用。

第二次世界大战后，实用电池技术获得了进一步发展，电源的能量密度与寿命也进一步提升。1941 年，安德烈（Andre）发明了银-锌电池；1967 年，美国福特公司（Ford）发明了钠-硫电池；1990 年，日本实现了镍氢电池的产业化。

锂离子电池的出现标志着化学电源发展进入了一个新的里程。20 世纪 70 年代埃克森公司的 M. S. Whittingham 以硫化钛为正极，锂金属为负极，获得了首个实用金属锂电池。之后，1991 年日本 SONY 公司成功实现了锂离子电池的商业化。较过去的电池体系，锂离子电池在能量密度、功率密度与寿命等方面都有大幅度提升，显著地促进了化学电源行业的发展。

另一种化学电源——燃料电池，也随着电化学技术的发展而不断进步。1839 年，英国化学家格罗夫（Grove）设计了第一个以氢气和氧气为原料的燃料电池。1952 年，培根（Bacon）研制出首个实用的燃料电池。20 世纪 90 年代，质子交换膜燃料电池取得一系列突破并开始逐步应用于电动汽车领域，成为目前新能源汽车的重要发展方向。

7.2　化学电源的组成

化学电源虽然种类繁多，但它们的组成比较一致，主要包括电极、电解液、隔膜和外壳等部分。

7.2.1　电极

电极是电化学反应的场所与核心。电极一般由活性物质和导电网络构成。活性物质本身具有电化学活性，参与电化学反应，决定了化学电源的基本特性。导电网络在电极内部构建电子传输网络，并与外部电路连通，使电流均匀分布，同时支撑活性物质。

7.2.2　电解液

电解液就是化学电源中的离子导体。化学电源通过离子传递实现电池内部电荷的转移，电解液是电荷转移的媒介。电解质主要有水溶性电解质、熔融盐电解质、有机电解质和固体电解质等几类。

7.2.3 隔膜

隔膜置于正极和负极之间，将电池的阴极区和阳极区两个反应区域分开以防止正、负极直接接触。隔膜可以透过电解质，实现正、负极之间离子的导通，但无法导通电子。目前主要的隔膜材料为玻璃纤维、石棉网、微孔橡胶与塑料、尼龙和聚合物等。质子交换膜燃料电池一般采用质子交换膜，它同时起到隔膜和电解质的作用。

7.2.4 外壳

外壳即化学电源的容器。现有化学电源中，除了锌-锰干电池是锌电极兼作负极与外壳外，其它化学电源均根据情况选择合适的材料作外壳，常见的有金属、塑料和硬橡胶等。外壳对电池的能量密度与功率密度有重要影响，同时也是电池安全性的重要控制因素。

7.3 化学电源的分类

化学电源的分类方式繁多，如果按照工作性质，一般可以分为以下几类。

7.3.1 一次电池

一次电池通常只能一次性使用，其中进行的电化学反应为不可逆反应，所以不能充电。常见的一次电池有锌-锰干电池、锌-空气电池、镁-锰干电池、锌-氧化银电池、锂-锰电池等。

7.3.2 二次电池

二次电池一般称为蓄电池或充电电池。二次电池电极的氧化还原反应是可逆的，因此可以重复充/放电使用。常用的二次电池包括铅酸电池、镍镉电池、镍氢电池和锂离子电池等。事实上，由于真实的充/放电过程无法实现完全可逆，二次电池的容量会随着充/放电次数的增加而降低。

7.3.3 燃料电池

燃料电池和二次电池的电化学反应本质一样，都是通过电化学反应将化学能转化成电能，但也存在一些差异，如表 7-1 所示。二次电池活性物质在电源内部，化学能在电池内部储存，为储能装置；而燃料电池无法充电，其燃料和氧化剂储存在电池外部，反应时从外部输入，电池本身是能量转化装置。

表 7-1　燃料电池和二次电池的异同

电池类型	燃料电池	二次电池
相同点	化学能转化为电能的装置	
不同点	能量转化场所	能量存储场所
	能量存储在外部燃料中	能量存储在内部化学物质中
	需要加注燃料	需要充电

7.3.4　储备电池

又称激活电池，其关键组分（通常是电解质）在电池活化之前与其余部分隔开，使用时通过注入电解质或其它方式使电池激活。这种电池在储存期间无法构成电化学回路，因此不会发生自放电反应，可以长时间储存，如银-锌电池、镁-氯化铜电池等。铅酸电池在一定情况下也可作为储备电池使用。

7.4　化学电源的主要参数

7.4.1　电动势

当没有电流通过时，电池正极、负极两者的平衡电位差称为电池的电动势，即：$E=\varphi^{+}-\varphi^{-}$。

电动势的大小表明了电池对外做功的能力，主要由电极活性物质和电解质的性质与活度决定。一般来说，正极电位越“正”，负极电位越“负”，电池的电动势越高。

从化学本质上看，元素周期表ⅠA、ⅡA 族元素较容易失电子，电位较负；而ⅥA、ⅦA 族元素容易得到电子，电位较正。由这两类元素配对可组成具有较高电动势的电池。当然，在选择电极活性物质时，还应考虑在介质中的稳定性、来源范围、产物的性能等多方面因素。

7.4.2　开路电压

电池电动势是指电池体系达到热力学平衡后的电动势。实际上有很多电池体系即使在开路状态时，也达不到热力学平衡状态。例如锌-锰干电池即使在没有负荷的情况下，在电极与溶液的界面仍有可能发生其它反应。

在负极的电极反应：

$$Zn \longrightarrow Zn^{2+} + 2e^{-} \tag{7.1}$$

在发生上述反应的同时，还会发生如下副反应：

$$Zn+H_2O \longrightarrow ZnO+2H^+ +2e^- \tag{7.2}$$

在正极的电极反应：

$$MnO_2+H_2O+e^- \longrightarrow MnOOH+OH^- \tag{7.3}$$

同时，正极也会发生在如下副反应：

$$MnO_2+4H^+ +2e^- \longrightarrow Mn^{2+} +2H_2O \tag{7.4}$$

可见，在实际的工作情况下，电极反应式（7.1）和式（7.3）并不能反映电池的真实电动势的大小。习惯上把开路时测得的稳定电位称为开路电压，该电压一般小于平衡电压。在实际工作的电池中，电解液的电化学窗口也是限制电池开路电压的一个重要因素。事实上，电池必须在电化学窗口和电池电动势的共同作用下工作。

7.4.3 内阻

内阻是指电池在工作时，电流流过电池内部受到的阻力，是化学电源的一个重要指标。内阻和化学电源效率密切相关，也是影响化学电源功率和寿命的关键因素。主要由欧姆内阻 R_Ω 和极化内阻 R_f 两部分组成。

欧姆内阻主要包括：①电极内阻，主要为活性物质颗粒的电阻、导电骨架的电阻、活性物质与导电骨架的接触电阻、颗粒之间的接触电阻等；②电解质内阻；③隔膜电阻；④电池内部零件的接触电阻。

极化内阻是发生电化学反应时形成的电阻。极化内阻主要由电化学极化电阻和浓差极化电阻两部分组成。极化内阻主要与活性物质的性质、电极结构、电池制造工艺有关，尤其与电池的工作条件密切相关。通常可通过采用多孔电极、提高电极活性、增大电极面积等措施减小极化内阻。

7.4.4 工作电压

当外电路有电流通过时，电池正极和负极之间会产生电势差，这个电势差即为电池的工作电压，又称为放电电压或负载电压。由于存在电池内阻，当电流通过电池回路时会产生电压降，因此工作电压总小于其开路电压。

影响工作电压的因素包括：①放电时间：时间越长，电压越低；②放电电流：电流密度越大，电压越低；③放电深度：放电深度越深，电压越低。

7.4.5 容量和比容量

电池容量是指电池可以放出的电量，常用安时（A·h）或者毫安时（mA·h）来表示。容量是衡量化学电源的最主要指标之一，一般分为理论容量（C_0）、额定容量（$C_{额}$）和实际容量（$C_{实}$）等。

（1）理论容量

理论容量是假设活性物质全部参与电池的成流反应时所给出的电量，它是根据活性物质的质量按法拉第定律计算得到的：

$$C_0=96500n\frac{m}{M}(\mathrm{C})=26.8n\frac{m}{M}(\mathrm{A\cdot h}) \tag{7.5}$$

式中，m 为活性物质完全反应时的质量；n 为成流反应时的得失电子数；M 为活性物质的摩尔质量。

（2）额定容量

额定容量，也称为标称容量，指电池设计时在一定的放电条件下应该放出的最低容量。

（3）实际容量

实际容量是指电池工作时实际能输出的电量。

（4）比容量

为了方便对不同的电池进行比较，引入了比容量的概念。单位质量或体积的电池所给出的容量称为质量比容量（C_m）或体积比容量（C_V），如下式表示：

$$C_m=C/m(\mathrm{A\cdot h\cdot kg^{-1}}) \tag{7.6}$$

$$C_V=C/V(\mathrm{A\cdot h\cdot L^{-1}}) \tag{7.7}$$

电池容量主要由电极材料的容量决定。同时，容量也与电池的工作情况密切相关，同一电池在不同的工作电流下容量差异较大。

一般来说，为了提升整体容量，通常把正极和负极容量设计一致。但是也存在正极和负极容量不一致的情况。比如，对于锂离子电池来说，基于经济、安全、密封等问题，通常负极容量大于正极容量。

7.4.6　能量和能量密度

在一定的条件下，电池对外做功时所能输出的电能，称为电池能量，一般用“瓦时”（W·h）或者“千瓦时”（kW·h）表示。能量密度是目前衡量电池做功能力的最主要指标，尤其对于新能源汽车等应用领域来说，能量密度是除安全性和成本外最重要的指标。

（1）理论能量

假设电池在放电过程中始终处于平衡状态，电池输出的能量为理论能量（W_0）：

$$W_0=C_0E \tag{7.8}$$

从热力学上看，电池的理论能量等于可逆过程中电池所能做的最大有用功：

$$W_0=-\Delta G=nFE \tag{7.9}$$

（2）实际能量

实际能量（W）是电池在一定放电条件下实际输出的能量。

$$W=CU_{平均} \tag{7.10}$$

实际能量总是低于理论能量。

（3）能量密度

能量密度主要包括质量能量密度与体积能量密度。质量能量密度为单位质量电池所能输出的能量（$W \cdot h \cdot kg^{-1}$）；而体积能量密度指单位体积电池所能输出的能量（$W \cdot h \cdot L^{-1}$）。

实际能量密度与理论能量密度的关系如下：

$$W'=W_0{}'K_E K_C K_G \tag{7.11}$$

式中，K_E 为电压效率（$K_E=U_{平均}/E$）；K_C 为活性物质利用率（$K_C=C/C_0$）；K_G 为质量效率［$K_G=m_0/(m_0+m_s)$］，m_0 为活性物质的质量，m_s 为其它组分的质量。

能量密度是衡量电池性能的重要指标之一。在电池的实际放电过程中，由于内阻存在，工作电压总是低于电动势，活性物质利用率也无法达到100%。同时，电池必然要包含一些不参与电池反应的物质（电解液、电极添加剂、电池外壳等），因此实际能量密度总是小于理论能量密度。

7.4.7 功率和功率密度

功率指化学电源在一定放电条件下，单位时间内所输出的能量，单位为瓦（W）或千瓦（kW）。功率密度是单位质量或单位体积的电池输出的功率（$W \cdot kg^{-1}$ 或 $W \cdot L^{-1}$）。功率密度越大，表明电源在充/放电过程中可以承受的电流越大。

（1）理论功率

$$P_0=\frac{W_0}{t}=\frac{C_0 E}{t}=IE \tag{7.12}$$

式中，t 为时间；C_0 为理论容量；I 为电流。

（2）实际功率

$$P=\frac{W}{t}=\frac{CV}{t}=IU_{平均}=I(E-IR_{内})=IE-I^2R_{内} \tag{7.13}$$

式中，I^2R 为克服电池内阻所消耗的功率，它转变成热能而耗散，因此不能被利用。

电池工作时，当放电电流增大时，电池功率会升高，而达到最大功率后，继续增大电流，电压迅速下降，功率也随之下降。

7.4.8　功率密度和能量密度的关系

从电池本身来看，电池反应物的活性高，电解液离子通道畅通，电池的欧姆内阻小，电池的功率就大，实际上与提高电池能量密度的途径是一致的。但是电池的功率密度和能量密度也存在一定的矛盾，功率密度和能量密度都与放电率有关。在高放电率情况下，电池的功率密度会增大，但能量密度下降；而在低放电率情况下，电池的功率密度下降，而能量密度上升。

7.4.9　寿命

寿命一般指化学电源可以使用的时间或者次数。对于一次电池，其寿命表示放出额定容量电荷所用的时间。二次电池的寿命通常指的是电池充/放电循环使用寿命。由于电化学反应不是完全可逆，在二次电池循环充/放电过程中容量不可避免地会发生衰减。而在一定测试条件下，电池循环充/放电衰减到一定容量（通常是 80％的额定容量）时的循环次数或者时间定义为二次电池的寿命。

不同体系电池的循环寿命不同，如镍镉电池的使用寿命可达上千次，铅酸电池约为 300～500 次，锌银电池仅为 40～100 次。

7.5　车用化学电源的要求

图 7-1 和表 7-2 为市场上常见的电源系统在能量密度、功率密度、循环寿命等性能方面的基本参数。虽然铅酸电池能量密度不高（10～35$W \cdot h \cdot kg^{-1}$），但是由于技术成熟、成本低、可靠性好及可完全回收，在交通与车辆、通信、储能工业等领域有极高的市场占有率。近年来锂离子电池不断发展，能量密度等综合性能不断提高，且成本持续下降，在动力电源、消费电子和储能领域得到广泛应用。与锂离

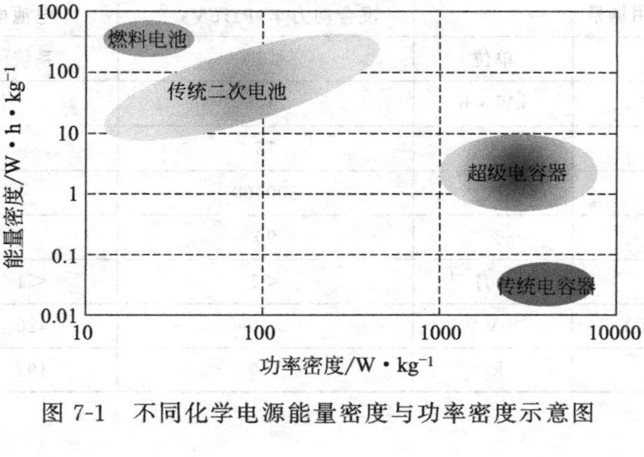

图 7-1　不同化学电源能量密度与功率密度示意图

子电池和铅酸电池不同，超级电容器具有更高的功率密度（1～10kW·kg^{-1}）和更长的循环寿命（＞500000 次），适合用于短时大功率、大电流充/放电和频繁启动的场景，如消费电子、地铁、汽车的制动能量回收系统或者电网储能与风力变桨领域等。燃料电池的特点在于其燃料外部供给，燃料的高密度使得燃料电池能量密度高，并且燃料电池不受卡诺循环限制，理论上具有较高的能量转换效率，在固定式电站发电、移动发电与新能源汽车动力系统等领域应用前景广泛。

表 7-2　不同类型化学电源的性能对比

电池种类	能量密度 /W·h·kg^{-1}	功率密度 /kW·kg^{-1}	循环寿命 /次	能量效率	价格
燃料电池	40～500	＜0.1	5000	＜60%	高
锂离子电池	100～150	＜0.5	1000～4000	80%～90%	低～中
铅酸电池	10～35	＜1	200～1000	70%～85%	低
超级电容器	1～7	1～10	＞500000	90%～98%	高
锂离子电容器	20～35	1～10	＞100000	90%～98%	中～高

汽车行业是当前化学电源的一个重要应用领域。表 7-3 列出了美国先进电池联盟（United States Advanced Battery Consortium，USABC）对于车用电源的性能要求。混合动力汽车通常采用功率型辅助电源，主要用于汽车的启停、功率辅助和能量回收等，需要具有较高的功率密度（0.8kW·kg^{-1}）和循环寿命（300000 次）。纯电动汽车通常采用能量型动力电源，为满足汽车的长续航要求，需要电源有较高的能量密度 235W·h·kg^{-1}，对于电芯单体需要达到 350W·h·kg^{-1}。

表 7-3　USABC 对于车用电源的性能要求

应用场景		混合动力车(PHEVs)①	电池电动车(EVs)②	
参数	单位	系统	系统	电芯
总能量	kW·h	14.5	45	
寿命	年	15	15	
循环寿命	次	300000	1000	
能量循环效率	%	90	—	
漏电	%·$月^{-1}$	＜1	＜1	＜1
最大工作电压(DC)	V	420	420	—
最大系统质量	kg	150	192	—

续表

应用场景		混合动力车(PHEVs)①	电池电动车(EVs)②	
参数	单位	系统	系统	电芯
最大系统体积	L	100	90	—
工作温度范围	℃	−30～52	−30～52	−30～52
生存温度范围	℃	−46～66	−40～66	−40～66
质量能量密度	$W \cdot h \cdot kg^{-1}$	96.7	235	350
体积能量密度	$W \cdot h \cdot L^{-1}$	145	500	750
质量功率密度	$kW \cdot kg^{-1}$	0.8	0.47	0.7
体积功率密度	$kW \cdot L^{-1}$	0.12	0.5	0.75

① Appendix A——USABC goals for advanced batteries for PHEVs.

② USABC goals for advanced high-performance batteries for electric vehicle (EV) applications.

纯电动汽车的电池成本占据汽车成本的三成以上，这是当前纯电动汽车售价高昂的主要原因之一，因此需要降低电池综合成本。安全性上，车用电源会由于机械触发、电触发或者热触发产生热失控现象而对人们生命财产造成巨大威胁，车用电源须通过过充/放电、穿刺、火烧、跌落和浸泡等安全测试。除此之外，由于汽车启动时需要从电池取电，带动电机运转完成启动，因而电池的低温性能极为重要。通常车用电源需要在−30～52℃的温度范围内正常工作。

第 8 章
锂离子电池

8.1 引言

锂离子电池起源于传统的锂一次电池。锂一次电池一般采用 MnO_2 或 $SOCl_2$ 等为正极活性物质，金属锂为负极，使用非水系电解液。由于锂的标准电极电位较负，锂电池一般开路电压在 3.0V 以上。另外，传统锂电池充电过程中锂离子在低电位下会被还原成金属锂，这会导致锂金属的不均匀沉积。这个过程会引起锂枝晶的不断生长，导致电池隔膜被穿破，致使电池内部短路引起热失控，因此具有巨大的安全隐患。在放电时，锂枝晶靠近基体的部位会快速反应使枝晶脱落，形成无法使用的“死锂”，既降低了比容量又产生了新的安全隐患。因此，传统锂电池通常作为一次电源使用。

为了提升锂电池的性能，在 20 世纪 70 年代和 80 年代，美国 Exxon 公司和加拿大 Moli 公司分别提出了 Li/TiO_2 和 Li/TiS_2 体系的可充电锂电池。这些电池也同样存在严重的负极锂枝晶生长现象。这一缺陷导致循环寿命问题一直无法得到解决，导致锂二次电池未能实现真正的商品化。

20 世纪 80 年代末，日本 SONY 公司提出了正极为含锂化合物，负极为层状石墨的新型锂结构的锂离子电池。这种新型电池负极中只有锂离子，能量密度能达到 $120\sim250W\cdot h\cdot kg^{-1}$。充电时，锂离子从电池正极脱嵌，经过电解液向负极运动并插入负极碳层中。放电时与充电的过程完全相反，负极的锂离子脱嵌，通过电解液重新回到正极中。锂离子电池实现了真正实用化。

1997 年，Goodenough 教授提出并验证了成本低、安全性好的橄榄石型的磷酸铁锂（$LiFePO_4$）材料可用于可充电锂离子电池，开创了锂离子电池的新时代。$LiFePO_4$ 的耐高温和抗过充电性能优于过去的锂离子电池正极材料。直到现在，磷酸铁锂电池仍是最常用的锂离子电池体系之一。

近年来，全球温室效应日趋显著，世界各国政府越来越重视可再生资源的开发，锂离子电池凭借其高能量密度、长循环使用寿命等优势在 3C 电子产品、电动工具、新能源汽车、电化学储能等领域应用越来越多。我国锂离子电池产业也在迅猛发展，2018 年我国锂离子电池产量容量达 102GW·h，占全球产量一半以上，已经成为全球最大的锂离子电池制造国。

8.2　工作原理

目前锂离子电池正极一般采用含锂化合物，如磷酸铁锂、钴酸锂、锰酸锂和三元材料等，负极以石墨等低成本的碳材料为主。具体充/放电过程如图 8-1 所示，充电时锂离子从正极脱嵌，再通过电解液插入负极的石墨层中。放电过程中，锂离子从负极中脱嵌，通过电解液嵌入正极活性材料中。可以把该过程简化为锂离子在正、负极之间的移动，因而锂离子电池也被称为“摇椅式”电池。

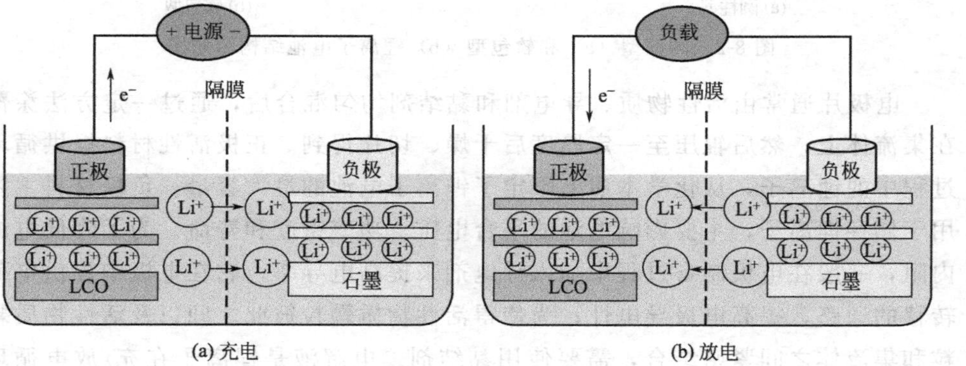

图 8-1　“摇椅式”电池充/放电示意图

以钴酸锂电池为例，锂离子电池的充电过程发生的电极反应如下：

负极：　$6C + xLi^+ + xe^- \longrightarrow Li_xC_6$　(8.1)

正极：　$LiCoO_2 \longrightarrow Li_{1-x}CoO_2 + xLi^+ + xe^-$　(8.2)

总反应：　$6C + LiCoO_2 \longrightarrow Li_{1-x}CoO_2 + Li_xC_6$　(8.3)

能量密度是评价锂离子电池性能的重要指标。能量密度越高，单位体积或者质量的锂离子电池可以储存更高的能量，在相同功率下可以工作更长时间。可从两方面来提高锂离子电池能量密度。一方面，采用比容量高的电极活性物质；另一方面，提高电池的工作电压。正极电位越高、负极电位越低，电池的工作电压相应越高，在很大程度上会提高电池的能量密度。

8.3 锂离子电池的组成

图 8-2 为锂离子电池的主要结构示意图，可以发现，不管是圆柱型锂离子电池［图 8-2(a)］还是软包型锂离子电池［图 8-2(b)］，电池主要由正极、负极、隔膜、电解液和电池壳等部分构成。

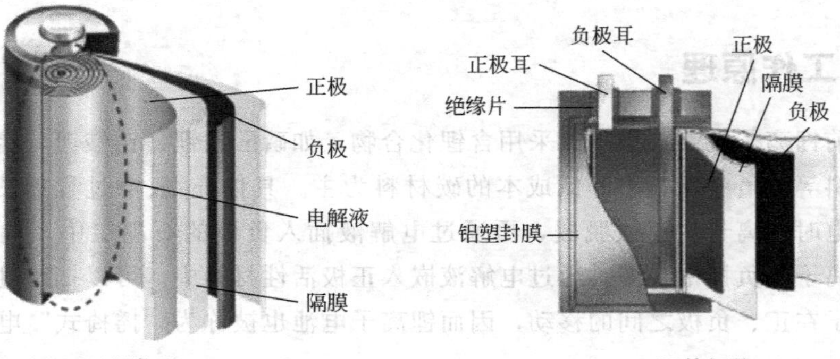

图 8-2 圆柱型（a）和软包型（b）锂离子电池结构示意图

电极片通常由活性物质、导电剂和黏结剂均匀混合后，通过一定方法涂覆在集流体上，然后辊压至一定厚度后干燥、切片得到。正极活性材料提供循环过程中的锂离子，从化学本质上限定了锂离子电池的最大容量。负极材料主要用于储存锂离子，主要影响电池的平台电压、功率密度和寿命。为了降低电池内阻，一般在电极制备过程中加入导电剂来提高电导率，它在电极中提供电荷转移的通路，提高电极导电性；为使得活性物质颗粒彼此之间以及活性物质颗粒和集流体之间紧密结合，需要使用黏结剂。电解液是锂离子在充/放电循环过程中的传输介质，通常由锂盐溶解在混合有机溶剂中制成。隔膜材料对电子绝缘，但可以导通离子，置于正极与负极之间，为锂离子提供迁移通道的同时防止正、负极直接接触。电池壳将电池主体密封起来，使其与外界环境的氧气、水分等隔绝。

隔膜、导电剂、黏结剂、集流体、电池壳等材料对电池的容量没有贡献，它们所占的体积和重量通常称为死体积和死重量。

8.3.1 电极

电极是锂离子电池的核心，其性能直接决定了电池性能与应用场景。电极主要分为正极和负极。

8.3.1.1　正极

正极在充/放电过程中提供用于循环充/放电的锂离子。锂离子的容量在很大程度上决定了正极可以释放的电荷量，因此可以说正极材料决定了锂离子电池的容量。表 8-1 列出了常见正极材料的性能。选择了一种正极材料，就决定了锂离子电池能量密度的上限。

表 8-1　常见正极材料的性能对比

材料	LCO	523 NCM	NCA	$LiFePO_4$
比容量/$mA \cdot h \cdot g^{-1}$	194	190	210	150
放电平台电压/V	4.04	3.88	3.82	3.4
压实密度/$g \cdot cm^{-3}$	4.2	3.8	3.65	2.5
正极片能量密度/$W \cdot h \cdot L^{-1}$	3292	2801	2928	1275
导电性	半导体	半导体	半导体	半导体
安全性	一般	一般	一般	高

如图 8-3 所示，常用的正极材料包括以 $LiCoO_2$ 为代表的层状结构，以 $LiMn_2O_4$ 为代表的尖晶石结构，以 $LiFePO_4$ 为代表的橄榄石结构等三类。

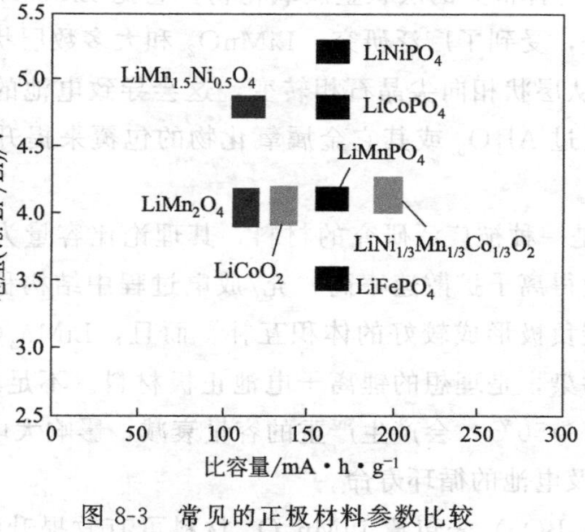

图 8-3　常见的正极材料参数比较

层状结构的 $LiCoO_2$［图 8-4(a)］具有工作平台电压高（约 4.2V）、理论容量高和压实密度高等优点，使得钴酸锂电池在消费类电子产品中应用广泛。然而，尽管钴酸锂理论比容量可达 272$mA \cdot h \cdot g^{-1}$，实际上在脱嵌锂程度较高时，其结构不够稳定，会降低电池的循环稳定性。这导致钴酸锂的实际容量仅为理论容量的一半左右。同时，钴元素储量少，成本较高，且毒性大，这些不足限制了钴酸锂电池的发展。

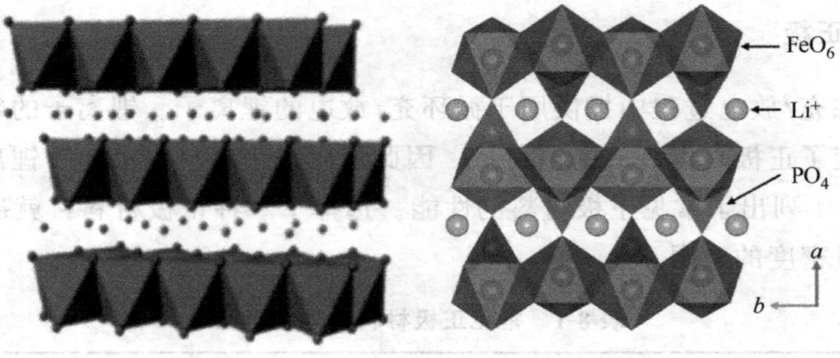

(a) $LiCoO_2$　　(b) $LiFePO_4$

图 8-4　$LiCoO_2$ 和 $LiFePO_4$ 正极材料晶体结构示意图

为了降低正极材料价格，同时提高其电化学性能，也可以用 Ni、Mn 或 Al 替代钴酸锂中的过渡金属元素，其中具有代表性的材料有：$LiNi_{1/3}Co_{1/3}Mn_{1/3}O_2$（NCM）、$LiNi_{0.8}Co_{0.15}Al_{0.05}O_2$（NCA）、$LiNi_xCo_{1-x}O_2$ 和 $LiNi_xMn_{1-x}O_2$。这些电极材料可以提供比 $LiCoO_2$ 更高的容量、更高的稳定性和更低的价格，已经广泛用于移动设备以及电动汽车尤其是纯电动乘用车，是锂离子电池的主要发展方向之一。

$LiMnO_2$ 是另一种常见的层状金属氧化物，它比 $LiCoO_2$ 价格更低，而且毒性低、对环境友好，受到了广泛研究。$LiMnO_2$ 和大多数层状锰基材料一致，在充/放电过程中会从层状相向尖晶石相转变，这会导致电池的工作电压下降和容量衰减。一般可通过 Al_2O_3 或其它金属氧化物的包覆来提升 $LiMnO_2$ 材料的循环稳定性。

$LiMn_2O_4$ 也是一种被广泛研究的材料，其理论比容量为 $148mA \cdot h \cdot g^{-1}$。它的尖晶石结构使得离子扩散速率高，充/放电过程中结构稳定性好，同时可以和锂离子电池的碳负极形成较好的体积互补。而且，$LiMn_2O_4$ 的原材料资源丰富、成本低、无污染，是理想的锂离子电池正极材料。不足之处是 $LiMn_2O_4$ 在环境温度过高时（$\geqslant$50℃）会产生严重的容量衰减，影响大电流、高倍率条件下的充/放电性能以及电池的循环寿命。

用硼酸锂（Li_3BO_3）来包覆 $LiMn_2O_4$ 材料可有效提升锂离子的传输速率，并且在高电压下具有较好的抗氧化性。Li_3BO_3 包覆可以改善 $LiMn_2O_4$ 材料的储锂能力和材料的润湿性，但是对材料的循环寿命有不利影响。解决方法之一是掺杂 Al 以提高锰的平均价态，从而提升材料的循环稳定性。同时，与其它材料，如碳材料、$LiCoO_2$ 复合和包覆也可以提升 $LiMn_2O_4$ 的性能。以 $LiCoO_2$ 作 $LiMn_2O_4$ 的包覆层，当包覆层在 5nm 左右时，材料具有更好的循环稳定性和较小的自放电特性。

自从约翰·古迪纳夫（John Goodenough）等研究者于 1997 年首次报道橄榄石结构的 $LiFePO_4$ 作为锂离子电池的正极材料以来，$LiFePO_4$ 就以其高稳定性、环保性、低成本等优点一直受到科研人员和锂离子电池行业的高度关注。由于 P—O 共价键具有比 O—O 共价键更高的键能和更短的键长，因此 PO_4 四面体结构特别稳定［图 8-4(b)］，能在锂离子迁移过程中起到支撑结构的作用（图 8-5），这使得以 $LiFePO_4$ 为正极的锂离子电池的功率密度与安全性更高，成为了电动汽车电池的重要选择。

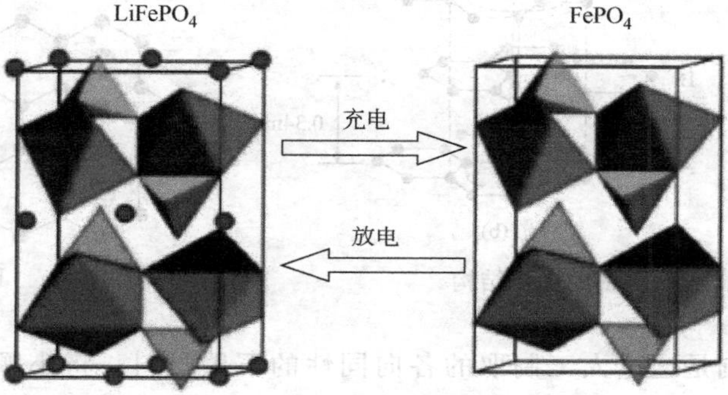

图 8-5　$LiFePO_4$ 正极材料充/放电过程中的结构变化

尽管磷酸铁锂（$LiFeO_4$）正极材料有较高的安全性能，但结构本质决定了其导电性较差、锂离子扩散系数较低，使得磷酸铁锂电池的倍率不高。通常采用碳材料包覆方法来改善其导电性和倍率性能。此外，$LiFePO_4$ 的工作电压低、能量密度低也是限制其应用的一个因素。一个可行的途径是通过掺入钒元素形成含钒材料，如 $LiVPO_4F$ 和 $LiVOPO_4$，来提高工作电压。

8.3.1.2　负极

在锂离子电池中，负极是锂离子储存的载体。负极嵌锂的氧化还原电位影响锂离子电池的平台电压，进而影响能量密度；同时，锂离子在负极嵌入/脱嵌的反应机理决定了锂离子电池的倍率性能和循环性能。目前广泛使用的负极材料主要为碳材料，如石墨、软炭（如石油焦、碳微球等）和硬炭等。其它的高比容量负极材料主要有硅基材料、钛酸锂基材料和锡基材料等。

（1）碳材料

锂离子电池负极用得最广泛的材料就是碳材料。负极使用的碳材料主要分为石墨化碳和非石墨化碳两类。碳基负极材料具有高比容量（$200\sim400mA\cdot h\cdot g^{-1}$）、高库仑效率（>95%）、低放电平台电压［<1.0V(vs·Li^+/Li)］和长循环寿命等优点。

石墨是目前商用锂离子电池中使用最多的负极材料，其理论比容量为 372mA·h·g^{-1}。常用的石墨材料主要有天然石墨和人造石墨。图 8-6 为石墨的晶体结构示意图。石墨具有良好的层状结构，每一层都由六元环碳网组成，层间通过范德华力结合起来。石墨这种独特的结构有利于锂离子的嵌入与脱嵌。如图 8-7 所示，当锂离子嵌入石墨层间时，会形成化合物 Li_xC_6。石墨在嵌入锂离子后石墨层间距会增大，会导致 10.5%的体积膨胀。

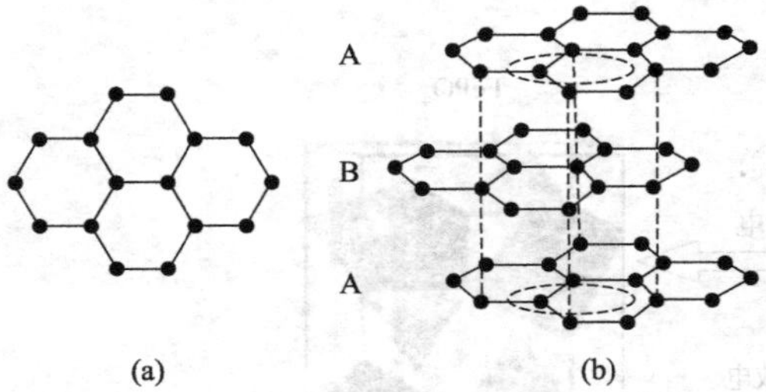

图 8-6　石墨的晶体结构

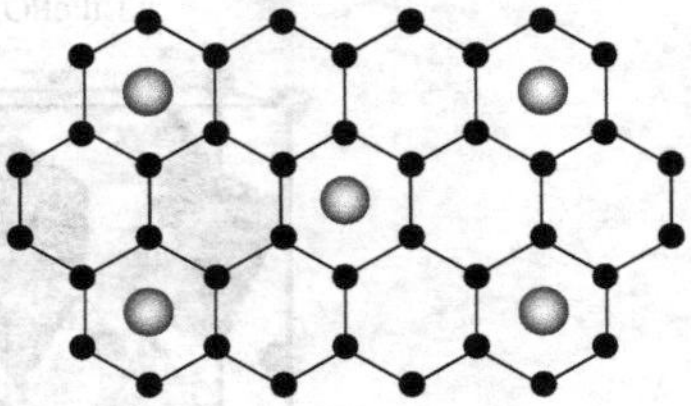
图 8-7　LiC_6 的结构

人造石墨则是通过人工制取的各向同性的石墨材料。将小颗粒的“各向异性”碳材料通过粘接的方式制成复合材料，通过炭化和烧结可以得到“各向同性”的前驱体材料，最后经过石墨化制成“高各向同性”的石墨负极材料。虽然人造石墨需要对原材料进行高温处理，生产成本较高，但其颗粒大小一致、表面缺陷少，可提升循环性能和安全性。因此，人造石墨在锂离子电池中的应用逐渐增加。

硬炭是由相互交错的单石墨层构成的难石墨化碳。由于锂离子可以从多角度嵌入［图 8-8(a)］，硬炭的倍率性能较好。但是，硬炭结构不规整，会损失一定容量。从图 8-8(b) 所示的电压曲线可以看出，与石墨不同，硬炭电极没有明显

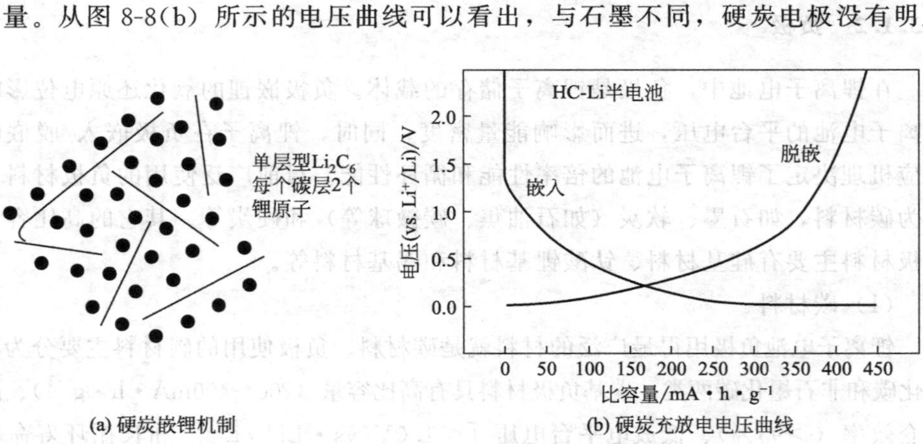

图 8-8　硬炭负极嵌锂过程

的电压平台。此外，硬炭较石墨具有更好的耐过充性能，在嵌锂容量达到 110%时，表面仍不会明显析出金属锂。而石墨在嵌锂 105%时，已有明显的金属锂沉积，所以硬炭负极会提高电池的安全性。然而，硬炭不规整的结构也会造成电池首次充/放电效率降低，增加不可逆容量，降低电池的能量密度。

软炭是易石墨化碳，是可以在 2500℃以上的高温下石墨化的无定形碳。常见的软炭材料有石油焦、针状焦、碳纤维和碳微球等。软炭层间距较大，有利于锂离子的嵌入/脱嵌，因此倍率性能好。不同于石墨，软炭对于电解液不敏感，作为负极材料时稳定性好。但软炭仍存在首次充/放电效率低、比容量不高等问题。

石墨烯是片层状结构的二维碳纳米材料，其两侧均可吸附一个锂离子。这种独特的结构使得石墨烯具有 744mA・h・g^{-1} 的理论比容量。石墨烯具有电荷传输和锂离子扩散速率快的优点，在锂离子电池负极的应用上具有极大的潜力。目前石墨烯的制作工艺复杂，制备方法对石墨烯结构及性能影响很大，使得不同石墨烯的性能差异很大。同时，石墨烯材料的堆积密度较小，其大表面积上富含的官能团会与电解液发生副反应，这些因素也均会降低石墨烯电极的可逆容量。

（2）硅基材料

硅基材料是目前锂离子电池最有前景的非碳负极材料之一，同时储量丰富、价格较低，被认为是最具潜力的锂离子电池负极材料。硅负极材料在充电过程中，正极提供的锂离子可以被固定在硅原子间的间隙中，并且锂离子嵌入硅负极时具有远大于石墨负极的电极密度，因此具有远高于碳负极材料的理论容量。硅作为负极材料嵌锂电位较低［0.4V(vs. Li^+/Li)］，可以提升锂离子电池的工作电压。

硅负极的充/放电反应式为：$Si + xLi^+ + xe^- \longrightarrow Li_xSi$。Si 在嵌锂过程中反应生成 $Li_{4.4}Si$，理论放电比容量为 4198mA・h・g^{-1}，理论充/放电效率为 100%。

Si 的嵌锂反应是分步完成的。在首次嵌锂时，锂离子首先扩散到硅的表面形成非晶体 Li_xSi，同时表面发生较大的体积膨胀，而内部维持原来的晶体结构。当嵌锂过程继续进行时，锂离子继续向内部扩散，内部的晶态硅继续转变为非晶态 Li_xSi，颗粒体积继续膨胀，当所有的硅反应完毕，颗粒的体积膨胀达到最大程度。在脱锂阶段，无定形状态的 Li_xSi 合金也分步失去锂离子，在不同的嵌锂阶段分别形成 $Li_{12}Si_7$、Li_7Si_{13}、$Li_{13}Si_4$、$Li_{22}Si_{15}$ 等不同相，最后形成无定形硅。

硅在嵌入/脱嵌锂过程中会产生巨大的体积变化（图 8-9），这致使颗粒内部应力增大而使得电极及电极材料在充/放电循环过程中发生颗粒粉化、脱落，造成容量衰减与寿命下降。硅负极在循环过程中巨大的体积效应导致颗粒粉化的同时，也会使 SEI 膜破裂，导致内部硅裸露，重新形成的 SEI 增加了电解液消耗，降低了电池的可逆容量。

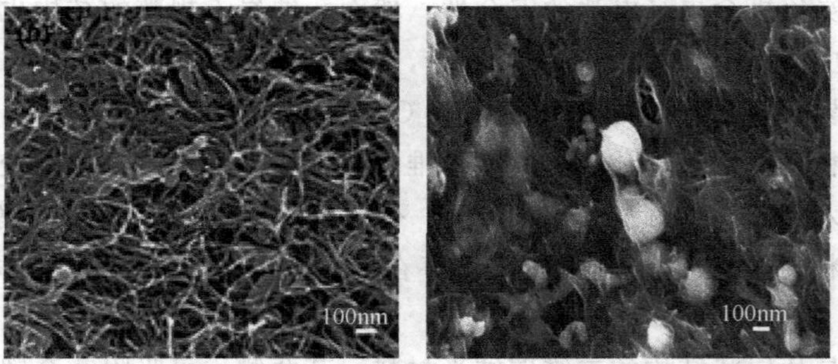

(a) 充电前　　(b) 充电后

图 8-9　SiNPs-MWCNTs 负极充/放电前后的 SEM 图

为了提升硅电极的性能，对其进行包覆、合金化等方法成为了研究的热点。核壳型硅/碳复合材料就是一种常用的改性方式，一般采用碳包覆晶体硅得到。包覆的碳层可提高硅电极的导电性，延缓在充/放电过程中的体积变化，并减少硅与电解液的直接接触而造成电解液的分解，提升电极循环稳定性。

制备嵌入式硅/碳复合材料也是一种较为可行的改性方法。这种方法是将硅嵌入高导电性碳骨架中。与核壳型硅/碳复合材料相比，嵌入式硅/碳复合材料中硅含量较低，其容量也较低，但电极具有较高的循环稳定性和电极活性。

SiO 也是研究较多的一种硅基负极材料。SiO 材料在首圈循环时会反应生成不可逆的氧化锂和硅酸锂，因此不可逆容量较大。同时，SiO 的电导率远小于碳材料，故在大倍率充/放电时伴随着明显的欧姆极化。

SiO 负极储锂反应：

$$4SiO + 17.2Li^+ + 17.2e^- \longrightarrow 3SiLi_{4.4} + Li_4SiO_4 \quad (8.4)$$

SiO 在嵌锂过程中反应生成 Li_4SiO_4，这个过程体积膨胀相对 Si 负极较小，理论放电比容量为 $1964mA \cdot h \cdot g^{-1}$，理论充/放电效率为 75%。

SiO_2 也是硅负极材料的一种，其嵌锂与脱锂过程中不会发生明显的体积效应，可以提高电极的循环稳定性。其理论比容量略高于石墨（$400mA \cdot h \cdot g^{-1}$），但导电性比 SiO 更差，作为负极优势不明显，研究较少。

(3) 钛酸锂基材料

钛酸锂基材料兼具高安全性和长循环寿命的优点，是应用最为广泛的非碳负极材料之一。常用的钛酸锂基材料包括 Li_4TiO_4、Li_2TiO_3、$Li_4Ti_5O_{12}$ 和 $Li_2Ti_3O_7$ 等。

尖晶石结构的 $Li_4Ti_5O_{12}$（LTO）为零应变材料，它在充/放电过程中体积几乎不变，具有优良的循环性能，嵌锂电位较高［约 1.55V（vs. Li^+/Li）］，工作电位下有机电解液不会分解，也不会产生锂枝晶，因此安全性高，循环稳定性好。同时，其锂离子扩散系数（$2\times10^{-8}cm^2\cdot s^{-1}$，25℃）为石墨的 10 倍，使电极具有很高的倍率。其缺点是容量不高，同时电子电导率低，导致能量密度较低。另外，在充/放电循环过程中负极会发生胀气，在高温环境下尤为严重。$Li_4Ti_5O_{12}$ 脱嵌锂过程示意图见图 8-10。

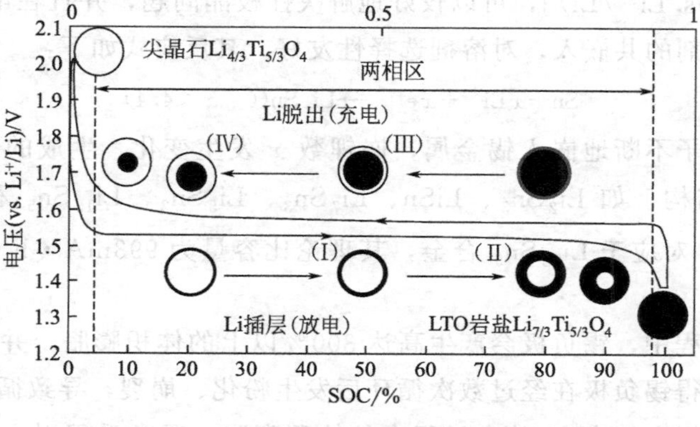

图 8-10　$Li_4Ti_5O_{12}$ 脱嵌锂过程示意图

钛酸锂在嵌锂过程中（图 8-11），每个 LTO 分子可以嵌入三个锂离子，尖晶石型晶胞因为锂离子的嵌入而发生向岩盐型晶胞的转变，随着锂离子嵌入深度的增加，晶胞的岩盐型壳逐渐增厚，尖晶石型核逐渐变小，直至完全变为岩盐型晶胞。整个过程仅发生 0.2%的体积变化，整体结构基本不发生变化，因此理论上拥有无限长的循环寿命。但是 LTO 的低电子电导率使得其在高倍率、大电流充/放电时的容量衰减很快。所以研究者主要把研究方向集中在对 LTO 的改性上，以提高它的倍率性能。

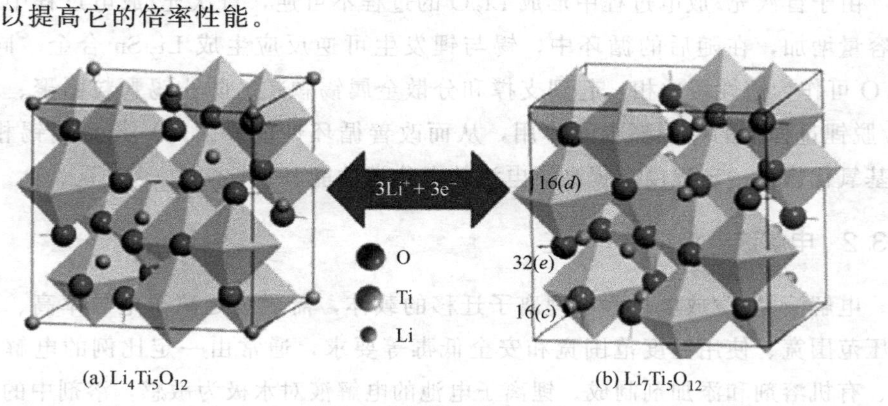

图 8-11　$Li_4Ti_5O_{12}$ 尖晶石型晶胞转变为 $Li_7Ti_5O_{12}$ 岩盐型晶胞

通常的钛酸锂改性方法主要包括离子掺杂、表面包覆碳材料或者掺杂纳米金属颗粒，以提高电极材料的电子电导率，减小颗粒的尺寸，从而提高其倍率性能。

(4) 锡基材料

由于可以与锂发生可逆的化学反应，锡基材料也被认为是具有较大发展前景的负极材料。锡基材料具有远高于石墨材料的比容量，同时工作电压适中[1.0～0.3V(vs. Li^+/Li)]，可以较好地解决锂枝晶问题，并且在电池充/放电过程中不存在溶剂的共嵌入，对溶剂选择性友好。其反应式如下：

$$Sn + xLi^+ + xe^- \longrightarrow Li_xSn(0<x<4.4) \tag{8.5}$$

随着锂离子不断地嵌入锡金属，嵌锂数 x 发生变化，生成的锡锂合金具有不同的晶体结构，如 Li_2Sn_5、LiSn、Li_7Sn_3、Li_5Sn_2、$Li_{13}Sn_5$ 和 $Li_{22}Sn_5$ 等。当 $x=4.4$ 时，对应于 $Li_{22}Sn_5$ 合金，其理论比容量为 $993mA \cdot h \cdot g^{-1}$，3 倍于石墨负极。

在充电过程中，锡负极会产生高达 300%以上的体积膨胀，并且形成的合金脆性很大，使得锡负极在经过数次循环后发生粉化、崩裂，导致循环性能急剧下降。为了抑制锡电极在充/放电过程中的体积膨胀，通常采用引入缓冲体系的方法，一方面缓解体积膨胀；另一方面缓冲体系中的非活性组分可以作为分散介质，防止活性组分发生团聚。

锡的氧化物主要有 SnO_2、SnO，理论比容量分别为 $783mA \cdot h \cdot g^{-1}$、$875mA \cdot h \cdot g^{-1}$，也是研究较多的负极材料，其反应式如下：

$$SnO_x + 2xLi^+ \longrightarrow xLi_2O + Sn \tag{8.6}$$

$$Sn + xLi^+ \rightleftharpoons Li_xSn(0 \leqslant x \leqslant 4.4) \tag{8.7}$$

由于首次充/放电过程中形成 Li_2O 的过程不可逆，首次充/放电过程中不可逆容量增加，在随后的循环中，锡与锂发生可逆反应生成 Li_xSn 合金。同时，Li_2O 可作为惰性缓冲相，起到支撑和分散金属锡颗粒、防止锡颗粒团聚、缓解嵌/脱锂过程中的体积膨胀的作用，从而改善循环性能。因此，与金属锡相比，锡基氧化物在一定程度上提高了电池的电化学性能。

8.3.2 电解液

电解液是充/放电过程中锂离子迁移的载体，需要满足离子电导率高、工作电压范围宽、使用温度范围宽和安全低毒等要求，通常由一定比例的电解质锂盐、有机溶剂和添加剂制成。锂离子电池的电解液对水极为敏感，溶剂中的水会与电极和电解液发生反应，对电池产生不可逆的损害，通常电解液中的水含量需要控制在极低范围内。

(1) 锂盐

锂盐在有机溶剂中提供锂离子，用于反应过程的离子传递。作为锂离子电池电解液的锂盐，要在有机溶剂中良好地溶解，且容易发生解离以使电解液有高电导率，还需拥有较好的氧化/还原稳定性。常用的无机阴离子锂盐包括四氟硼酸锂（$LiBF_4$）、六氟砷酸锂（$LiAsF_6$）、高氯酸锂（$LiClO_4$）和六氟磷酸锂（$LiPF_6$）等。

$LiBF_4$ 的热稳定性较差，易发生水解，且电导率低，无法大规模使用；$LiAsF_6$ 电解液的循环效率高，具有较好的热稳定性，其离子导电性能良好，但砷元素毒性大、价格高，限制了使用；$LiClO_4$ 电导率、稳定性等各个方面均满足要求，但其强氧化性可能引发安全问题。

$LiPF_6$ 是目前商业化锂离子电池最常用的锂盐，其溶解性好，离子电导率较高，并在石墨电极中可协同碳酸酯溶剂形成稳定的 SEI 层。但需要注意的是，$LiPF_6$ 对水敏感，与电解液中的水会发生副反应生成 HF 等副产物，造成锂离子电池的性能下降。

因为目前简单锂盐在应用中会存在一些缺陷，所以新型有机锂盐如双草酸硼酸锂［$LiB(C_2O_4)_2$］和二（氟磺酰）亚胺锂｛$Li[N(SO_2F)_2]$｝受到了广泛关注。例如 $LiB(C_2O_4)_2$ 具有理想的电化学稳定性和热稳定性，且与特定有机溶剂匹配有利于生成稳定的 SEI 膜。$Li[N(SO_2F)_2]$ 有较高的电导率，且与电极材料之间具有理想的相容性。

(2) 有机溶剂

目前常见的有机溶剂主要由碳酸乙烯酯（EC）、碳酸丙烯酯（PC）、碳酸二甲酯（DMC）和碳酸二乙酯（DEC）单独或者混合组成。

EC 是目前最常用的锂离子电池用有机溶剂。其具有较高的介电常数，分解产物 $ROCO_2Li$ 会在石墨负极上形成致密、稳定的 SEI 膜，有利用电池稳定性的提升。但熔点为 37℃，不利于低温环境下使用。为了解决这个问题，通常和其它溶剂混合构成混合型有机溶剂，以满足电池在低温环境下的使用要求。

PC 和 EC 不同，熔点只有－49℃，因此具有良好的低温性能。但 PC 与石墨类负极不相容，电池内部溶剂化的锂离子嵌入石墨层会导致石墨电极剥落。为此，也需要加入特定助剂来形成稳定结构。

链状碳酸酯 DMC 和 DEC 等的介电常数与黏度较低，通常作为锂离子电池的溶剂。但这类溶剂与碳负极兼容性也较差，一般需要作为共溶剂或配合 EC 一起使用，如 EC＋DEC、EC＋DMC、EC＋DMC＋DEC 等溶剂体系。

(3) 添加剂

添加剂的主要目的是改善锂离子电池的综合性能。添加剂主要可以分为成膜添加剂、防过充添加剂、阻燃添加剂和多功能添加剂等四种。

SEI 膜的稳定性对电池性能极为重要，为了提升 SEI 膜的稳定性，通常会加入 1,2-碳酸亚乙烯酯（VC）等成膜添加剂。这些添加剂的还原电位高于 EC、PC，可提升 SEI 膜的稳定性。

在锂离子电池的应用过程中，过充是不可避免的现象。通常加入防过充添加剂来减小过充对电池性能的影响。在电池电压达到限定值后，防过充添加剂会发生电聚合反应释放气体并激活电流阻断设备来防止过充。常见的防过充聚合型添加剂包括联苯（BP）、苯乙烷（CHB）和三联苯（TP）等。

着火是锂离子电池应用中必须要避免的问题。为了防止这种意外，通常在电解液中添加高闪点、高沸点和不易燃的阻燃添加剂，如三（2,2,2-三氟代乙基）亚磷酸盐（TTFP）等。

有些溶剂添加到电解液中可以起到上述两种及以上的作用，从多方面改善锂离子电池的性能，一般称为多功能添加剂。卤代磷酸酯是常用的多功能添加剂，其烷基上的氢原子被卤素原子取代，使其拥有较好的化学稳定性和热稳定性，作为添加剂加入有机电解液中可以达到阻燃的效果。另外，卤化基团也可促进稳定 SEI 膜的形成。

8.3.3 隔膜

隔膜是锂离子电池中的重要部分。隔膜将阴、阳极隔绝在阴极区与阳极区，电解质通过在隔膜中穿梭实现电池内部的离子传输。如果隔膜被破坏，正、负极将直接接触，发生内部短路并产生大量热，就像腐蚀电池一样，电池只能产生热量而无法对外做功，造成热失控现象。

隔膜需要有较好的电化学稳定性与热稳定性，具有一定的机械强度与较好的韧性。另外，隔膜需要有离子通道以保证正、负极之间的离子迁移，因此需要良好的电解液浸润性和孔隙率。目前商用锂电池隔膜主要是以聚乙烯（PE）和聚丙烯（PP）为主的微孔聚烯烃隔膜。

8.3.4 电池壳

锂离子电池壳按类型一般可分为圆柱电池的柱状不锈钢壳、方形电池的铝壳和不锈钢壳、软包电池的铝塑膜等几种。

圆柱形电池制备和封装技术成熟、自动化程度高、成品率高，广泛应用于从小型电子设备到电动汽车的不同应用场景。采用铝壳和不锈钢壳的方形电池，外形调节方便，易于定制实现柔性生产。但体积利用率不高且较重，目前在新能源汽车方面有较多应用。

软包电池以铝塑复合膜为外包装，形状和尺寸可以根据实际应用场景按需设计（图 8-12）。由于铝塑复合膜封装锂离子软包电池能量密度高、可定制程度高，在锂离子电池领域应用越来越广泛。但是软包电池的侧面封边会在使用过程中逐渐被电解液腐蚀，使得电池发生胀气、失效。

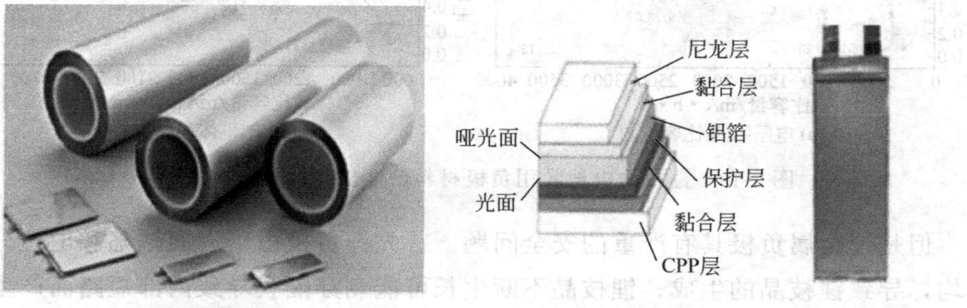

(a) 铝塑复合膜　(b) 铝塑复合膜结构　(c) 软包锂离子电池

图 8-12　铝塑复合膜及软包锂离子电池

当然，最终采用哪一种电池壳，需要综合考虑电池特性与应用场景，进行合理的选择。

8.4 先进锂二次电池体系

8.4.1 锂金属电池

近年来，锂离子电池作为综合性能最好的化学电源在新能源领域被广泛应用，但能量密度一般低于 300W・h・kg^{-1}，使其在纯电动汽车及混合动力汽车等领域应用存在一定障碍。例如，电动交通工具要实现的理想续航里程一般大于 500km，所需电池的能量密度必须大于 500W・h・kg^{-1}。构建高比能、高安全性、长寿命和低成本的新一代高比能锂二次电池至关重要。

目前锂二次电池用负极材料，按照储能方式可分为插入型、转换型和合金型三种。图 8-13 为不同负极材料电压和比容量的分布图。插入型主要有石墨和钛酸锂（LTO），均已实现商业化。目前采用的插入型正极和石墨负极的锂离子电池能量密度已接近极限。转换型的负极材料容量较高，但是工作电压不低，且首效不高。如 Fe_2O_3 的比容量可达 1000mA・h・g^{-1}，但是工作电压达 1.2V (vs. Li^+/Li)。合金型负极材料由于拥有更低的工作电压和更高的比容量，成为高比能电池负极材料的优选。合金型负极材料中研究最为广泛的当属金属锂，其具有高比容量（3860mA・h・g^{-1}）、低电压［−3.04V(vs. 标准氢电极)］以及较高的电子和离子电导率，是未来高比能锂二次电池负极的最佳选择。

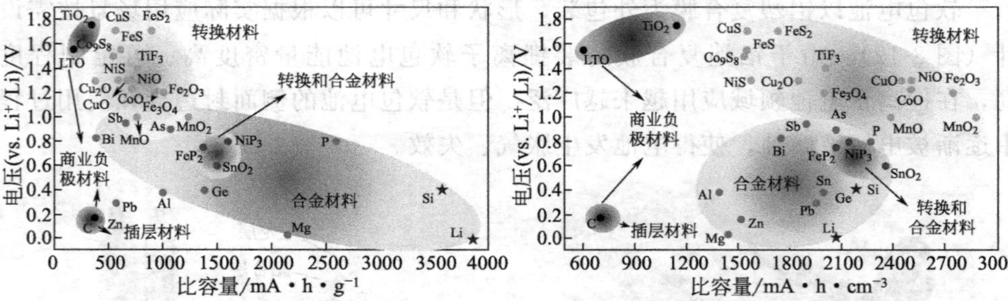

(a) 电压-质量比容量图 (b) 电压-体积比容量图

图 8-13 锂二次电池常用负极材料的电压和比容量分布图

但是锂金属负极具有严重的安全问题。首先锂负极由于表面缺陷和电位分布不均，导致锂枝晶的生成。锂枝晶不断生长可能刺穿隔膜导致内部短路而产生安全问题。锂枝晶断裂，会形成“死锂”，减少可逆容量，降低电池使用寿命。另外，在不均匀的界面上，金属锂和电解液会不断消耗形成厚的 SEI，造成界面阻抗增加。

为解决金属锂负极存在的问题，研究主要集中在以下方面：①调整锂金属负极的结构，抑制锂枝晶的生长；②优化电解质，改善 SEI 的性能和锂沉积过程；③构建良好的锂负极/电解液界面，避免电极和电解液的消耗、金属锂不良沉积和锂枝晶的形成。

对于锂金属电池，为实现高比能，其正极也需要有大比容量和高循环稳定性。目前的研究主要包括高压正极材料、多电子反应的高容量正极材料（如金属卤化物、硫化物和空气）等。

（1）高压正极材料

图 8-14 为常见商业化正极材料和高压正极材料比容量和平均工作电压的

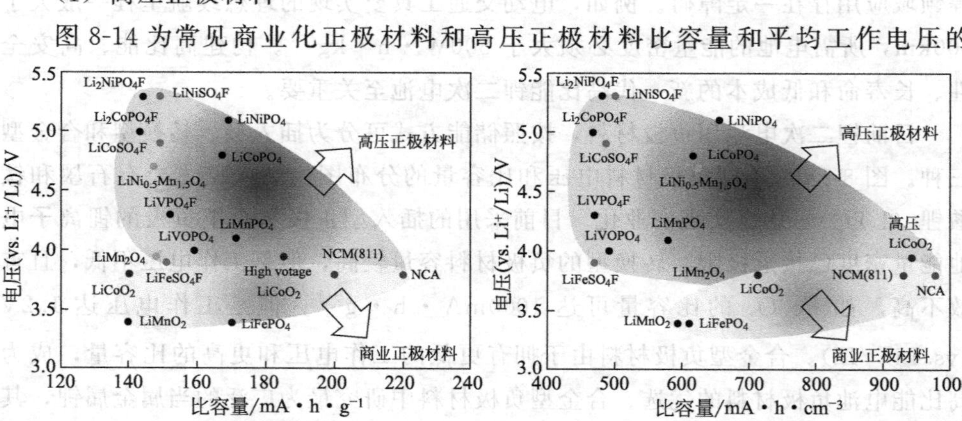

(a) 电压-质量比容量图 (b) 电压-体积比容量图

图 8-14 商业正极材料和高压正极材料的电压和比容量分布图

分布。商业化的正极材料主要有前述的磷酸铁锂、锰酸锂和钴酸锂等。但它们的容量无法满足新一代锂离子电源的要求。

目前，采用富锂、富镍和富锰的层状氧化物是提高锂离子电池能量密度的主要解决方案之一。富锂正极材料可低成本提供高容量，主要为 $Li_{1+x}M_{1-x}O_2$ 或 xLi_2MnO_3-$(1-x)LiMO_2$(M=Mn,Ni,Co)。富镍正极材料比容量高，主要包括NCM(811) 和 NCA。富锰材料可提供较高的工作电压，如 $LiNi_{0.5}Mn_{1.5}O_4$(LNMO)。磷酸盐和硫酸盐的聚阴离子化合物同样可以提供高工作电压 [4.0～5.3V(vs. Li^+/Li)]，如 Li_2NiPO_4F(LNPF) 和 $LiNiSO_4F$(LNSF)。虽然这种材料的容量较高，但其循环性能、容量利用率等有待进一步提升，距离应用还有很长距离。

高压正极材料目前还有一些问题需要解决。比如，第一，高电压下电极会与电解液发生副反应，造成局部自放电和电解液分解；第二，正极阳离子溶解导致容量下降和寿命降低；第三，高压充电时正极会发生结构变化，造成容量衰减。

(2) 金属氟化物正极材料

如图 8-15 所示，金属氟化物，如 CuF_2 和 FeF_3 等，虽然其工作电压不高 [<4.3V(vs. Li^+/Li)]，但比容量高 (>500mA·h·g^{-1})，也是极具应用潜力的正极材料。更为重要的是，相比镍、钴、铁和铜等元素，其资源更为丰富，成本更低。

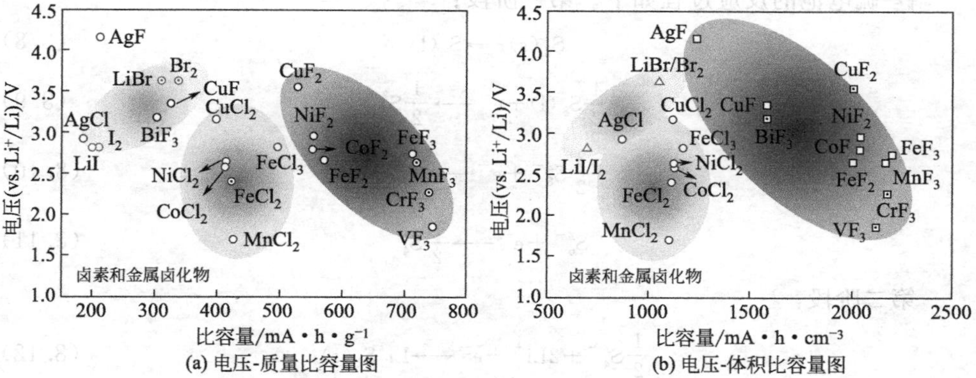

图 8-15 金属卤化物正极材料的电压和比容量分布图

金属氟化物作为正极材料也存在不少其它挑战。比如，金属氟化物电子传导性差，电极反应动力学性能较差；副反应较严重，会造成活性物质损失与电解液消耗。

8.4.2 锂-硫电池

为了满足对电流密度提升的要求，在锂离子电池的基础上，开发了很多新型电池体系。锂-硫电池 (Li-S) 被认为是满足下一代车用动力电池的重要电池体系

[图 8-16(a)]。锂-硫电池以单质硫为正极，金属锂为负极。锂-硫电池的理论质量能量密度高达 2600W·h·kg^{-1}，体积能量密度可达 2800W·h·L^{-1}，是传统锂离子电池能量密度的 3～5 倍。

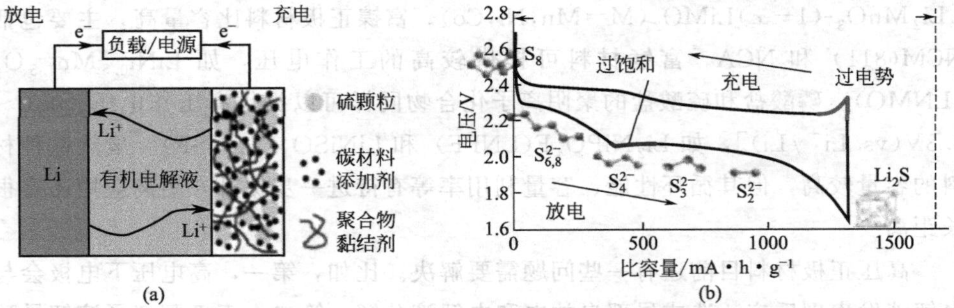

图 8-16 锂-硫电池（a）及其充/放电过程示意图（b）

锂-硫电池工作示意如图 8-16(b) 所示。在自然状态下，硫元素以 S_8 分子形式存在。在放电过程中，S_8 分子逐步被还原为中间产物——多硫化锂 Li_2S_n ($3\leqslant n\leqslant 8$)，最终还原为不溶且导电性差的 Li_2S_2 和 Li_2S。充电过程中，Li_2S_2 和 Li_2S 逐步被氧化为原始的硫单质。

锂-硫电池的反应过程如下。第一阶段：

$$S_8(s) \longrightarrow S_8(l) \tag{8.8}$$

$$\frac{1}{2}S_8(l) + e^- \longrightarrow \frac{1}{2}S_8^{2-} \tag{8.9}$$

$$\frac{3}{2}S_8^{2-} + e^- \longrightarrow 2S_6^{2-} \tag{8.10}$$

$$S_6^{2-} + e^- \longrightarrow \frac{3}{2}S_4^{2-} \tag{8.11}$$

第二阶段：

$$\frac{1}{2}S_4^{2-} + 2Li^+ + e^- \longrightarrow Li_2S_2(s) \tag{8.12}$$

$$Li_2S_2(s) + 2Li^+ + 2e^- \longrightarrow 2Li_2S(s) \tag{8.13}$$

单质硫作为锂电池的正极材料存在一些不足。第一，S_8 导电性极差，使电池倍率性能较差；第二，电池放电过程产生 Li_2S 或者 Li_2S_2，这个过程体积变化较大，会导致电极极片粉碎；第三，充/放电过程中产生的中间产物 Li_2S_n（$3\leqslant n\leqslant 8$）易溶于电解液，溶解的中间产物会从正极区扩散到负极区，产生“穿梭”现象，导致电池库仑效率下降。此外，穿梭过去的中间产物会沉积在电极上，使电极导电性与电池整体性能下降。

为此，学术界做了很多工作以解决上述问题，主要包括：①正极加入碳等导电材料以提高电导率；②通过包覆等正极结构设计，抑制硫充/放电过程的体积变化（图 8-17）；③在隔膜中加入阻隔层，或者引入新的电解液的添加剂，抑制多硫化锂“穿梭”；④设计新的锂-硫电池体系等。

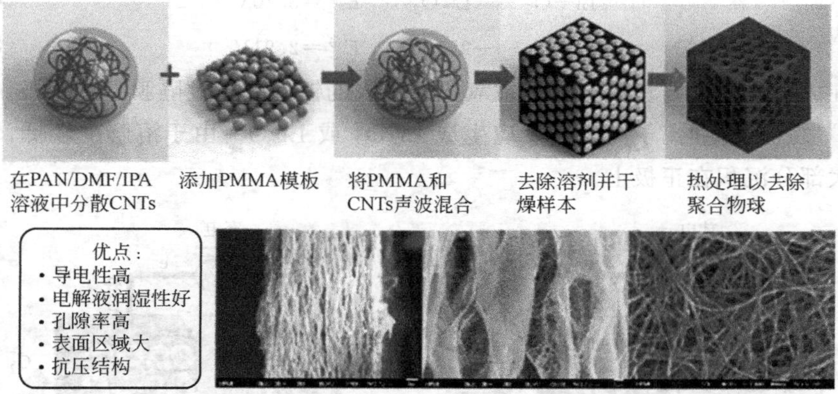

图 8-17 通过正极硫化物的包覆来提升电池性能

8.4.3 锂-空气电池

金属-空气电池作为具有极高能量密度的电池体系，其正极反应物氧气来源于外界空气，而非储存于电池体系中，成为了化学电源研究的一个重要方向。譬如，一次锌-空气电池就被广泛用于医用助听器。事实上，金属-空气电池也可以认为是燃料电池（第 10 章）的一种，它的阴极活性物质来源于外界，而锂离子电池的阴极、阳极活性物质均储存在电池内部。

由于锂具有较低的摩尔质量和较负的电位，为了获得更高能量密度的电池体系，锂-空气电池受到了极大关注。IBM 公司提出了基于锂-空气电池的“Battery 500”计划，认为锂-空气电池是实现纯电动汽车一次充电行驶 500 英里（1 英里=1.609km）的动力电源的解决方案，特斯拉公司也认为锂-空气电池是纯电动汽车的终极电源之一。

1976 年最早提出的锂-空气电池，采用碱性水溶液为电解液。在这种电池结构中，电解液中存在的水会与负极的锂金属发生副反应，降低电池效率。另外，碱金属与水反应置换出氢气，使电池存在一定的安全隐患。由于水性锂-空气电池这两个关键问题无法解决，最终这种电池被逐渐放弃。

1996 年，Abraham 等采用非水性电解液，克服了水性锂-空气电池的致命缺点，开创了锂-空气电池的新时代。在不考虑阴极氧气时，锂-空气电池理论能量密度可达 $11140W \cdot h \cdot kg^{-1}$，即使考虑氧气的供应部分，理论能量密度也可达

5200W·h·kg^{-1}，远高于其它化学电源。

(1) 非水性锂-空气电池

如图 8-18 所示，非水性电解液解决了水性电解液中的水分与负极金属锂的副反应问题，提高了锂-空气电池的安全性。非水性锂-空气电池的基本反应如下：

$$2Li + O_2 \longrightarrow Li_2O_2 \qquad E^{\ominus} = 3.10V \tag{8.14}$$

$$4Li + O_2 \longrightarrow 2Li_2O \qquad E^{\ominus} = 2.91V \tag{8.15}$$

在放电过程中，负极金属锂被氧化，生成的锂离子经过隔膜到达正极。在正极，扩散过来的锂离子与氧气反应生成 Li_2O_2 或 Li_2O。由于溶解度较低，反应产物大部分沉积在正极上。

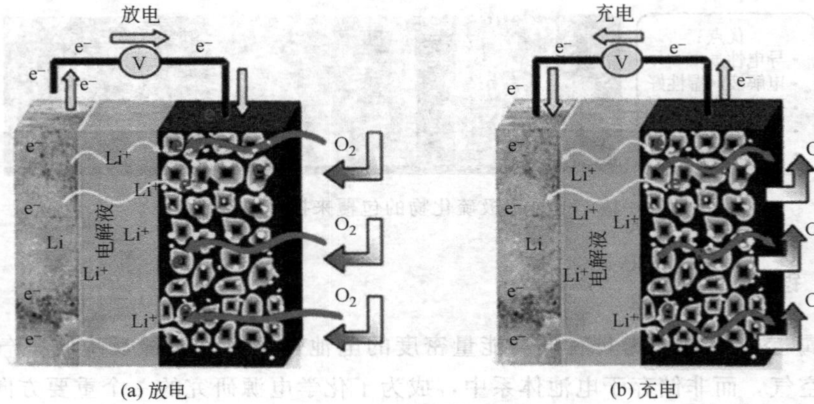

图 8-18　非水性锂-空气电池原理图

(2) 双性锂-空气电池

尽管非水性电解液解决了负极上金属锂与水反应的问题，但其反应产物 Li_2O/Li_2O_2 不溶于电解液，会堵塞正极孔隙，阻止反应的进一步进行。这导致电池实际容量远低于理论值，同时还影响电池的循环性能。为了解决这个问题，研究者提出正极侧以水性电解液代替有机电解液，负极侧仍采用有机电解液，形成如图 8-19 所示的双性锂-空气电池。这种结构在保证负极安全运行的前提下，有望解决正极反应产物不溶于电解液的问题，从而显著提升电池性能并延长电池寿命。

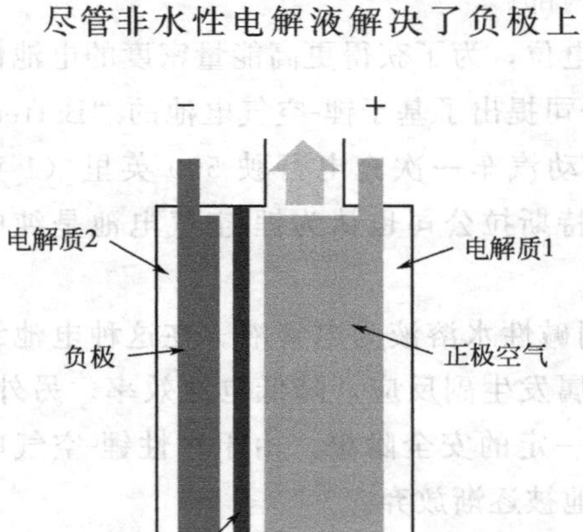

图 8-19　双性锂-空气电池原理图

双性锂-空气电池反应如下：

$$2Li+\frac{1}{2}O_2+2H^+ \xlongequal{} 2Li^+ +H_2O \quad E^{\ominus}=4.274V \tag{8.16}$$

$$2Li+\frac{1}{2}O_2+H_2O \xlongequal{} 2LiOH \quad E^{\ominus}=3.446V \tag{8.17}$$

由于正极反应产物可溶于电解液，锂-空气电池由非水性电解液的“正极限制”转变为双性电解液的“负极限制”。由于系统设计较为复杂，双性电解液的理论能量密度（酸性和碱性溶液的能量密度分别为 1300W·h·kg^{-1} 和 1400W·h·kg^{-1}）低于非水性电解液（2790W·h·kg^{-1}），目前获得的实际能量密度可达 779W·h·kg^{-1}。

同时，在这种电池的设计中，隔膜就成为了电池的关键。隔膜需要一边在有机溶液中工作，一边在水溶液中工作。同时，还需要有较好的锂离子导通性能。另外，为了电池的高效、安全运行，需要隔膜具有较好的机械强度、韧性与可加工性能，寻找同时满足这些要求的隔膜较为困难。

8.4.4　固态锂电池

商用锂离子电池仍主要使用有机液态电解液或凝胶电解液，易燃、易爆及有毒的有机电解液给电池造成了极大的安全隐患；同时，有机溶液的电化学窗口不高，限制了电池能量密度的提升。采用固态电解质替换液体电解液，开发固态锂电池是解决上述问题的重要途径。

固态锂电池就是使用固体电极和固体电解质的锂离子电池。近年来，固态锂电池发展迅速，如聚氧化乙烯（PEO）基聚合物固态锂电池在法国 Bolloré 电动汽车上获得应用；丰田公司研发了高离子电导率硫化物固态电解质，并准备在 2022 年推出搭载全固态锂电池的电动汽车；大众汽车也宣布了固态锂电池的研究计划。然而固态锂电池也面临着亟待解决的问题，如循环过程中容量衰减严重，循环稳定性不好；功率密度有待提升；枝晶生长会造成短路、热失控等安全问题。

电解质的研究是固态锂电池的关键。如图 8-20 所示，聚合物、无机氧化物和硫化物是三种主要的固态电解质。聚合物电解质的界面相容性和机械加工性较好，但室温离子电导率低；无机氧化物电解质电导率较高，但存在刚性界面接触的问题以及严重的副反应；硫化物电解质电导率高，但稳定性与可加工性能亟需提升。

无机-聚合物复合固态电解质是最具发展潜力的电解质体系之一。一方面，聚合物电解质中可以通过引入无机惰性纳米粒子来改善性能。无机惰性纳米粒子可作交联位点，降低聚合物的结晶度，提升聚合物电解质的离子电导率，同时改善热稳定性和机械性能。无机惰性粒子主要包括 SiO_2、TiO_2、Al_2O_3 以及疏水

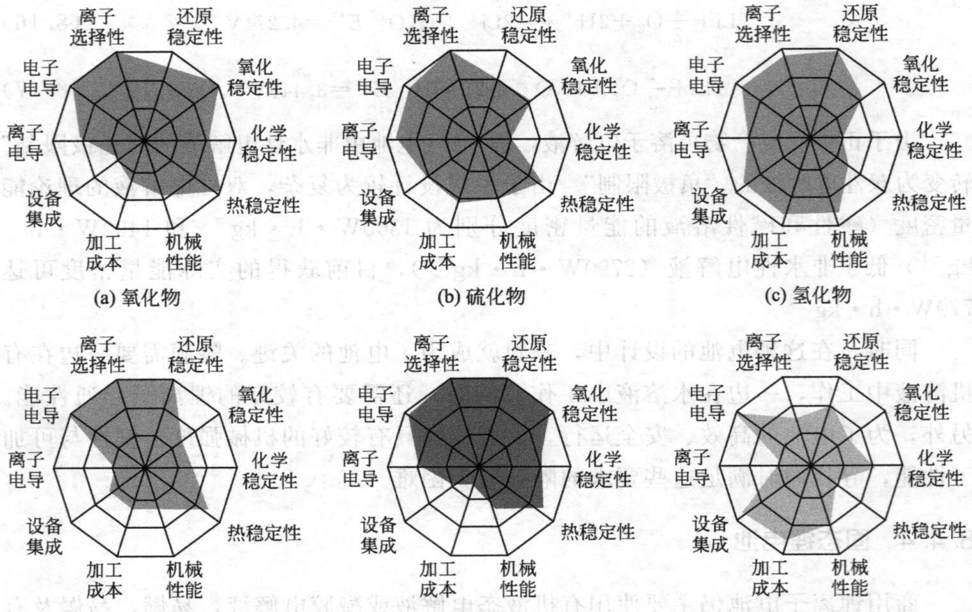

图 8-20　不同种类固态电解质的性质

性黏土介孔材料等。大多数情况下，纳米颗粒的质量分数需要控制在一定范围（10%～15%）内，以提升离子电导率；但加入过多惰性粒子，颗粒则会发生团聚，导致离子传输网络的阻塞与破坏，造成离子电导率与电池性能的下降。另一方面，可以通过氧化物陶瓷或硫化物与聚合物进行复合，形成复合固态电解质，实现优势互补。这种复合固态电解质具有更高的离子电导率和更好的力学性能，以及更好的电极兼容性。无机电解质可以提供锂离子，有效增加可移动锂离子的浓度，增强锂离子的表面传输能力；导电陶瓷颗粒可以吸附阴离子，促进离子对的解离，增强锂离子活动能力和锂离子在界面传输的速率。

目前，固态锂电池主要还处在实验室阶段，离真正商业化应用还有一定的距离。固态锂电池的真正商业化，需要：①开发离子电导率高、能够规模化加工的电解质体系；②开发新型电极/电解质界面优化技术，改善界面相容性；③探索大容量固态锂电池的构建技术，为产业化奠定基础。

8.5　锂离子电池的应用

据中国化学与物理电源行业协会提供的资料，目前国内锂离子电池产量已经达到 100 亿只，已成为世界主要的锂离子电池生产国。同时，随着全球环境和能源问题的日益严峻，锂离子电池作为动力储能器件在新能源发电和新能源汽车等领域开始大规模应用。

8.5.1 3C及便携式电源

3C产品及便携式移动设备自诞生以来便飞速发展，锂离子电池以其在能量、功率和安全性等方面的优势，成为3C市场的主力电源。锂离子电池在3C领域的应用已基本覆盖包括手机、笔记本电脑、音视频播放器在内的所有产品，凭借其突出的能量密度，甚至独占笔记本电脑和智能设备等产品市场。

手机从最初单一的通话功能发展到现在，电池技术的发展功不可没。从最初手机采用的镍铬电池仅能支持2G标准的通信技术，到镍氢电池实现手机的小型化，再到锂离子电池技术发展对成本的控制，实现了在手机市场的普及并推动手机智能化的发展。

随着半导体行业技术的迅猛发展，笔记本电脑的处理器运算能力呈几何级数上升，同时消费者对其外形和功能的要求越来越高，对电池电量和体积要求也越来越高。笔记本电脑的电源由最开始的钢壳锂离子电池芯，过渡到软包锂离子电池，目前以聚合物锂离子电池为主。

8.5.2 交通动力电源

我国石油资源短缺，并且燃油车尾气排放一定程度加剧了大气污染，我国政府在倡导低碳生活和低碳经济做出了巨大的努力。推行和发展电动自行车和电动汽车，以电代油，可以极大缓解环境压力和能源紧张问题。

电动自行车是对公共交通的补充，实现绿色交通下点对点的服务。现阶段我国很大一部分电动自行车仍然采用铅酸电池作为动力，但同等能量的锂离子电池重量仅为铅酸电池的1/3，采用锂离子电池动力电源可以使电动自行车更加轻便、安全，目前已占有较大的市场。

电动汽车电源市场目前为铅酸电池、镍氢电池和锂离子电池三足鼎立的局面。锂离子电池在能量密度、功率密度和寿命等方面拥有更加突出的优势，图8-21为锂离子电池在交通动力电源方面的应用。但是，锂离子动力电池在使用不合理的情况下电池容量大幅减小，甚至有发热起火等安全隐患。目前开发的锰酸锂、磷酸铁锂等正极材料的电池体系有利于提高动力锂离子电池的安全性和循环寿命，使其拥有更广阔的发展前景。

燃料电池能量密度高，且燃料加注时间短，因此燃料电池汽车在新能源汽车的续航能力方面有着极大优势。若将燃料电池单独作为动力源，变载工况会极大缩减燃料电池寿命，因此和锂离子电池集成复合动力系统成为一种选择。燃料电

(a) 动力电池电芯　　(b) 电动自行车

图 8-21　锂离子电池在交通动力电源方面的应用

池输出恒定工况，在低负载时维持车辆运行并对锂离子电池充电，在高负载时锂离子电池提供额外功率。集成的燃料电池-锂离子电池动力系统既能维持燃料电池的平稳运行，又能防止锂离子电池深度放电，有望提升锂离子电池寿命。

8.5.3　移动通信电源

为保证通信质量，通信设备对于通信电源的可靠性要求很高。磷酸铁锂电池以其在寿命、质量能量密度、体积能量密度和工作温度等方面的优势，成为通信主设备及附属设备的主要电源配置之一。

不间断电源系统（uninterrupted power supply，UPS）是一种将储能设备与工作主机相连，为工作主机提供持续不间断供电的设备。UPS 是一种在电网断电时提供功率负载的储能装置，能够在特殊情况时通过逆变器恒压恒频向数据中心和通信系统等重要设施提供负载，因此对电源稳定性和可靠性具有较高的要求。锂离子电池作为 UPS 电源，具有更小的体积和更长的寿命，稳定性和可靠性更好（图 8-22）。

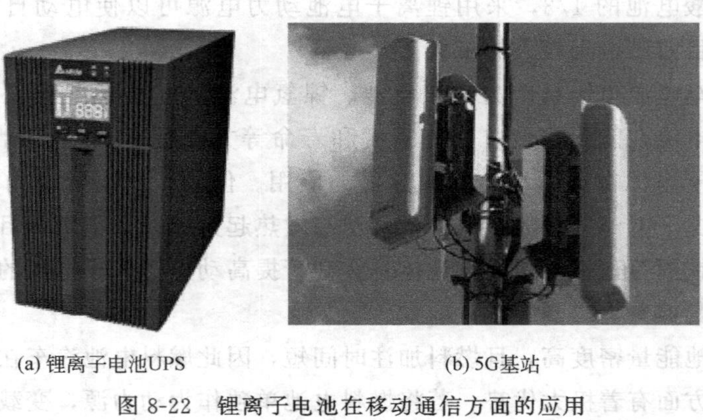

(a) 锂离子电池UPS　　(b) 5G基站

图 8-22　锂离子电池在移动通信方面的应用

受益于存量基站更新换代、5G 基站大规模普及带来通信储能的广阔市场空间以及电力储能在发电侧、电网侧、用户侧的快速商业化，锂离子电池储能市场发展迅速。截至 2019 年 6 月底，我国铁塔 5G 基站建设需求为 6.5 万个。2020 年通信基站铅酸蓄电池换锂离子电池约 60 万～70 万塔。新增电池储能越来越多采用锂离子电池，并逐步替代铅酸蓄电池，在储能市场运用越来越广泛。

8.5.4　电力储能电源

节能减排促进了可再生能源技术的发展，但是目前该技术还存在发电品质差、电网并网难等问题。

目前我国风力发电装机总容量已超过 30GW，太阳能发电总容量也将提升到 1GW，可再生能源将会占据重要比重。但是这些新能源发电的不稳定性使得并入电网会对电网产生冲击，危害电网寿命和安全。将锂离子电池组作为清洁能源发电储能设备可以解决其并网难的问题，可实现安全高效利用可再生能源发电（图 8-23）。

(a) MW · h级电站储能　　(b) 光伏发电储能

图 8-23　锂离子电池在电力储能方面的应用

电网在白天和晚上的电力需求存在巨大的差值，目前我国大多数城市用电高峰和用电低谷的差值超过 60%。在一般情况下，电网必须按照最大电力需求规划才能满足电网最大负荷时的需求。由此会造成极大的能源浪费。用锂离子电池构建电站储能设施，可起到削峰填谷的作用，大大降低发电机组的闲置电量，提高发电机组效率，达到节能减排的目的。

8.5.5　航空军工电源

军工和航空航天领域对电源的安全性、可靠性、环境适应性有很高的要求。锂离子电池在高强度冲击下能保证安全性高、工作温度区间宽、耐高低压，已成为现代和未来军事装备必不可少的重要电源（图 8-24）。同时，锂离子电池具有较高的能量密度，可以满足小型化和轻量化的要求，已广泛应用于许多航空航天设备。目前，锂离子电池技术已在微型卫星、高轨道卫星、深空探测领域实现了工程化应用，我国在航天用锂离子电池储能技术的研究中也取得突破性进展。

(a) 无人侦察机　　(b) 探月机器人　　(c) 大型客机

图 8-24　锂离子电池在航空军工方面的应用

8.6　总结与展望

锂离子电池具有能量密度高、工作电压大、无记忆效应、环境友好等优点，成为新能源领域的研究热点，近些年来得到了重要的发展与应用。但是随着人们应用需求的提升，当前对锂离子电池的能量、功率和寿命提出了进一步的要求。作为典型的化学电源，锂离子电池由电极、电解液和隔膜三个主要部件组成。对于锂离子电池的电极材料，正极提供反应过程中的锂离子，决定了电池能量密度的上限，主要有层状结构的 LCO、尖晶石结构的 LMO 和橄榄石结构的 LFP。负极是锂离子的存储载体，商业化锂离子电池负极主要采用石墨碳材料。除此之外，Si 基、Ti 基和 Sn 基负极材料作为未来锂离子电池负极材料，也得到了广泛研究。锂离子电池用电解液通常为有机电解液，由锂盐、有机溶剂和功能性添加剂构成，为保证电池的稳定性需要控制含水量。

未来的先进电池体系主要包括锂-硫电池、锂-空气电池和固态锂电池。锂-硫电池可实现当前锂离子电池能量密度 3～5 倍的提升，但是目前存在正极材料导电性差、活性物质循环稳定性差和“穿梭效应”导致库仑效率差等问题需要解决。锂-空气电池具有 $5200W \cdot h \cdot kg^{-1}$ 的极高理论能量密度，但是阴/阳极、电解液和隔膜等还有许多问题亟待解决，距离实际应用还有很长的路要走。固态锂电池解决了液态有机电解液安全性问题，并提高了工作电压窗口，是未来电池体系的重要发展方向，而目前需要克服的是固体电解质导电性和界面问题。

近些年锂离子电池已取得了巨大发展，在消费类电子产品、交通动力、移动通信、电力储能和航空军工等领域被广泛应用。相信随着材料、工艺、结构和器件等方面的进步，安全性和可靠性的提升，性能更好的锂离子电池与新型的锂电池体系会逐步应用，使我们的生活变得更加美好。

第 9 章
超级电容器

9.1 引言

尽管目前以锂离子电池为代表的动力电池得到了较快发展，但锂离子电池的“嵌入/脱嵌”反应机理决定了其功率密度较小、循环寿命较短，难以满足电源器件快速充放电、低温工作和长期可靠使用等需求，因此需开发具有良好循环寿命，兼顾能量密度与功率密度的电能存储设备。

超级电容器是一种功率型储能设备，具有高功率密度、长循环寿命、高库仑效率和宽工作温度范围等特点，成为可供不同应用场景的电源之一。

双电层电容器通过在电极/电解质界面形成双电层而存储电荷。在储能过程中没有氧化还原反应的发生，不受化学反应速率的限制，因而可以实现快速充/放电，具有良好的功率性能和循环稳定性。但是表面双电层存储电荷有限，因此能量密度（$1\sim7W \cdot h \cdot kg^{-1}$）较低，这也是超级电容器没有得到大规模应用的重要原因。为进一步提高超级电容器的能量密度，人们研究开发出了赝电容器。由于赝电容器不仅存在双电层反应，而且在电极的表面还产生法拉第赝电容反应。相比于传统双电层电容器，能量密度有了进一步提高。此外，电极分别采用电池性材料和电容性材料，开发了混合型电容器。混合型电容器通过协同耦合实现了能量密度的显著提升。

9.2 工作原理

双电层电容器是最常见、也是应用最广泛的超级电容器。双电层电容器由两个相同的电容电极组成，通过吸附/脱附过程进行储能。电极/电解质界面上产生可逆电化学双电层电容（非法拉第过程），其中电荷累积在电极活性物质表面，带相反电荷的离子排列在电解质一侧。整个充/放电过程中不涉及氧化还原反应，可以快速地存储和释放能量，具有很好的功率密度。同时，充/放电过程可逆性好，使电容器具有极长的循环寿命。

通常的超级电容器的电极/电解液界面可以用 Stern 双电层模型来描述。据此模型，电极的总电容 C 包含紧密层电容（$C_{紧}$）和扩散层电容（$C_{分}$）两部分，可以表示为：

$$\frac{1}{C}=\frac{1}{C_{紧}}+\frac{1}{C_{分}} \tag{9.1}$$

超级电容器的电极材料主要是多孔活性炭（AC）。活性炭具有大比表面积，一般大于 $2000\text{m}^2 \cdot \text{g}^{-1}$，同时具有来源广、结构稳定等优点。但是活性炭的电容受其孔径大小和孔径分布影响较大，而 Stren 双电层理论模型并没有考虑孔径对电容器电容的影响，因此需要根据真实结构对模型进一步优化。根据活性炭的孔形状为圆柱形假设，研究人员提出了 EDCC（electric double-cylinder capacitor）和 EWCC（electric wire-in-cylinder capacitor）模型来修正之前的理论模型，如图 9-1 所示。在中孔（2～50nm）区域，进入中孔的离子在孔壁形成 EDCC，这种情况可采用 EDCC 模型修正；在微孔（＜2nm）区域，溶剂化/去溶剂化的溶质离子会沿孔轴排列，形成 EWCC，这种情况可采用 EWCC 模型来修正；在大孔（＞50nm）区域，此时材料孔径足够大，孔曲率较小，可采用 Stern 模型。通过离散傅里叶变换计算和实验分析，发现 EDCC/EWCC 模型可较好地说明不同组成与结构的超级电容器的容量。

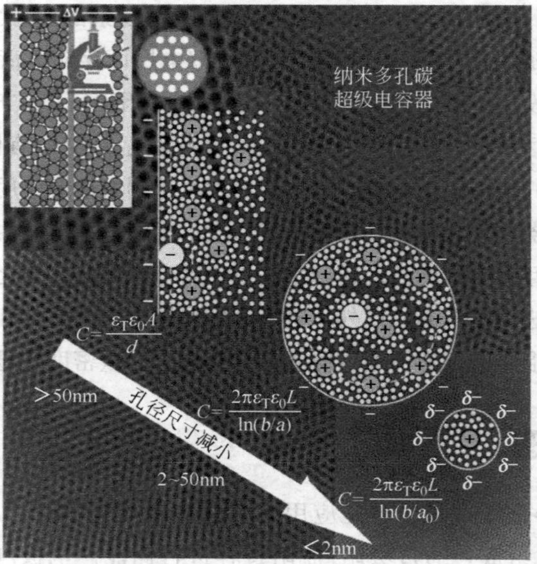

图 9-1　多种孔隙状态纳米多孔碳超级电容器模型

9.3　超级电容器的结构与组成

同锂离子电池类似，超级电容器的基本结构也包括电极、隔膜和电解液三部分，除此以外还有安全阀、外壳、密封件等附件。常见的电容器单体分为三种形式：圆柱型［图 9-2(a)］、方壳型［图 9-2(b)］和软包型［图 9-2(c)］。

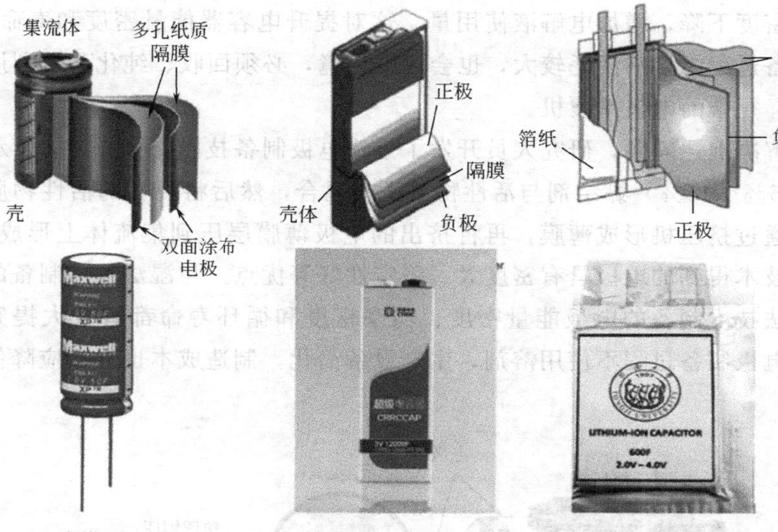

(a) 圆柱型　(b) 方壳型　(c) 软包型

图 9-2　常见超级电容器结构示意图

9.3.1　电极

电极作为超级电容器最重要的组成部分，主要由活性物质、导电剂、黏结剂和集流体构成，其结构如图 9-3 所示。电极起传导电荷和传输离子的作用，电极/电解质界面是电化学反应的发生场所，因此电极性能对电容器性能有直接影响。

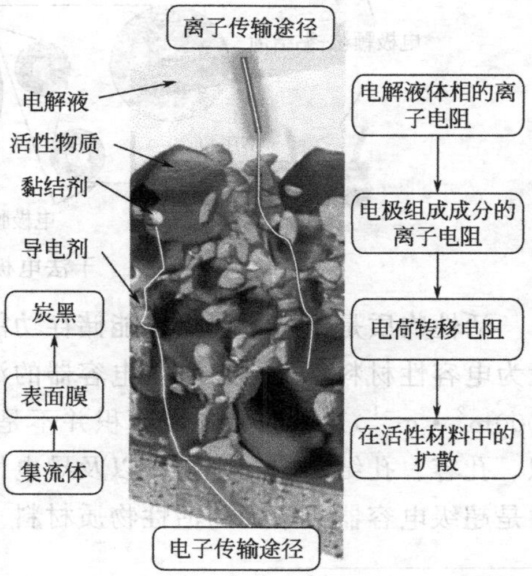

图 9-3　电极结构示意图

超级电容器的电极制备方法主要分为湿法制备技术和干法制备技术两种。湿法电极制备技术来源于锂离子电池等二次电池的电极制备技术，制备方法也与锂离子电池类似。通常将黏结剂、活性物质、导电剂与溶剂混合搅拌成浆料，再将浆料涂布到集流体上，然后通过干燥过程去除溶剂，最后辊压以提高电极涂层与集流体黏结强度。由于湿法制备超级电容器用电极的工艺路线较为成熟，当前已经产业化的超级电容器制造商大多采用湿法工艺路线制备电极。

湿法电极制备方法的优点在于电极制备过程简单，技术成熟，但也有不少缺点。主要缺点是制备的电极密度不高。溶剂挥发之后留下的孔道无法彻底去除，导致电极密度下降，增加电解液使用量。这对提升电容器能量密度和寿命不利。同时，制备过程中溶剂消耗较大，也会污染环境，必须回收、纯化和再利用，且需要昂贵、复杂的电极涂覆机。

为了解决上述问题，研究人员开发了干法电极制备技术，如图 9-4 所示。将少量（约 5%～15%）黏结剂与活性物质粉末混合，然后将混合的活性物质和黏结剂粉末通过挤压机形成薄膜，再将挤出的电极薄膜层压到集流体上形成电极。干法制备技术得到的电极具有密度大、稳定性好等优点。与湿法技术制备的电极相比，干法技术制备的电极能量密度、功率密度和循环寿命都有较大提升。同时，干法电极制备过程不使用溶剂，生产设备简化，制造成本也会相应降低。

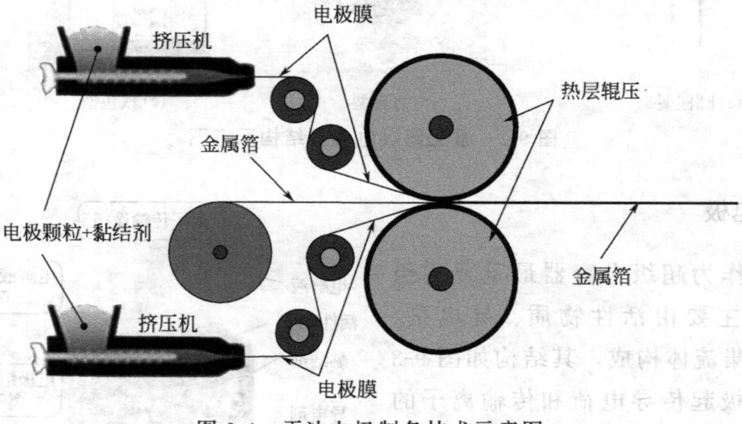

图 9-4　干法电极制备技术示意图

活性物质是电极中发挥电能储存功能的物质，超级电容器的电极活性材料一般为电容性材料。作为双电层电容器的活性物质，一般需要具有高比表面积（$>1000m^2 \cdot g^{-1}$）。同时，比表面积并不是越大越好，需要综合评价材料的比表面积、孔容、孔结构与孔分布，以及导电性、电解液浸润性与振实密度❶等。碳材料是超级电容器最常用的活性物质材料。碳材料导电性好，电化学稳定性好，工

❶ 振实密度是指在规定条件下容器中的粉末经振实后所测得的单位容积的质量。

作温度范围宽。同时，碳材料易于加工和制备，方便控制其孔结构和分布，并且原材料来源广泛。

导电剂是在电极制备过程中加入的导电物质，可以在电极中提供额外的电荷转移通道，降低电极内阻，提高电极导电性。同时，良好的导电通道可以降低接触电阻，提高电子的转移速率和充/放电效率。电极中适度的导电剂含量可提高电极的性能；如果导电剂含量过高则会降低电容器的能量密度；如果导电剂含量较低，电极内部导电通道不充分，电解质离子迁移和电荷传输速率将大大降低，产生较大的极化，降低电容器的功率性能，并影响循环稳定性。根据活性物质和导电剂的接触情况，常用的导电剂一般分为炭黑（Super-P 等）、导电石墨（SFG6 等）、碳纳米管（CNTs）和石墨烯（Graphene）等几种，接触情况如图 9-5 所示。可以看出，碳纳米管和石墨烯作为导电剂时，与活性物质接触好，易于电极内部形成良好的导电网络，因此有利于电极性能的提升。

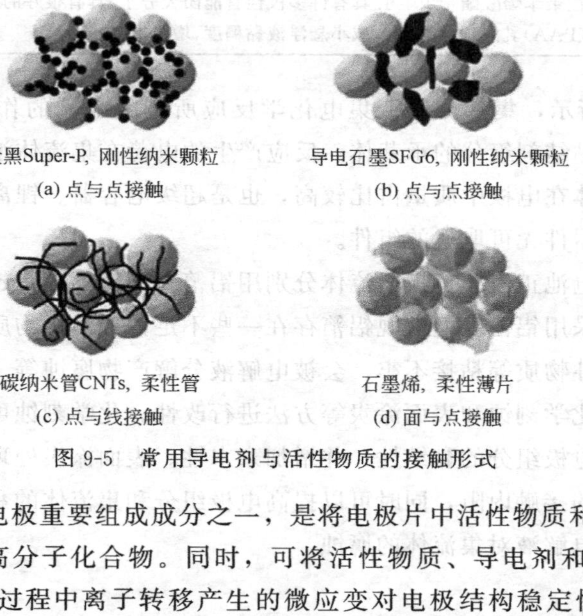

炭黑Super-P, 刚性纳米颗粒　(a) 点与点接触

导电石墨SFG6, 刚性纳米颗粒　(b) 点与点接触

碳纳米管CNTs, 柔性管　(c) 点与线接触

石墨烯, 柔性薄片　(d) 面与点接触

图 9-5　常用导电剂与活性物质的接触形式

黏结剂也是电极重要组成成分之一，是将电极片中活性物质和导电剂黏附在电极集流体上的高分子化合物。同时，可将活性物质、导电剂和集流体粘接固定，缓解充/放电过程中离子转移产生的微应变对电极结构稳定性造成的影响。按照黏结剂溶剂性质的不同，一般分为水系黏结剂和有机系黏结剂两种。水系黏结剂采用水为溶剂，而有机系黏结剂通常采用有机溶剂，常用的黏结剂及其性能特点如表 9-1 所示。有机系的 PVDF 黏结剂，化学稳定性好且黏结性能好，是应用广泛的黏结剂。但是其与活性物质间范德华力不强，循环过程中活性物质体积变化明显时，无法有效黏结，会造成容量衰减较快。PTFE 具有良好的机械性能，无需溶剂，可直接与活性物质混合通过成膜工艺压制到集流体上，形成具有一定柔性结构的超级电容器电极。

表 9-1 常用黏结剂的分类及性能特点

种类	常用黏结剂材料	性能特点
有机系	PVDF 5130	1. 分子量 110 万，粒径略大 2. 纯度高，用料省 3. 涂布时易于加工，但装配时易掉粉 4. 黏性好，可提升电池能量密度
	HSV 900	1. 分子量 100 万，粒径较小 2. 粒子纯度高，溶解能力较强 3. 加工性能好，循环不会掉粉
水系	聚四氟乙烯(PTFE)乳液	1. 固含量在 60%左右，黏度可通过加入非离子型表面活性剂及蒸馏水调节 2. 具有高度的化学稳定性和热稳定性
	丁苯(SBR)乳液	1. 固含量为 49%～51%，黏结强度大 2. 水和极性溶剂溶解度极高，机械稳定性好
	水性聚苯烯酸酯(PAA)乳液	1. 具有许多极性官能团大分子，具有很好的柔软性 2. 减小悬浮液黏稠度，增强电池比容量

如图 9-3 所示，集流体起汇集电化学反应所产生电流的作用，也是活性物质、导电剂和黏结剂组分的承载体。反应产生的电荷在集流体汇集后，经过外电路导出。集流体在电极中质量占比较高，也是超级电容器、锂离子电池、燃料电池等化学电源器件无可取代的组件。

与锂离子电池正极、负极集流体分别用铝箔和铜箔不同，超级电容器正、负极的集流体常采用铝箔。但常规铝箔存在一些不足，如活性物质与集流体界面间内阻大、与活性物质等粘接不牢、会被电解液分解产物腐蚀等。为改善集流体性能，一般采取化学刻蚀和表面涂炭等方法进行改性。化学刻蚀可增加铝箔表面粗糙度，提高和电极组分的黏结性，并增加亲水性。表面涂炭处理可降低集流体和电极组分界面的接触内阻，同时可以提高电极组分和集流体的黏结附着力，防止超级电容器的电解液对集流体的腐蚀。

9.3.2 电解液

电解液作为超级电容器的重要组成部分之一，提供离子的数量、与溶剂在工作电压下的电化学特性以及形成双电层的速度与分布，决定了超级电容器的容量、倍率等重要特性。超级电容器的工作电压很大程度上受电解质的分解电压限制，因此电解质的选择对于电容器的能量密度有重要影响。

常用超级电容器用电解质及工作电压见表 9-2。根据溶剂性质的不同，电解液一般分为水系电解液、有机电解液和离子液体等三类。三种类型的电解液特点不同，实际应用的范围和特点也各异。在实际应用中，选择何种电解液由电化学稳定窗口、溶剂体系和离子电导率等关键因素决定。电解液的电化学稳定窗口决定了电容器器件最高能达到的工作电压，离子电导率会影响动力学特征，决定电容器的倍率性能。

表 9-2　常用超级电容器用电解质及工作电压

电解质	工作电压/V
$TEABF_4/PC$	2.7
H_2SO_4	1.0
KOH	1.0
Na_2SO_4	1.8
Li_2SO_4	2.2
吡咯烷双氰胺	2.6
PVA/H_3PO_4 水凝胶	0.8

水系电解液可以分为酸性、中性和碱性三种类型。它们虽然有较大的离子电导率（可达到 $1S \cdot cm^{-1}$），可提供更多的离子以供吸/脱附反应，但是溶剂水的分解电压（1.23V）较低，限制了电容器工作电压的提高与能量密度和功率密度的提升。

有机电解液由有机溶剂和电解质组成，通常可提供 3.5V 以上的电压窗口，因而有机系超级电容器可以在较高的电压下工作，有更大的能量密度，但其离子电导率低于水系电解液。乙腈和碳酸亚丙酯是超级电容器最常用的溶剂。虽然电解质盐在乙腈溶剂中具有很高的溶解度，但乙腈本身具有较大毒性，因而限制了其应用。而基于碳酸亚丙酯的电解液工作电压和工作温度范围宽，并且导电性好，对环境相对友好。

值得注意的是，电解液和电极材料是否匹配对性能影响很大。一方面电解质离子的尺寸和电极材料的孔径需匹配，否则会导致填入小孔径的电解质溶剂不能传递离子，降低能量密度；另一方面，电极材料表面官能团和电解质分解电压需匹配，在不同电位下电解质溶剂分子与活性炭表面不同官能团会发生副反应，例如阳极电位在 3.3V 以上时，会发生电极材料表面羧基、酮基的氧化。

9.3.3　隔膜

隔膜位于正、负极之间，主要用于避免正、负电极直接接触而发生内部短路，同时为充/放电过程中电解质溶液中的载流子传输提供通道，并减小扩散传质内阻。超级电容器用隔膜需要满足以下要求：对电子绝缘、对离子导通、在电解液中稳定性好、有一定机械强度、对电解液渗透性好、有一定电解液储存功能。隔膜通常由高分子材料、无机材料等制成，聚丙烯和纤维素是最常用的隔膜材料。

9.4 超级电容器的分类

按储能机制的不同，超级电容器主要可分为双电层电容器、赝电容器以及混合型电容器等三类，它们都有各自的特点，被广泛用于不同领域。

9.4.1 双电层电容器

双电层电容器是应用最为广泛的电化学电容器，如图 9-6 所示，双电层电容器结构上由两个相同的电容电极组成，通过吸附/脱附反应进行储能。由电极/电解质界面处极化产生的电容 C 可用下式表示。

$$C=\frac{\varepsilon_r\varepsilon_0 A}{d} \tag{9.2}$$

可以看出电容 C 与电解质介电常数、双电层电层间的距离、电极的表面积等有关。

电容器实际存储的电荷不仅受到上述三个因素影响，还会受到电极/电解液界面性质的影响。不同电解液体系，双电层电容器存储的电容量在 $5\sim20\mu F\cdot cm^{-2}$ 之间不等。在酸性和碱性电解液中，电极材料的比电容要显著大于有机系电解液中的比电容。目前市场上的超级电容器产品却主要是以有机系的双电层电容器为主，这是因为后者具有更宽的电压操作窗口（最高可达 3.0V）。式（9.3）为电容器储存能量与电压的关系，可以发现，器件能够存储的能量正比于电压的平方，因此有机系电容器能实现更高的能量密度。

$$E=\frac{1}{2}CU^2 \tag{9.3}$$

电容器储能过程不发生氧化还原反应，即电容器在储能时不受化学反应速率的限制。因此，这种储能机制可以快速地存储和释放能量，即器件具有非常好的功率性能。同时，电极材料体积膨胀小，因此，电容器具有非常好的循环稳定性。此外，双电层电容器的低温性能也非常好，在−40℃的环境下，仍然具有较高的功率密度。双电层电容器的一个主要不足是，受限于表面电荷存储机制，双电层电容器的能量密度（$6\sim10W\cdot h\cdot kg^{-1}$）远远低于成熟的锂离子电池（约 $250W\cdot h\cdot kg^{-1}$）。

如上文所述，碳材料是应用最为广泛的电容器电极材料，典型的碳材料包括活性炭、多孔碳、碳纳米管、纳米碳纤维、碳气凝胶和石墨烯等。活性炭具有较大的比表面积（$>2000m^2\cdot g^{-1}$）、良好的导电性以及丰富的孔结构，可以满足离子快速吸附/脱附要求，且具有原料来源广、成本低、对环境无污染等优点，

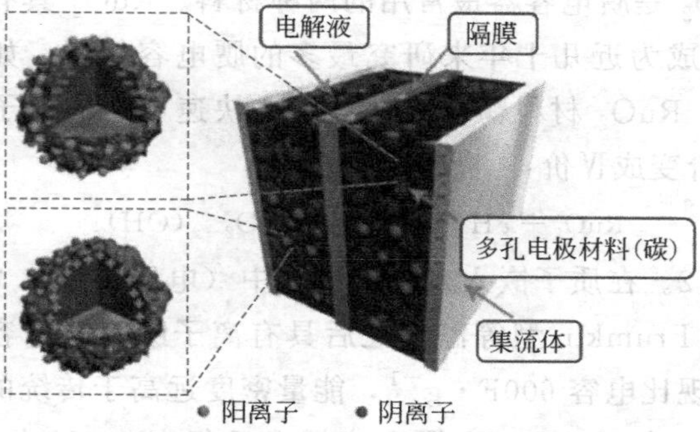

图 9-6　双电层电容器结构示意图

已成为当前应用最广泛的超级电容器电极材料。

由于具有高导电性和化学稳定性，碳纳米管被认为是极有希望的电极材料之一。然而，低表面积特性使碳纳米管在有机电解液中的比电容很难超过 $30F \cdot g^{-1}$。目前，一种做法是采用酸/碱处理来增加碳纳米管的表面积以及形成微孔、中孔互连的结构。丰富的微孔和中孔可以提供大的可接触表面积，形成大电容和高能量密度；而互连的中孔和微孔有利于离子传输，以提供高倍率和高功率密度。

由于孔分布较窄，且具有分层多孔结构，有序中孔碳也是电容器用碳材料研究的一个方向。有序的中孔通道有利于有机电解液离子的渗透和运输，因此在高电流密度下表现出更好的电化学性能。然而，有序中孔碳的比表面积一般不超过 $1000m^2 \cdot g^{-1}$，限制了其容量的提升。

作为一种高电荷传输迁移率的二维材料，石墨烯也被认为是适用于高功率超级电容器的电极材料。例如，通过 KOH 活化制备的多孔氧化石墨烯表现出较好的容量与倍率性能。循环伏安结果表明，扫描速率从 $100mV \cdot s^{-1}$ 增加到 $500mV \cdot s^{-1}$，电容几乎保持在 $160F \cdot g^{-1}$。但是，石墨烯作为电极材料的一个缺点在于振实密度过低，这会导致电极致密度不够，得到的器件能量密度较低。

9.4.2　赝电容器

1970 年，Conway 等发现电容器存在通过电极材料的表面或者近表面快速的氧化还原反应进行储能的现象，提出了法拉第赝电容理论。根据这种原理制备的电容器称为赝电容器，其结构如图 9-7(a) 所示。赝电容器的能量来源于两方面：一方面是电极/电解液表面的双电层储能；另一方面是电极表面的赝电容发生法拉第反应储能，因此赝电容器拥有比双电层电容器更高的能量密度。与双电层电容器不同，赝电容器电极材料在循环充/放电过程中稳定性不好，循环寿命比较差。

RuO_2 和 MnO_2 是赝电容器最常用的两种材料。RuO_2 具有优良的导电性和多种氧化状态，已成为近几十年来研究最多的赝电容材料。如式（9.4）所示，在充/放电过程中，RuO_2 材料颗粒表面会发生快速可逆的电子转移以及质子的吸附，Ru 也从Ⅱ价变成Ⅳ价：

$$RuO_2 + xH^+ + xe^- \rightleftharpoons RuO_{2-x}(OH)_x \tag{9.4}$$

其中，$0 \leqslant x \leqslant 2$。在质子嵌入或脱出过程中（电压小于 1.2V），$x$ 值会连续变化，并且导致在 Frumkin 型等温线之后具有离子吸附的电容行为。已报道的 RuO_2 材料可以实现比电容 $600F \cdot g^{-1}$，能量密度远高于传统的超级电容器。但是，由于采用水系电解液，RuO_2 赝电容器电压仅有 1.0V 左右，且成本较高，因而限制了器件的应用。目前这类电容器大部分用于小型电子产品、军工与其它特种产品中。

由于具有低损耗和高理论容量（$1100 \sim 1300F \cdot g^{-1}$），$MnO_2$ 被认为是超级电容器应用的一种有前景的替代材料，并具有与 RuO_2 类似的性能。与 RuO_2 不同，MnO_2 参与反应的离子不仅包括电解质中的质子，还包括其中的电解质阳离子（K^+、Na^+ 等），反应方程如下：

$$MnO_2 + xC^+ + yH^+ + (x+y)e^- \rightleftharpoons MnOOC_xH_y \tag{9.5}$$

MnO_2 的电容主要来自表面氧化还原反应，因此 MnO_2 的比容量要低于 RuO_2。

除此之外，很多导电聚合物材料，如聚吡咯、聚乙炔、聚 3,4-亚乙基二氧噻吩和聚苯胺等也是广泛研究的赝电容材料。在有机系电解液中，赝电容器工作电压可达 3.0V，并且具有非常高的比电容。同样受限于材料本身的固有缺陷与反应特征，这些材料的循环性通常比较差。

由于赝电容材料和电池材料都是通过氧化还原反应进行储能，因此有时会将其混为一谈，认为只要涉及相关的材料就具有赝电容特性。而事实上，不能以材料来定义是否为赝电容反应。通常，赝电容具有以下电池材料不具有的特征：①在电极材料表面发生氧化还原反应，具有较高的比电容；②电压窗口通常会比较宽，循环伏安曲线近似矩形；③恒流充/放电时，电压呈线性变化；④反应速率比较快，能够提供高功率密度（$>1000W \cdot kg^{-1}$）；⑤有些插入型赝电容材料的反应发生在电极材料的近表面，其循环伏安曲线和锂离子电池材料类似，也存在明显的氧化还原峰，但是赝电容材料的氧化峰和还原峰之间的电压差很小，并不会随着扫描速率的增加而增加。

9.4.3 混合型电容器

根据储能机制的不同，混合型电容器可以分为电池//电容型和电容//电容型

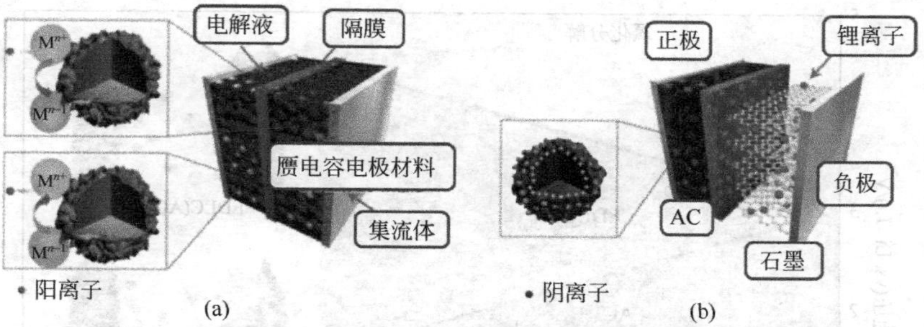

图 9-7　赝电容器结构（a）和锂离子电容器结构（b）

两类。电池//电容型混合器件中的电池电极通常由可插入锂离子的材料组成，如石墨、硬炭、三元材料或磷酸铁锂等。电容//电容型混合器件的两个电极虽然都为电容材料，但其正极与负极具有不一致的电化学窗口，常用的材料为碳纳米管、活性炭或者导电聚合物等。目前，研究领域最广泛的器件是电池//电容型电容器，如基于锂离子系有机电解液的混合型电容器，即锂离子超级电容器（lithium-ions capacitor，LIC），它是该类器件的代表，能量密度可达传统超级电容器的 3 倍以上，已逐步实现商业化生产，下面对其作简要介绍。

图 9-7(b) 为锂离子电容器的一种常见结构，它基于传统的锂离子有机电解液，正极采用活性炭 AC 电极，负极采用石墨电极。在充/放电过程中，电池电极（石墨）发生锂离子嵌入和脱出的法拉第反应；电容电极（活性炭）发生离子吸附/脱附的非法拉第反应。该反应过程如下：

$$\begin{aligned} &AC + PF_6^- \rightleftharpoons AC//PF_6 + e^- \\ &xC + Li^+ + e^- \rightleftharpoons LiC_x \end{aligned} \qquad (9.6)$$

如图 9-8 所示，锂离子电容器负极的工作电位基本上维持在 0.1V（vs. Li^+/Li）左右，正极的工作电位随着充/放电过程呈线性变化，这种正、负极工作电压区间的不对称性使得锂离子超级电容器器件本身具有更加宽的电压窗口。电容器器件的能量和电压的平方呈线性关系［式(9.3)］，因此，提高器件的工作电压区间能够极大地提升器件的能量密度。但是，由于电解液在低电位［<1.5V (vs. Li^+/Li)］会发生分解，锂离子电容器在负极会形成 SEI 膜，这会消耗电解液中的部分锂离子，因此，在实际应用中还需要对负极进行预嵌锂，以进一步提升锂离子电容器的性能。

负极预嵌锂是锂离子电容器一项必不可少的工作，更是锂离子电容器的关键技术。负极预嵌锂可以：①补充负极形成 SEI 时对电解液中锂离子的消耗；②补充锂离子电容器充/放电过程中对电解液中锂离子的消耗；③控制负极在稳定的较低电位，扩宽锂离子电容器的工作电压范围，提高锂离子电容器的能量密

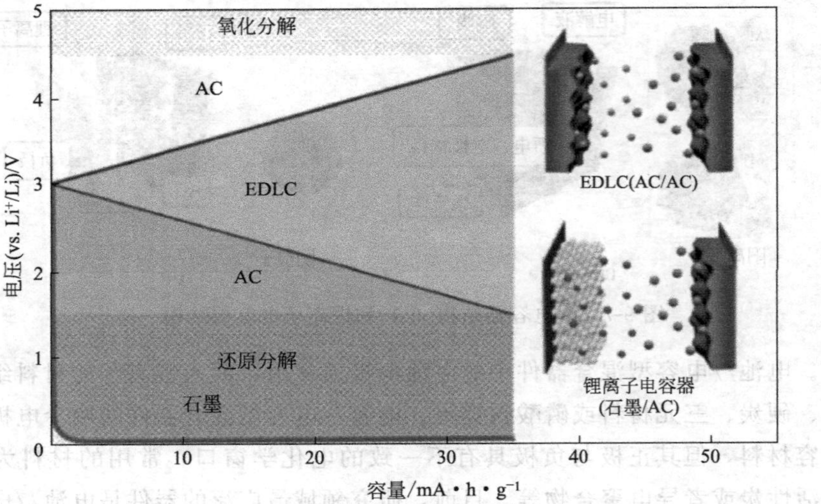

图 9-8　锂离子电容器和双电层电容器正、负极电位变化示意图

度与功率密度。目前，锂离子电容器的预嵌锂方法主要包括内部短路法、外部短路法、电化学嵌锂法和富锂正极嵌锂法等几种。其对比和原理图如表 9-3 和图 9-9 所示。

表 9-3　预嵌锂方式对比

方法	示意图	优点	缺点
电化学嵌锂法	图 9-9(a)	嵌锂量易于控制	操作复杂、成本高
外部短路法	图 9-9(b)	循环稳定	嵌锂时间长
内部短路法	图 9-9(c)	简便、快速、成本低	控制困难
富锂正极嵌锂法	图 9-9(d)	操作简便	能量密度不高

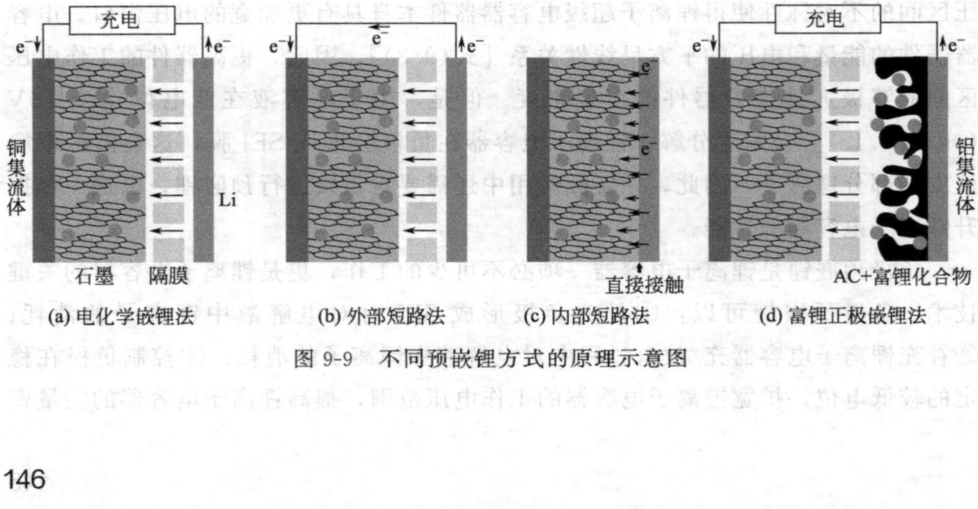

图 9-9　不同预嵌锂方式的原理示意图

电化学预嵌锂通常采用三电极方式进行预嵌锂，如图 9-9(a) 所示，在电容器内部设置金属锂片作为锂源，注液和封口后以负极作为工作电极，通过电化学循环的方式使锂从金属锂电极传输到负极。这种方法易于控制嵌锂量，但是操作复杂、成本高。

如图 9-9(b) 所示，外部短路法是将负极和金属锂电极用多孔隔膜分开，通过外部导线连接锂金属电极和负极。由于两种材料具有不同的电位，锂离子会自发由锂金属电极嵌入负极中。这种方法的不足在于预嵌锂的时间太长，目前主要在实验室使用。

如图 9-9(c) 所示，内部短路法是最常用的一种预嵌锂的方法。它通过预先加入的锂金属在电解液环境下和负极材料发生反应，补充充/放电过程中消耗的锂离子，以此提高循环可逆容量。该种预嵌锂技术最大的优势是预嵌锂时间非常短，加入电解液后十几个小时就可完成预嵌锂过程，可实现批量生产。

典型的富锂正极嵌锂工艺是在正极匀浆的过程中，向其中添加少量高容量、不可逆的正极材料，如图 9-9(d) 所示。在充电的过程中，Li 元素从这些高容量正极材料脱出，嵌入负极中补充首次充/放电的不可逆容量。富锂正极嵌锂工艺最大的优势是工艺简单，但在嵌锂之后，这些嵌锂后的产物没有活性，会影响器件能量密度，降低器件的循环寿命。

由于正、负极活性物质的储能机制不同，正极快速的吸附/脱附反应与负极较慢的嵌入/脱嵌反应的动力学速率不匹配，使得目前锂离子电容器能量密度、功率密度和循环寿命均受正、负极匹配的影响较大。

9.5　超级电容器的应用

超级电容器既可以作为功率型储能器件单独使用，也可以与其它储能器件（如锂离子电池、燃料电池、铅酸蓄电池等）组成混合储能系统，既可以应用于消费类电子产品领域，又可以应用于工业动力节能、电力储能、新能源交通、军工等领域，具有高功率、快充放、长寿命等优势。图 9-10 展示了超级电容器的主要应用领域。

9.5.1　可再生能源领域

超级电容器可应用于风电变桨辅助电源、光伏发电的储能电源等可再生能源领域。风能和太阳能等可再生能源富集的地区一般相对偏僻且分散，需要辅助电源将转化的电能储存起来。但是，风能和太阳能发电受风速和光照影响较大，而风速和光照并不持续稳定，发电的频率和功率也不稳定，无法直接输入电网输

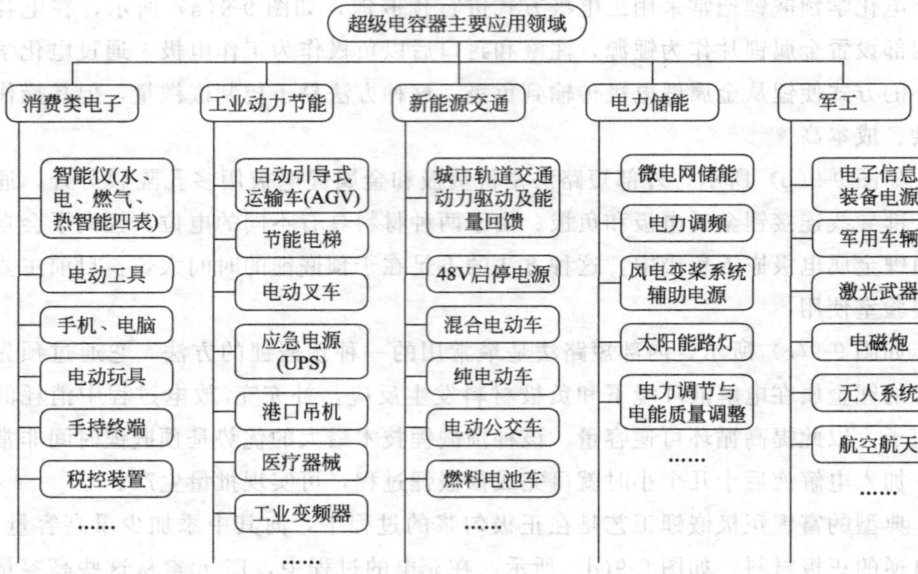

图 9-10　超级电容器主要应用领域

送，因此需要进行频率调整与功率的削峰填谷。超级电容器具有较高的循环寿命和功率密度，可以承受断续的电流输入输出，可提高供电的稳定性和可靠性。

9.5.2 工业领域

在工业领域，超级电容器主要应用于重型机械、不间断电源和微电网储能等方面。

（1）重型机械领域

如图 9-11 所示，在重型机械领域，超级电容器主要应用于油田钻井机、港口吊机和重型矿车等方向。油田钻井机、港口吊机和重型矿车在启动阶段，需要瞬时大功率运转，而超级电容器可提供短时间的大功率、大电流，可与辅助设备共同完成快速启动。同样，对于重型机械工作过程，如吊机吊臂下降过程和重型

(a) 油田钻井机　　(b) 港口吊机　　(c) 重型矿车

图 9-11　超级电容器在重型机械领域的应用

矿车制动时，可利用超级电容器将重力势能和动能转化成的电能存储起来。

（2）不间断电源方面

UPS 被广泛应用于对数据保存要求较高的领域，如通信、医院、网络服务器等，以保证工作主机正常工作，不受电网波动的影响，保护工作主机的硬件安全。相比锂离子电池和铅酸电池构成的 UPS，超级电容器的循环寿命更高，且启动到工作时间耗时短，可保证供电稳定可靠，降低设备的维护成本。

（3）微电网储能方面

作为电网的补充，微电网是由分布式的储能单元构成的可控局部电网系统。在对于电网稳定性和安全性要求较高的区域，可提供稳定可靠的不间断电网供应。微电网分为并网运行和孤岛运行两种模式。通常微电网和电网一起运行，可实现电力调峰，改善电网的电能质量，即并网运行。而在电网出现故障时，微电网转换为孤岛运行模式，取代电网在往常的运行地位，保证用电的稳定、不间断。在这两种模式转换过程中，有一个瞬时大功率需求，微电网储能单元中超级电容器的大功率特性可及时补充这个功率缺额，保证模式平稳转换。另外，并网模式时，用电高低峰时电网中的功率峰值波动可靠微电网中的储能单元来缓冲，避免大成本安装发电机组，满足用电高峰时高功率需求，避免浪费。

9.5.3　轨道交通领域

轨道交通列车具有运输能力强、行驶速度快、空间利用好、费用低廉及舒适安全等优点，近几年来得到了飞速发展，我国的轨道交通技术取得了世界瞩目的成就。如图 9-12 所示，在有轨电车、地铁和内燃机车中，超级电容器都扮演着重要角色。

(a) 储能式有轨电车　(b) 地铁制动能量回收　(c) 内燃机车辅助系统

图 9-12　超级电容器在轨道交通领域的应用

采用超级电容器的有轨电车，可在车站站台停车时半分钟内完成快速充电，一次充电可运行 3～5km；在制动时，超级电容器可实现 85%制动能量的回收。因此超级电容有轨电车极适合于城市短距离多停车的公共交通。目前，我国在广州、深圳、武汉等城市已实现超级电容有轨电车的示范运营。

对于城市地铁，由于站间距离不长，且发车频率高，停车时间短，需要频繁快速地制动与启动。采用超级电容器作为地铁制动能量回收的储能载体，可将制动时的巨大动能转换成电能进行存储，用于地铁快速启动，对于地铁的节能和减排等意义非凡。

就传统内燃机车而言，启动过程需要辅助电源为启动电机供能，电机启动后带动内燃机点火直至内燃机正常运转。在电机启动过程中，辅助电源需要瞬时释放高电流，如果采用传统的铅酸电池和锂离子电池，这种工作环境将带给蓄电池不可逆的损伤，降低使用寿命。而超级电容器储能可承受较高的电流，具有较高的循环寿命，且工作温度范围宽，可以有效克服低温下电池容量下降影响内燃机车启动的问题。采用超级电容器的内燃机车启动快速、可靠，能降低内燃机空载怠速时间，减少燃油消耗。

9.5.4 新能源汽车领域

在环境与能源双重压力下，新能源汽车作为一种重要的绿色交通工具发展迅速。

在混合动力汽车方面，48V 启停系统能实现发动机的启停和制动能量回收[图 9-13(b)]，改装难度小，成本低，有望实现节能 15%～20%，减排 10%～15%，是实现汽车节能减排战略最现实的技术方案之一。美国先进电池联盟（USABC）要求汽车启停系统电源能量密度≥50W·h·kg^{-1}，功率密度≥2kW·kg^{-1}，循环寿命≥75000 次。锂离子电池虽然能量密度高，但是受限于功率密度和循环寿命，很难满足这些要求。兼具高能量密度和高功率密度的锂离子超级电容器被认为是最具潜力能够满足 48V 启停系统的动力电源。

纯电动汽车要求速度快、续航长，目前锂离子电池作为动力电源具有明显的优势。但是纯电动汽车在启动、加速和爬坡瞬间会产生大的放电电流，另外纯电动汽车在刹车、下坡等瞬间也会产生较大的回馈电流，这会对锂离子电池造成很大的冲击，导致电池寿命降低，安全风险提高。锂离子超级电容器作为电动汽车的辅助电源［图 9-13(a)］，用于低温冷启动、快速响应、吸纳/输出大电流，为电机提供强大的电流支持，可提高再生制动回收效率，降低能耗，有效改善电动汽车运动特性，同时可以有效延长电池的使用寿命，提高电动汽车的安全性。

在燃料电池汽车方面［图 9-13(c)］，锂离子电容器能高功率充/放电，适宜与氢燃料电池电源协同工作，取长补短，优势互补，实现大于双电源功率之和的目标，应用于采用异步电动机等电驱动技术的城市客车，前景被看好。

(a) 纯电动汽车　(b) 48V微混汽车　(c) 燃料电池汽车

图 9-13　超级电容器在新能源汽车领域的应用

9.6　总结与展望

超级电容器是一种具有高功率密度和长循环寿命的功率型化学电源，但其能量密度低，限制了进一步的应用。超级电容器的结构组成和锂离子电池类似，同样由电极、电解液和隔膜三部分构成。对于电极材料，目前研究致力于优化活性孔结构与表面物化性能，开发新型碳材料等方面，以增加电极的比电容。对于电解液，业界研究热点为制备高化学稳定电位区间的电解质，以提升超级电容器的工作电压，从而增加能量密度与功率密度。

根据储能机制不同，超级电容器可分为对称型电容器和非对称型电容器。对称型电容器包括双电层电容器和赝电容器，其正、负极均采用相同的电极材料。双电层电容器电极材料以活性炭为主，其它碳材料还有碳纳米管、中孔碳和石墨烯等；赝电容器中过渡金属氧化物 RuO_2 和 MnO_2 应用最为广泛，除此之外还有导电聚合物等。非对称型电容器也叫混合型电容器，正、负极储能机制不同。混合型电容器中，电容型//电池型的锂离子电容器是当前的研究热点，对于锂离子电容器，负极预嵌锂技术是实现电容器高性能的关键。

在可再生能源、工业、轨道交通和新能源汽车等领域，超级电容器扮演着越来越重要的角色。而能量密度低这一关键问题，始终限制着超级电容器的进一步应用，这也激励着研究人员与工业界不断努力，不断进步。

第10章 燃料电池

10.1 引言

国民经济的发展和社会的快速进步，带来能源的需求日益增加。在我国的能源结构中，石油占据了十分重要的地位，但我国缺油少气，能源主要依赖煤炭。但常规化石能源在使用过程中会产生大量的 NO_x、SO_x 和 CO_x，造成了严重的环境污染，极大地影响生态和环境的可持续发展。因此，需要寻找替代能源以应对化石能源枯竭引起的资源与环境问题，满足能源需求，实现可持续发展。燃料电池具有转化效率高、能量密度高、排放少甚至零排放以及燃料多样化等优点，受到了世界各国政府、产业界和学术界的持续关注和大力发展。

燃料电池最早出现在19世纪，英国科学家威廉·罗伯特·格罗夫（William Robert Grove）在1839年以电解水产生的氢气和氧气为原料，开启了燃料电池的研究。从格罗夫发明燃料电池的实验到现在，有关研究已有近180年的历史。1889年英国发明家 Ludwig Mond 和 Charles Langer 在试图创造一种用空气和工业气体发电的实用装置时，首先提出了“燃料电池”这一名称。

20世纪中期至今，燃料电池技术得到了快速发展。20世纪50年代末，英国剑桥大学的培根（Bacon）研制了工作温度为423.15K（150℃）、功率为5kW的氢-氧燃料电池电堆，为燃料电池的实用化奠定了基础。20世纪60年代，通用电气成功利用燃料电池为阿波罗登月等航天活动中的航天器提供电力。

除了用于航天工业，燃料电池在便携式电器、电站发电、交通工具与特种机械等方面应用也越来越广泛。同时，近年来燃料电池在汽车上的应用技术也取得了重大突破，并已进入实际应用、推广与商业化阶段。交通领域也被认为是燃料电池技术最有推广潜力的应用领域。

目前，应用于汽车上的燃料电池技术发展方向逐渐清晰，质子交换膜燃料电池已被确定为最适用于车辆使用的燃料电池类型。在投入大量研究资金的同时，各国政府积极推动产学联合研究，推动各种燃料电池汽车示范性运营计划的实施，如美国加州合作计划、美国 Freedom CAR 计划、日本燃料电池技术研究计划、欧盟 CUTE 项目、日本 JFHC 项目以及联合国/全球环境基金资助的燃料电池客车示范运行项目等，以期早日实现燃料电池技术的商业化。我国在科技部 863 计划、科技支撑与重点研发等项目的持续支持下，已经基本实现了燃料电池材料、组件与零部件、电堆与系统等关键技术的自主化，建成了拥有自主知识产权的车用燃料电池技术平台与较为完整的产业链。

近年来，商用燃料电池汽车也逐渐走向市场，国外汽车公司如丰田、本田、奔驰、现代与国内主要汽车企业如上汽、一汽、长安和东风等，都纷纷推出了以燃料电池为主要动力源的车型，如 Mirai、Clarity、F-Cell EQ Power 和 Tucson ix35 等。燃料电池汽车也已经在北京、上海等城市进行了示范运营。

10.2　工作原理

10.2.1　燃料电池能量转化过程

在传统的发动机即内燃机工作过程中，燃料的化学能经过燃烧转化为热能，然后通过缸内气体膨胀驱动曲柄连杆机构，转化为机械能做功驱动汽车。这个过程受限于卡诺循环，大量的热能未经利用直接排入空气，造成能量利用率低。以氢气的燃烧为例，其燃烧生成水的反应过程如下：

$$2H_2+O_2 \longrightarrow 2H_2O \tag{10.1}$$

这个过程在分子尺度上是 H_2 和 O_2 相互碰撞引起反应，生成水并释放出热量，如图 10-1 所示。在原子尺度上，这个过程可以认为是氢-氢共价键和氧-氧共价键在反应过程中快速断裂形成氢氧键的过程。此时，体系自由能的下降也就是化学键的破坏和重组，通过分子之间电子传递过程实现。生成物水的键能低于反应物氢气和氧气的键能之和，这一能量差就是反应对外释放的能量。

在燃料电池中，反应过程有明显差异。燃料电池内部虽然发生的同样是氢气和氧气之间的氧化还原反应，但区别于上述直接燃烧过程，两种反应物分子并不直接接触，其工作原理如图 10-2 所示。在这个过程中，H_2 和 O_2 的共价键在催化剂的作用下断裂，形成游离的原子，同时氢原子反应生成的电子经外电路流至阴极，与氢离子、氧原子结合，形成水分子。依靠电子的定向流动，能量由高能化学键释放，形成低能化学键，并向外做电功。

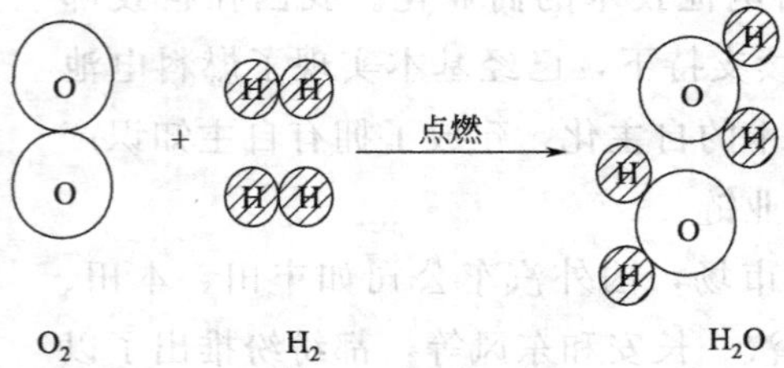

图 10-1 氢气燃烧化学反应示意图

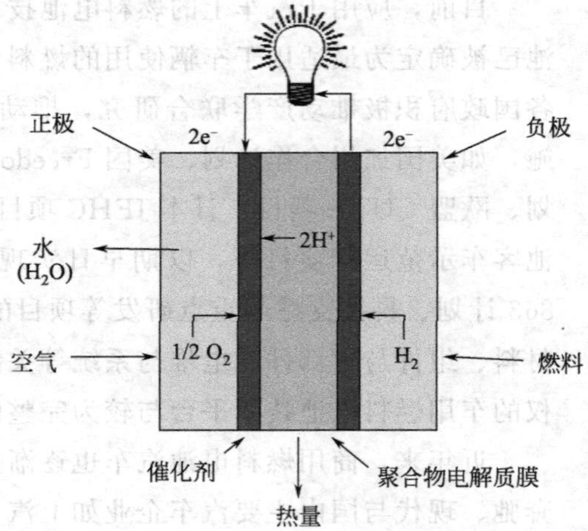

图 10-2 氢-氧燃料电池反应示意图

上述的氢-氧燃料电池反应过程中，氢气在阳极失去电子，发生氧化反应，反应式为：

$$2H_2 \longrightarrow 4H^+ + 4e^- \tag{10.2}$$

氧气在阴极得到电子，发生电催化还原反应，反应式为：

$$O_2 + 4H^+ + 4e^- \longrightarrow 2H_2O \tag{10.3}$$

总的电池反应为：

$$2H_2 + O_2 \longrightarrow 2H_2O \tag{10.4}$$

从反应物、生成物的角度分析，燃烧过程和燃料电池的反应过程一致。两者的主要差异在于电子转移的方式。燃料电池中电子的定向移动产生了电流，而在燃烧反应过程中以热能的形式输出。

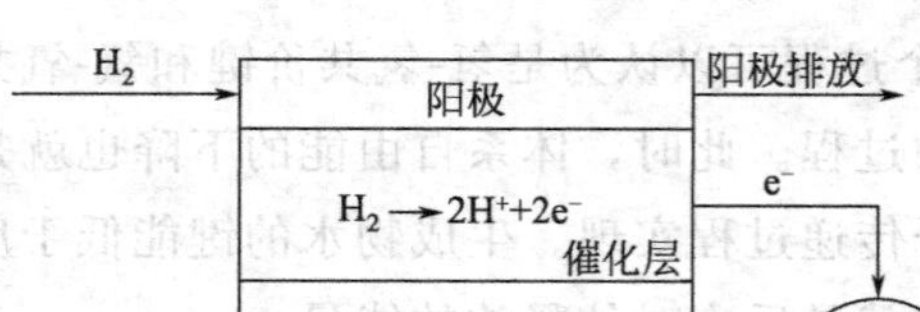

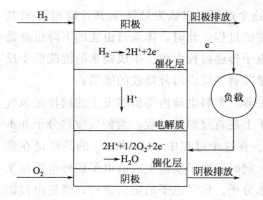

图 10-3 燃料电池基本工作过程示意图

10.2.2 燃料电池工作过程

图 10-3 展示了典型燃料电池的工作过程，为顺利实现持续的电能输出，需要依次完成下列过程：

① 反应物输入。通过双极板和气体扩散层的结合，将燃料和氧化剂连续输送到电堆的阳、阴极催化层。具体而言，对于氢-空气燃料电池，H_2 进入阳极，空气进入阴极。

② 在阳极催化剂的作用下，H_2 解离成氢离子，同时释放出电子。

③ 产生的电子由阳极经外部电路到达阴极，形成持续电流并从外部电路向负载输出电能；氢离子经质子交换膜传输到阴极，并在阴极催化剂的作用下，O_2 在阴极反应，得到电子，与氢离子生成 H_2O。

④ 产物从燃料电池中排出。在氢-空气燃料电池中，生成的水与尾气排出燃料电池。

10.2.3　燃料电池效率和极化曲线

10.2.3.1　燃料电池的反应热力学过程

在燃料电池中，燃料的化学能直接转化成电能，输出的最大功率由体系可容纳的最大功率决定。由热力学可知，在恒压过程中从燃料中可提取的最大热能取决于反应的焓变，燃料中可对外做的最大可逆功，也就是可以输出的电能，取决于反应的吉布斯自由能的变化量。对于反应式（10.4），标准状态下反应物、生成物的热力学数据如表 10-1 所示。

表 10-1　标准状态下氢气燃烧反应相关物质的热力学参数

热力学参数	H_2	O_2	$H_2O(l)$
焓$(H)/kJ \cdot mol^{-1}$	0	0	−285.83
熵$(S)/J \cdot mol^{-1} \cdot K^{-1}$	130.68	205.14	69.91

根据表 10-1 中的热力学参数，可以计算出反应的焓变、熵变以及吉布斯自由能变化，其中，反应的焓变：

$$\begin{aligned}\Delta H_{反应} &= \sum H_{产物} - \sum H_{反应物} \\ &= 1\times(-285.83) - 0 \\ &= -285.83(kJ)\end{aligned} \tag{10.5}$$

反应的熵变：

$$\begin{aligned}\Delta S_{反应} &= \sum S_{产物} - \sum S_{反应物} \\ &= 1\times 69.91 - 1\times 130.68 - \frac{1}{2}\times 205.14 \\ &= -163.34(J \cdot K^{-1})\end{aligned} \tag{10.6}$$

反应的吉布斯自由能变化：

$$\begin{aligned}\Delta G = \Delta H - T\Delta S &= -285.83 - (-163.34\times 298\times 10^{-3}) \\ &= -285.83 - (-48.7) \\ &= -237(kJ)\end{aligned} \tag{10.7}$$

从以上分析可以知道，在25℃的等压条件下，1mol H_2 反应的燃烧热为285.83kJ。在理想条件下，1mol H_2 可以对外做237kJ的功，并向环境散发48.7kJ的热量。

10.2.3.2 燃料电池的效率

热力学研究表明，燃料电池系统理论上在可逆条件下对外做功等于其吉布斯自由能变化（$-\Delta G$）。但是，考虑到实际应用中会产生不可避免的能量损失，电池的实际效率低于其理论效率。

电池效率 ε 可以定义成转换过程的效率，也就是能量转换过程中有用能量和总能量的比，即：

$$\varepsilon = \frac{\text{可用能量}}{\text{总能量}} \tag{10.8}$$

因此，燃料电池的可逆效率可以定义为：

$$\varepsilon_{fc} = \frac{\Delta G}{\Delta H} \tag{10.9}$$

图10-4为燃料电池的效率-温度曲线。可以发现，在反应温度较低时，燃料电池的热力学效率优势很明显，但温度较高时，这种优势就会丧失。可以看出，当反应温度超过1000℃时，内燃机的效率会超过燃料电池。其中的原因在于两者理论效率的控制因素不一样。内燃机效率受控于卡诺循环。在环境温度恒定的前提下，卡诺循环的效率会随着反应温度的升高而升高。而对于燃料电池，其反应过程一个典型的放热反应。在这种情况下，随着反应温度的升高，电池效率会降低。

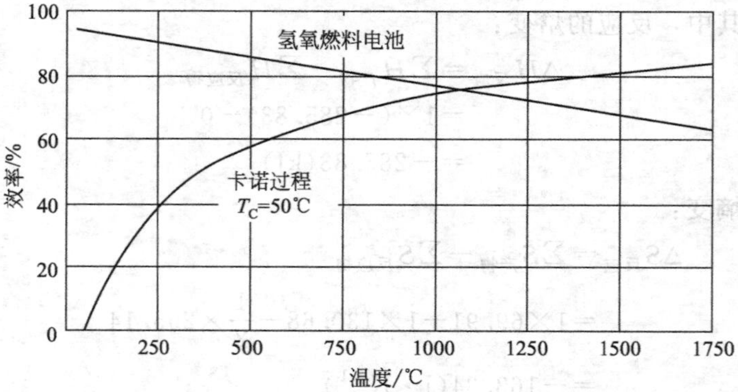

图10-4 燃料电池效率-温度曲线

图10-5为燃料电池发动机与传统内燃机的效率-负荷曲线。可以看出，与传统内燃机相比，在实际应用中燃料电池（PEMFC）的能量转化效率可达内燃机（ICE）的2倍左右。且在车辆的实际使用中，动力系统大多数情况为中低负荷，

燃料电池在中低负荷的条件下更具有明显的效率优势。

表 10-2 分析了燃料电池系统在实际应用过程中各个环节的能量转化效率。在电荷转移的过程中存在一些不可逆损失，因此燃料电池的电化学效率略低于热力学效率。在实际应用过程中，不能严格保证所有燃料均完全反应，即燃料电池效率低于电化学效率，约为 40%～70%。同时，在运行过程中，燃料电池系统需要驱动空压机、冷却风扇等辅助机件，导致实际输出功率小于燃料电池的有效功率，此时的实际功与燃料的燃烧热之比称为燃料电池系统效率，通常为 35%～65%。若辅助以余热回收系统，对余热加以利用，则燃料电池系统的整体效率可以达到 60%～80%。

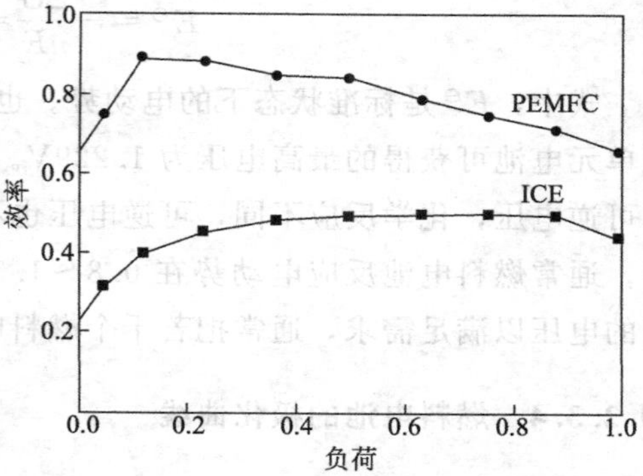

图 10-5　PEMFC 和内燃机的效率-负荷曲线

表 10-2　燃料电池的能量转化效率

效率名称	公式	说明	效率范围
热力学效率（理论效率）	$\eta_n=\frac{E_n}{E_h}\times 100\%$	热力学损失	65%～83%
电化学效率	$\eta_e=\frac{E_{cell}}{E_h}\times 100\%$	电极动力学损失	50%～80%
燃料电池效率	$\eta=\frac{E_{cell}}{E_h}\times U_{fuel}\times 100\%$	热力学损失、电极动力学损失、燃料电池损失	40%～70%
燃料电池系统效率	$\eta_{sys}=\frac{itE_{cell}-W_{loss}}{-\Delta H}\times 100\%$	鼓风机、压缩机冷却风扇、逆变器等系统辅助机件损失	35%～65%
热电联供效率	$\eta_{sys}=\frac{itE_{cell}-W_{loss}+\Delta Q}{-\Delta H}\times 100\%$	以余热回收系统回收余热	60%～80%

10.2.3.3　燃料电池的电动势

由第 4 章的讨论可知，ΔG 和电动势的关系如式（10.10）所示：

$$\Delta G=-nEF \tag{10.10}$$

在氢-氧燃料电池中，标准状态下每生成 1mol 液态水，系统有 -237kJ 的吉布斯自由能变化。因此，氢-氧燃料电池在标准状态下的电动势为：

$$E^{\ominus}=-\frac{\Delta G}{nF}=1.229\text{V} \tag{10.11}$$

式中，$E^{\ominus}$是标准状态下的电动势。也就是说，在标准状态下，氢-氧燃料电池单元电池可获得的最高电压为1.229V。依据燃料电池的化学反应可确定电池的可逆电压，化学反应不同，可逆电压也不同。实际过程中由于存在各种极化作用，通常燃料电池反应电动势在0.8～1.5V之间。在实际应用中，为了得到更高的电压以满足需求，通常把若干个燃料电池单元串联起来以达到需要的电压。

10.2.3.4 燃料电池的极化曲线

在实际工况下，燃料电池的电化学反应通常会发生不可逆反应。以氢-空气燃料电池为例，虽然它的标准电动势是1.229V，但是在80℃左右运行时，电池电动势会明显降低。同时，反应过程中会生成PtO等中间产物，形成混合电位，使得燃料电池的开路电压（open circuit voltage，OCV）通常低于1.0V。

由能斯特方程可知，电池输出的电流和燃料的消耗量成正比（每1mol的燃料提供n mol的电子）。同时，电化学反应中电流的输出必然伴随着极化的发生。通常，燃料电池的极化过程主要可分为阴阳极活化极化、阴阳极浓差极化和电池欧姆内阻导致的欧姆极化等。因此，燃料电池电压可以用下式表示：

$$U=E^{\ominus}-(\eta_{+,\text{活化}}+\eta_{-,\text{活化}})-(\eta_{+,\text{浓差}}+\eta_{-,\text{浓差}})-IR \tag{10.12}$$

当燃料电池电压下降时，单位燃料输出的电功也下降。因此，燃料电池电压可以用来衡量燃料电池的效率。可以将燃料电池极化曲线的电压轴看作一个"效率轴"。这是燃料电池一个极为重要的衡量指标。通常可用如图10-6所示的

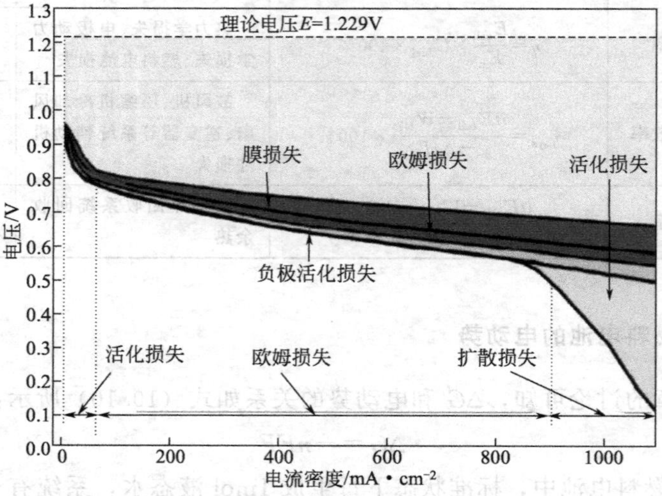

图10-6 燃料电池极化曲线

电流密度-电压图来描述燃料电池对外做功的性能，这种曲线称为“极化曲线”。

通常可以把燃料电池的极化过程分为 3 个阶段。在起始阶段，电池输出电压段快速下降，这个过程称为活化极化。这个过程主要受催化剂和膜电极性能（包括催化剂种类、与电解质的接触状况等）的影响，反映在式（10.12）中的（$\eta_{+,活化}+\eta_{-,活化}$）项。第二阶段的极化现象称为欧姆极化。这是电池内阻导致的电池工作时的电压下降，且随着电流的增加而逐渐增大，可以由式（10.12）中的 IR 项表示。燃料电池的内阻包括质子交换膜的质子传导阻抗以及电池各部件的电阻等。当电流进一步增大，进入第三阶段，称为浓差极化。此时，由于反应物的扩散速率成为过程的速率控制步骤，电池电压急速下降，体现为式（10.12）中的（$\eta_{+,浓差}+\eta_{-,浓差}$）项。

10.3 燃料电池的分类

自从 1839 年发明燃料电池以来，经过多年的科学研究，现已研制出多种不同技术、不同结构的燃料电池。根据其使用电解质的种类，一般可以分为以质子交换膜作电解质的质子交换膜燃料电池（PEMFC）、主要使用液态 KOH 作电解质的碱性燃料电池（AFC）、液态 H_3PO_4 作电解质的磷酸燃料电池（PAFC）、固体氧化物陶瓷作电解质的固体氧化物燃料电池（SOFC）、熔融碳酸盐作电解质的熔融碳酸盐燃料电池（MCFC）等五大类，如表 10-3 所列。

表 10-3 燃料电池分类表

项目	PEMFC	AFC	SOFC	MCFC	PAFC
电解质	质子交换膜	液态 KOH	固体氧化物陶瓷	熔融碳酸盐	液态 H_3PO_4
电荷载体	H^+	OH^-	O^{2-}	CO_3^{2-}	H^+
工作温度	80℃	60～220℃	600～1000℃	650℃	200℃
催化剂	铂	铂	钙钛矿	镍	铂
电池组件	碳基	碳基	陶瓷基	不锈钢基	碳基
主要燃料	H_2,甲醇	H_2	H_2,CH_4,CO	H_2,CH_4	H_2
杂质容限	CO<50$\mu g\cdot g^{-1}$ S为0	CO为0;CO_2为0;S为0	S<10～100$\mu g\cdot g^{-1}$	S<50$\mu g\cdot g^{-1}$	CO<1%～2%;S<50$\mu g\cdot g^{-1}$
优点	较高的功率密度，室温工作,启动快	可在常温常压工作,启动快	燃料可使用天然气或甲烷	燃料可使用天然气或甲烷	对 CO_2 不敏感
缺点	需对反应气加湿,对CO敏感	氧化剂需要是纯氧	较高的工作温度	较高的工作温度	工作温度高,对CO敏感
主要应用	可移动动力源,电动车	特殊地面应用,航天	联合循环发电,区域性供电	区域性供电	区域性供电,特殊需求

前三类燃料电池工作温度低于 220℃，通常称为低温燃料电池，而高温燃料电池主要是指固体氧化物燃料电池和熔融碳酸盐燃料电池，它们的工作温度一般都超过 600℃。

10.3.1 碱性燃料电池

碱性燃料电池［如图 10-7(a) 所示］是最早开发的燃料电池之一。碱性燃料电池与通常的质子交换膜燃料电池的差异是一般使用 KOH 等碱性溶液作为电解质。其阴极、阳极反应分别为：

阴极：$O_2+2H_2O+4e^- \longrightarrow 4OH^-$

阳极：$2H_2+4OH^- \longrightarrow 4H_2O+4e^-$

碱性燃料电池可以在宽温度（80～220℃）和高压力（2.2×10^5～45×10^5 Pa）范围内工作，启动速度快。由于采用碱性电解质，可以使用 Ag 和 Ni 等非贵金属为催化剂，从而降低成本。同时，可以利用电解液进行水管理并作为冷却介质，易于热管理。与酸性燃料电池体系相比，碱性燃料电池的氧还原反应的动力学速率更快，因此实际效率更高（50%～55%）。但 AFC 的电流密度较低，仅为 PEMFC 电流密度的十分之一左右。此外，碱性燃料电池实际使用中最严重的问题是二氧化碳对催化剂的毒化。

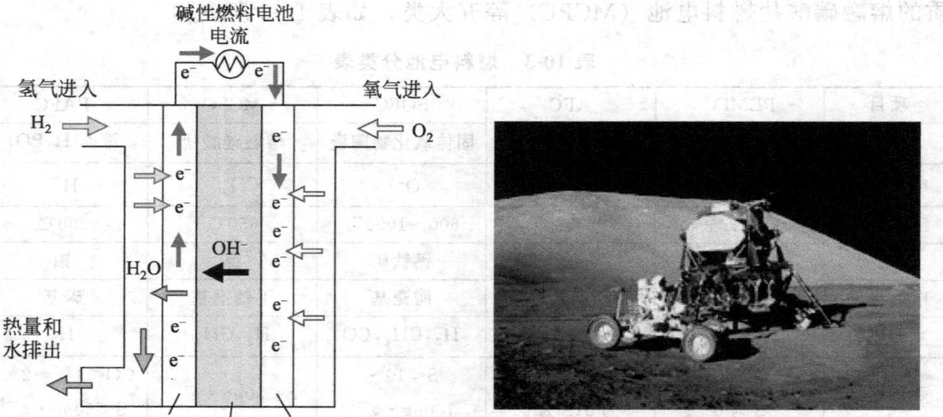

(a) AFC 工作原理图　　(b) 阿波罗登月飞船

图 10-7　AFC 工作原理和应用示例

碱性燃料电池代表性的应用是在 20 世纪 60 年代作为搭载电源，被美国的阿波罗登月飞船采用，如图 10-7(b) 所示，并表现出了较高的可靠性。

10.3.2　磷酸燃料电池

磷酸燃料电池也是较早使用的燃料电池技术［图 10-8(a)］，使用液态磷酸作电解质。由于其工作温度较高（在 200℃左右），虽然其反应过程与质子交换膜燃料电池一样，但在阴极上的反应速率却要快很多，对杂质也具有较强的耐受性。同时，由于不受二氧化碳含量的限制，可用空气作为阴极氧化剂，氢气、甲醇、煤气和天然气作为燃料，具有燃料范围广等优点。采用铂作为催化剂时，其实际能量转化效率可达 40%以上。

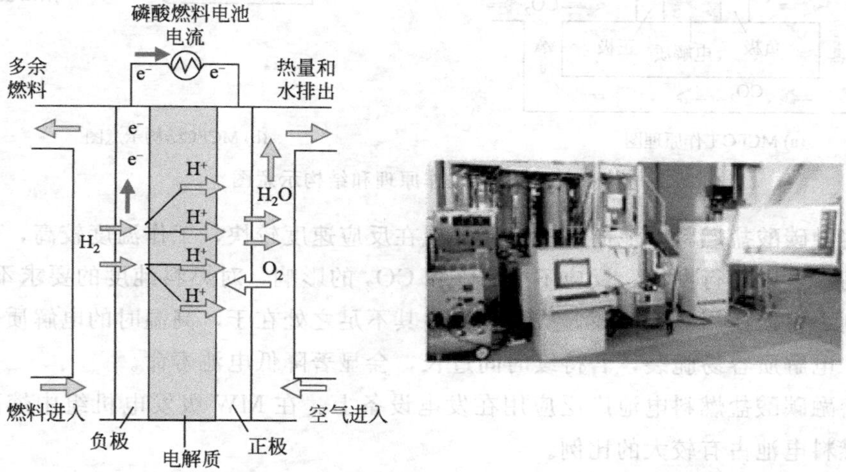

(a) PAFC工作原理图　　(b) 日本PAFC燃料电池发电装置

图 10-8　PAFC 工作原理和应用示例

磷酸燃料电池目前已进入商业化应用和批量化生产，主要用于城市发电［如图 10-8(b)］、供热、供电和供气等方面，在医院、宾馆和工厂等场景也有较多应用。

10.3.3　熔融碳酸盐燃料电池

熔融碳酸盐燃料电池结构如图 10-9(a) 所示。电极反应如下：

阴极：$O_2+2CO_2+4e^- \longrightarrow 2CO_3^{2-}$

阳极：$2H_2+2CO_3^{2-} \longrightarrow 2CO_2+2H_2O+4e^-$

电池工作过程中以 CO_2 为工质进行循环，即阳极产生的 CO_2 再返回到阴极，使得电池工作可以继续进行。实际工作中，为了消除循环气体中多余的 CO 和 H_2，通常燃烧阳极排出的尾气，再除去水分，最后使 CO_2 返回到阴极，形成循环。如图 10-9(b) 所示，隔膜位于电池的中心位置，阴极和阳极在隔膜的两侧，集流板和双极板处于电池的外部。

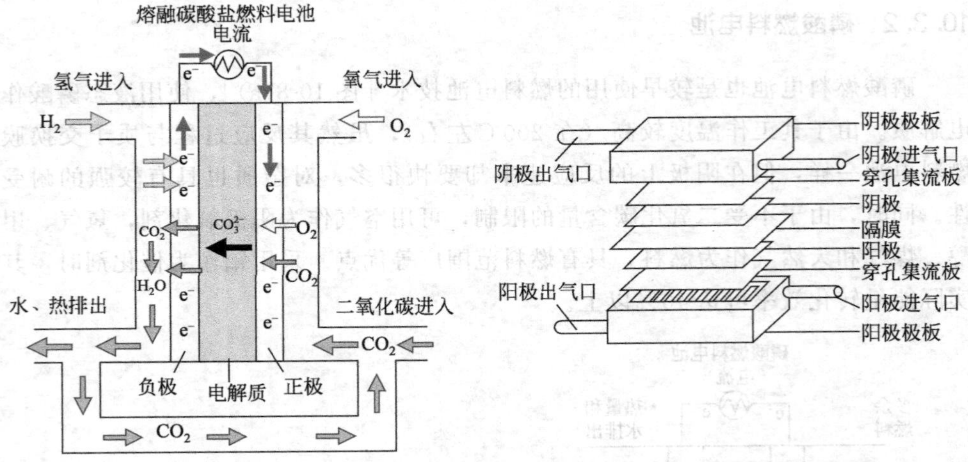

(a) MCFC工作原理图　　(b) MCFC结构示意图

图 10-9　MCFC 工作原理和结构示意图

熔融碳酸盐燃料电池的优良性能表现在反应速度较快，工作温度较高，余热温度高，可以进行利用；反应不受 CO 和 CO_2 的影响，对燃料纯度的要求不高；催化剂也可以使用非贵金属，成本较低。其不足之处在于，高温时的电解质管理困难，电解质容易脆裂，若持续时间过长，会显著降低电池寿命。

熔融碳酸盐燃料电池广泛应用在发电设备上。在 MW 级发电机组中熔融碳盐酸燃料电池占有较大的比例。

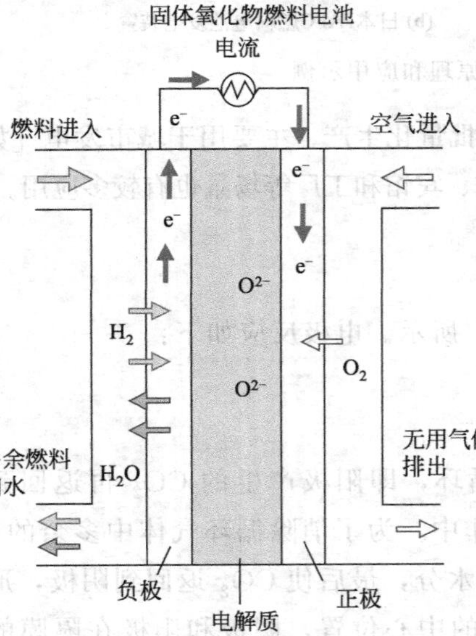

图 10-10　固体氧化物燃料电池原理

10.3.4　固体氧化物燃料电池

固体氧化物燃料电池（图 10-10）是典型的高温燃料电池。其电极反应为：

阳极：$2O^{2-}+2H_2 \longrightarrow 2H_2O+4e^-$

阴极：$O_2+4e^- \longrightarrow 2O^{2-}$

固体氧化物燃料电池具有很多突出的特点，例如能量效率更高，采用全固态结构，并且还可以适应天然气、煤气和混合气体等不同原料。在电流密度和功率密度上比磷酸燃料电池、熔融碳酸盐燃料电池等更高。同时，固体氧化物燃料电池的极化现象较弱，主要由内阻造成，电化学极化可以忽略。由于反应温度高，可以使用非贵金属催化剂。同时，燃料范围广，氢气、甲醇和甲烷等都可用作燃料。另外，反应的余热温度高，便于再次利用。因此固体氧化物燃料电池整体的能量利用率很高，可以达到 80%左右。

10.3.5　质子交换膜燃料电池

质子交换膜燃料电池（PEMFC）是目前燃料电池技术开发的重点和热点，受到广泛的关注。

PEMFC 主要以氢气为原料，空气为氧化剂，工作温度一般在 80℃左右。PEMFC 被认为是电动车、可移动电源和 AIP 潜艇等领域的最佳动力源，其输出功率还可以根据负载的需求而改变，可以极好地应用在汽车工业领域，相关技术研究也得到了快速的发展。它具有很多突出的特点，如能量密度与系统功率密度都较高，可以实现快速的冷启动。同时，采用固态电解质膜可以解决电解质腐蚀的问题。在 1993 年和 1999 年，加拿大 Ballard 公司和日本丰田汽车公司、美国福特汽车公司分别研制出了世界上第一辆燃料电池公共汽车和质子交换膜燃料电池乘用车。

由于质子交换膜燃料电池被认为是燃料电池汽车的主要技术，同时氢气-氧气的反应过程相对简单，下面以 PEMFC 为例，讨论燃料电池的基本组成、结构。

10.4　质子交换膜燃料电池的结构

质子交换膜燃料电池的单电池结构图 10-11 所示，主要由膜电极、双极板以及密封材料组成。由于单电池结构输出电压较低，不能满足实际使用的需要，所以将多个单电池结构通过双极板进行串联，构成的集合体通常称为电堆。

电堆的结构如图 10-12 所示。交替排列的双极板和膜电极之间嵌入密封件，以防止燃料和氧化剂泄漏，确保密封。电堆的两端是前、后端板，通常采用螺杆贯穿式或钢条捆绑式固定。

10.4.1　膜电极

10.4.1.1　结构与组成

图 10-13 为 PEMFC 中膜电极的结构示意图。膜电极是燃料化学能转换成电能的主要区域，是质子交换膜燃料电池的核心部件。膜电极主要由气体扩散层、催化层以及质子交换膜三部分组成。气体扩散层通常由疏松多孔的碳纸制成，保证参与反应的气体尽可能均匀地与催化层接触。催化层由碳基材料上负载金属铂

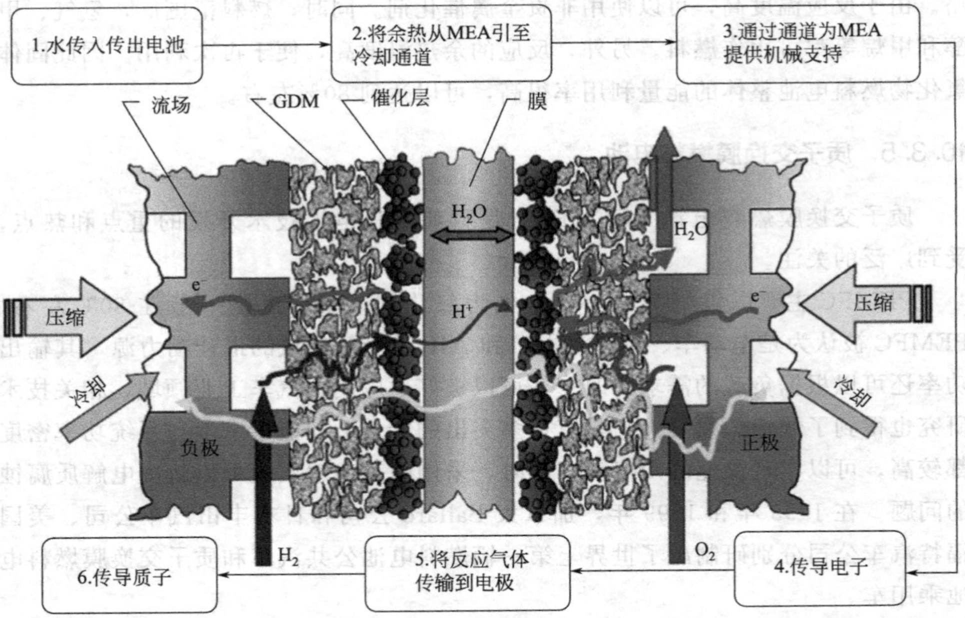

图 10-11 PEMFC 单电池结构示意图

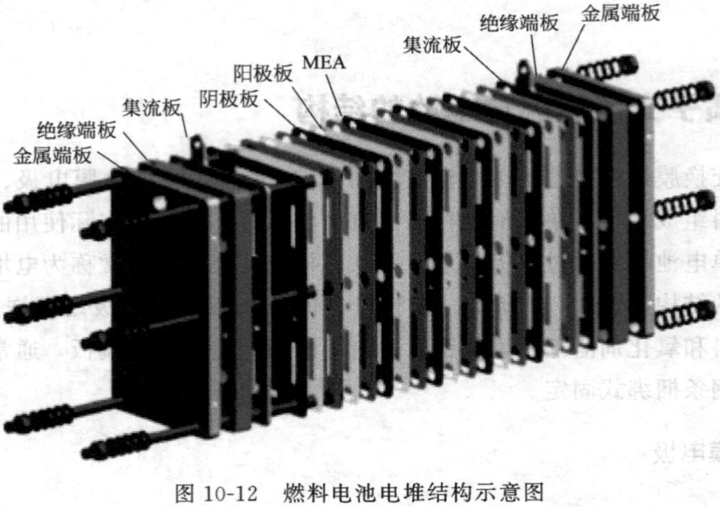

图 10-12 燃料电池电堆结构示意图

颗粒构成，在铂的催化作用下，发生氧化/还原反应。为了降低成本，金属铂颗粒应尽可能以更小的结构单元离散在碳基材料上。质子交换膜是电解质，在充分湿润的条件下将 H^+ 转移至阴极，并隔绝阴极侧的空气扩散入阳极侧。全氟磺酸膜是目前使用最广泛的质子交换膜，具有热稳定性好、电导率高、机械强度高等优点。

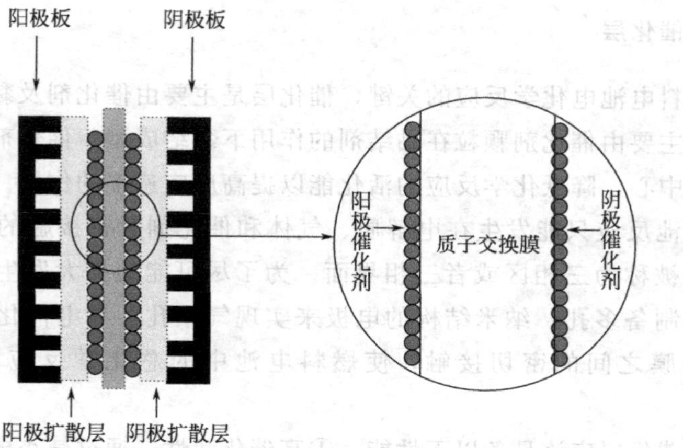

图 10-13 PEMFC中膜电极的结构示意图

燃料电池工作过程中，膜电极内部发生着多相物质传递（包括氧气、氢气、液态水、质子）、电子传输与化学反应，过程较为复杂，高效多相传输能力的膜电极，不仅可以大幅提高PEMFC的性能，也可以减少空压机、增湿器等辅助系统的功耗。此外，膜电极的耐久性和成本也是PEMFC寿命和成本的控制因素。

膜电极的结构设计和制备工艺技术是燃料电池研究的关键技术。高性能的膜电极需具有以下特征：

① 较低的气体传输阻力，保证反应气体快速地穿过扩散层到达催化层，实现气体的高效利用，最大限度地发挥单位面积和单位质量催化剂的反应活性。

② 具有良好的离子通道、较低的离子传输阻力。目前PEMFC最广泛采用的固体电解质为全氟磺酸膜，代表性产品有杜邦公司的Nafion膜。磺酸根固定在离子交换膜树脂上，而不浸入电极内。

③ 具有良好的电子通道。MEA（膜电极）中碳载铂催化剂是电子的良导体，但是Nafion等黏结剂的存在将在一定程度上影响电导率。因此，在满足离子和气体传导的基础上，还要考虑MEA内的电子传导能力，以提高MEA的整体性能。

④ 气体扩散层应该保证良好的机械强度、导热性、合适的孔隙度与适当的疏水性。这一方面保证反应气体能够顺利经过最短的通道到达催化剂，另一方面确保生成的产物水能够润湿膜，同时多余的水可以顺利排出以防止阻塞气体通道。

⑤ 具有高的结构稳定性，能够有效隔绝反应气体，防止气体泄漏形成混合气，同时应具有很好的稳定性，避免发生化学分解、热分解和水解等不良现象。

10.4.1.2 催化层

作为燃料电池电化学反应的关键，催化层是主要由催化剂及黏结剂形成的薄层。催化层主要由催化剂颗粒在黏结剂的作用下黏结成型。催化剂起到提供化学反应的反应中心，降低化学反应的活化能以提高反应速率的作用。

燃料电池反应只能发生在电解质、气体和催化剂紧密接触的区域，因此这些反应场所被称为三相区或者三相界面。为了尽可能地扩大发生反应表面的表面积，需要制备多孔、纳米结构的电极来实现气相孔、导电催化电极和传导离子的电解质膜之间的密切接触，使燃料电池中的总化学反应中心的数量最大化。

理想的催化层应该具备以下性能：①高催化活性，通过减小电极反应产生的过电位，加快电极反应速度，提高效率；②良好的导电性以传输电子，减少因制备成催化层后电阻较大的情况；③相对较大的比表面积，有利于提高膜电极单位面积的电流强度；④良好的稳定性和耐久性，避免出现性能的大幅衰退。提高催化层性能的策略主要有两种：一种是通过提高催化剂的活性和稳定性来改善催化层整体的性能，包括改变载体、引入第二或者第三组分、改善催化剂的制备工艺等；另一种是通过探索新的催化层制备方法和工艺过程，来改善 PEMFC 的性能。如图 10-14 所示，以 Bueckypaper 为基体，在催化层上负载梯度分布的 Pt 纳米颗粒，可以在保证膜电极性能的前提下显著降低催化层贵金属用量。

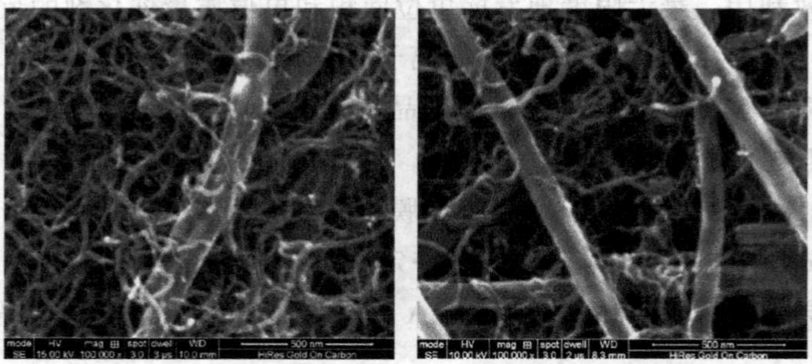

(a) 上层，富Pt层　　(b) 下层，多孔层，CNFs较多

图 10-14　Buckypaper 催化层上下子层平面 SEM 图

催化剂的性能影响电极反应速度的快慢。在质子交换膜燃料电池中，目前大部分使用的为贵金属催化剂，尤其是铂族金属，是主要的催化剂活性成分。铂可直接作为催化剂，也可以与载体结合使用。直接使用铂为催化剂时，纳米铂黑电极是目前研究的重点。然而铂作为贵金属，直接使用成本较高。

为了提高铂的利用率和催化性能，降低成本，通常以碳基材料为载体，制成负载结构的 Pt/C 催化剂。Pt/C 催化剂的性能与成本是燃料电池商业化的一个决定性因素。减少铂的使用量，或者采用非铂催化剂是目前研究的一个热点。如表 10-4 所列，美国能源部提出在 2020 年实现 Pt 载量降到 $0.125g \cdot kW^{-1}$，并且在 0.9V 下达到 $0.44A \cdot mg^{-1}$ 的指标。当前的 Pt 用量一般在 $0.3 \sim 0.8g \cdot kW^{-1}$ 左右，与目标还存在很大距离。开发活性高、稳定性好、价格低廉且容易放大制备的催化剂，对降低燃料电池的成本意义重大。

表 10-4 美国能源部（DOE）关于电催化剂的 2020 年性能指标

指标	单位	性能指标
铂族金属总含量(阴阳极)	$g \cdot kW^{-1}$(额定功率)@150kPa(绝对压力)	0.125
铂族金属总载量(阴阳极)	$mg \cdot cm^{-2}$	0.125
质量比活性	$A \cdot mg^{-1}$@0.9V	0.44
初始催化活性损失	%(质量活性损失)	<40
性能损失@$0.8A \cdot cm^{-2}$	mV	<30
电催化剂载体稳定性	%(质量活性损失)	<40
性能损失@$1.5A \cdot cm^{-2}$	mV	<30
无铂族金属催化活性	$A \cdot cm^{-2}$@0.9V	≥0.044

10.4.1.3 质子交换膜

质子交换膜作为一种固体电解质，不仅能够有效将质子从阳极转移到阴极，同时还可以将反应气体进行隔离。工作时，氢离子在质子交换膜中的转移，与电子在外电路的转移一起形成回路，对外提供电流做功。质子交换膜的损坏破裂会直接导致阴、阳极短路，与锂离子的隔膜穿孔一样，无法对外做功，并发生严重的安全事故。

全氟磺酸质子交换膜是目前应用的主流，著名的产品包括杜邦公司的 Nafion 膜、美国 Dow 化学公司的 Dow 膜、日本 Asahi Chemical 公司的 Aciplex 膜和 Asahi Glass 公司的 Flemion 膜等。Nafion 膜的质子传导效率很高，同时具有很好的化学稳定性，因此成为应用最广的质子交换膜。但它也有一些不足之处：①制作全氟物质的制备过程较为复杂。在成膜过程中还伴随水解、磺化等副反应，导致聚合物发生变性、降解等不利过程，提高了成膜难度。②Nafion 系列膜适宜运行温度在 70～90℃之间，而电池动态工况运行温度变化很大，这会导致膜失去水分，减弱传导质子能力。③Nafion 的结构特征决定了它难以抵制甲醇等碳氢化合物的渗透，无法用于直接甲醇燃料电池中。

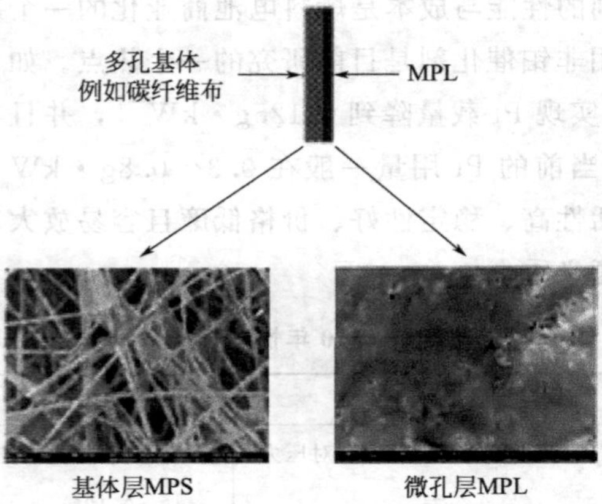

图 10-15 气体扩散层结构

10.4.1.4 气体扩散层

气体扩散层（gas diffusion layer，GDL）在燃料电池中的作用主要是物理支撑催化层，使气体均匀地分布到催化层表面，将产物水排出的同时起到收集电流的作用。GDL 的基本结构图 10-15 所示，主要由基体层和微孔层组成。微孔层由碳材料和疏水黏结剂制备而成，附着在基体层表面。基体层采用的材料通常为碳基材料，包括碳纸、碳布等，使用前需要进行疏水处理，其主要作用包括：

① 为反应气体到达催化层提供路径；

② 对 MEA 内部进行水管理；

③ 为电子传导提供回路；

④ 传导反应热量；

⑤ 对催化层提供机械支撑。

高性能的气体扩散层材料可以改善电极的综合性能，须满足以下要求：

① 均匀的多孔结构，透气性能好；

② 电阻率低，电子传导能力强；

③ 结构紧凑致密，表面平滑，接触电阻小，导电性能好；

④ 机械强度良好，刚柔适宜，电极制作难度较低，电极结构可以长时间保持稳定；

⑤ 适当的水分平衡能力，避免水分太多而堵塞孔隙，使气体无法透过；

⑥ 稳定性好，避免热分解或化学分解；

⑦ 制造成本低，性价比较高。

10.4.2 双极板

双极板又称为集流板，主要功能是提供气体流道并控制气体流量及分布，支撑膜电极并在串联的阴阳两极之间建立电流通路。如图 10-16 所示，双极板可分为极板和流场两部分，其性能在很大程度上决定了燃料电池电堆体积功率密度和质量功率密度。在保持一定的机械强度、导电和导热性以及良好阻气作用的前提下，双极板厚度应尽可能地轻与薄，以提升电堆和系统的功率密度。

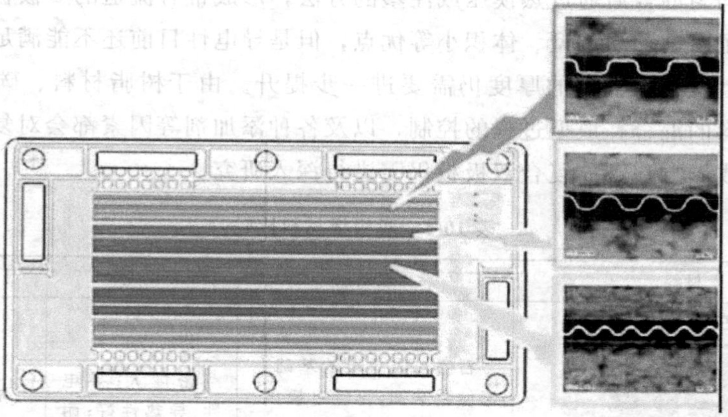

图 10-16　PEMFC 双极板

根据制作材料不同，双极板一般可分为石墨双极板、金属双极板以及复合双极板。表 10-5 对比了三种材料制作的双极板的加工工艺及性能差异。

（1）石墨双极板

石墨双极板的碳基材料包括石墨、模压碳材料及膨胀（柔性）石墨等。传统的石墨板是在石墨粉或焦炭的基础上添加黏结剂，再经过模压、炭化、石墨化等过程形成碳板，最后通过机械加工得到气体流道。为了提高石墨板的气密性，通常还需经历真空浸渍的方法，用树脂填充极板中的孔隙。石墨双极板具有密度大、导电导热性好、耐蚀性良好、与碳纤维扩散层之间接触电阻低等优点。但为了保证抗弯强度和气密性，极板厚度通常比较厚，且浸渍工艺会影响石墨板的导电性。由于碳基材料质脆，机加工精细结构的流道难度较大。石墨化过程的加热温度通常需要达到 2800℃，这会导致石墨双极板加工成本高，且很难满足提升燃料电池体积功率密度的目标，目前逐渐被金属板和复合板替代。

（2）金属双极板

金属双极板的应用材料通常有铝、镍、钛及不锈钢等金属材料。金属双极板具有较好的导电性、气密性以及结构强度，可加工性能好，能够通过冲压工艺制成较薄并带有流场结构的双极板，成品厚度可以达到 1mm 以下，可显著地减小燃料电池的体积。但是双极板在 PEMFC 中的工作环境为酸性环境（pH＝2～3），金属基材较易发生化学反应，影响双极板的性能，同时析出的金属离子会渗透入膜电极中，影响电池的寿命。提高金属双极板表面的化学稳定性就成了目前金属双极板的重要研究方向，目前验证的可行策略主要有镀层和使用高抗蚀性合金板。

（3）复合双极板

复合双极板是由高分子聚合物与导电石墨碳材料，如石墨烯、碳纳米管、炭黑等，经均匀混合后通过热模压或注塑的方法，形成带有流道的双极板。复合双极板具有耐腐蚀、易成型、体积小等优点，但是导电性目前还不能满足燃料电池的需要，且复合双极板的厚度仍需要进一步提升。由于树脂材料、碳材料的选择，原材料的混合，成型过程的控制，以及各种添加剂等因素都会对复合双极板的性能造成影响，因此复合双极板仍需进行深入研究。

表 10-5　双极板材料比较

材料	一般制法	优点	缺点
石墨双极板 	石墨粉或焦炭的基础上添加黏结剂，再经过模压、炭化、石墨化等过程形成碳板，最后通过机加工得到气体流道	密度大；导电性、导热性好；耐腐蚀；与 GDL 接触电阻低	加工工序复杂，成本高；厚度较大
金属双极板 	铝、镍、钛或不锈钢板材冲压，加工镀层	导电性、导热性好；抗弯强度高；气密性好；成型难度低	酸性环境下易腐蚀；使用寿命偏低
复合双极板 	由高分子聚合物与导电石墨碳材料均匀混合，通过热模压或注塑的方法成型	耐腐蚀，成型难度低；制作速度快；密度低	导电性、导热性尚不能满足要求

双极板表面有数十乃至数百个精细流道（或者“沟槽”），使气流均匀分布于膜电极的整个表面。流道的排布、尺寸和截面形状都对燃料电池的性能有显著影响。选择合适的流道设计对 PEMFC 尤其关键，若流道设计不合理，会导致气体不能充分反应，严重的时候会造成排水不畅，堵塞流道。因此，在 PEMFC 中，流道设计的一个焦点在于阴极一侧的排水能力。不合理的流道设计会使得反应区域液态水累积，导致气体通道阻塞，单电池的输出电流减小。这些阻塞的区域不仅使性能下降，也会导致燃料电池的不可逆破坏，这是因为在气体匮乏的区域电池极化可能发生局部“反极”，严重影响电池的寿命。尽管目前研发出的流

道形状多种多样，但其中大多数都属于图 10-17 所示的 3 种基本形状类型：平行流场、蛇形流场和叉指形流场。

图 10-17 基本流场形状类型

10.4.3 端板和密封件

（1）端板

端板位于电堆的前、后端，主要用于固定电堆。它对电堆的性能尤其是耐久性有重要影响，同时也对成本有一定影响。一般来说，端板的装配压力、装配压力分布、重量与体积是衡量端板的重要指标。

① 装配压力。当装配压力不足时，气体扩散层压缩程度不够，造成电堆内部接触电阻较大，不利于电堆高效工作，甚至还会造成电堆密封不良的后果；当装配压力过大时，气体扩散层压缩过度，会阻塞流场而影响传质，同时也可能破坏膜电极结构。

② 装配压力分布。若端板结构不理想，会出现电堆装配压力分布不均匀的问题，这会造成气体分配不合理、反应产生的水热管理困难、电堆温度分布不理想，从而影响电堆的运行寿命。

③ 重量与体积。端板重量与体积直接影响电堆和燃料电池系统的功率密度。

（2）密封件

电堆由若干个单体电池串联在一起，在各层之间相互重叠构成。譬如对于燃料电池汽车用电堆，可能由 400 多片单体电池组成。如图 10-18 所示，在单体电池串联连接成堆时，必须做好各组件间的密封防漏工作，否则会出现氢气、氧气泄漏，降低氢气和氧气的使用率，影响燃料电池的效率，严重时会导致电池无法工作。

一般来说，密封件需要满足下列要求：

① 绝缘性好。燃料电池堆是由多个单体电池组成的，如引起短路，后果不

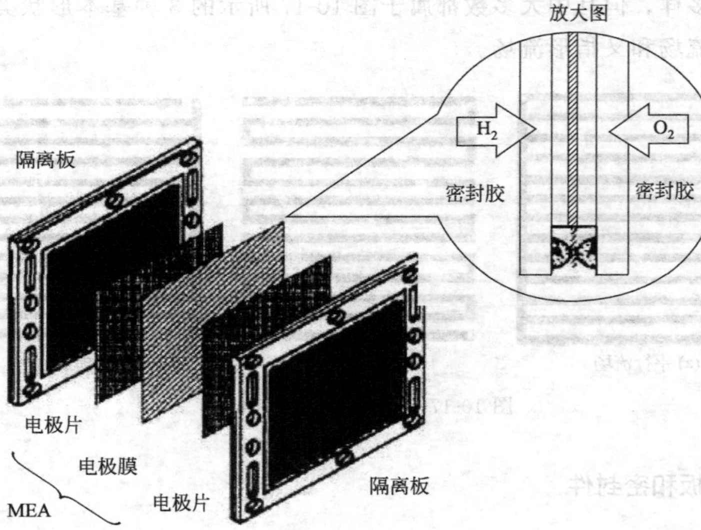

图 10-18 燃料电池的密封

堪设想。

② 气体阻隔性好。要保证反应气体，如氧气和氢气的密封性，不能泄漏。

③ 材料要能吸收冲击和振动。电池工作时的颠簸不可避免，需要密封件来吸收冲击和振动的能量。

④ 有良好的耐酸性、耐高温性能。

目前燃料电池密封方式主要分为预制成形（密封垫片）密封与整体橡胶边框密封两类。

① 预制成形（密封垫片）密封。这种密封方式为质子交换膜延伸出来并通过黏结剂与边框粘接，形成带有加强边框的 MEA。密封垫片安装在双极板上，通过双极板挤压边框形成接触密封。两侧面对称挤压，形成对称的载荷，否则边框容易产生变形，进而影响气密性和发电效率。为了避免上述问题，可以将其中一面密封垫片设计成平面，另一侧密封垫片设计为凸面，从而防止装配滑移。

② 整体橡胶边框密封。这种方式一般采用硫化橡胶等边框材料，同时实现边框与密封两种功能。这种做法可有效提高生产效率，降低成本，同时省去装配黏合塑料边框的步骤。此外，通过边框精确的硫化成型，可以与上下两块双极板配合，形成良好的密封。

10.5 质子交换膜燃料电池系统

不像锂离子电池、铅酸电池和超级电容器等能量储存装置，燃料电池作为典型的能量转化装置，在对外做功的时候，不仅需要电堆进行电化学反应，还需要对反应气体、产物进行运输与传质。同时，由于燃料电池反应通常效率在 50%以下，还需要对电堆进行复杂的热管理与控制，因此，燃料电池系统的设计极为复杂。

如图 10-19 所示，燃料电池电堆与氧化剂供给系统、燃料供给系统和水热管理系统在控制系统的管理下协同运行，组成燃料电池系统。同时，为了电堆的正常工作，还需要加上水热管理、反应物传输和控制单元等相关零部件。

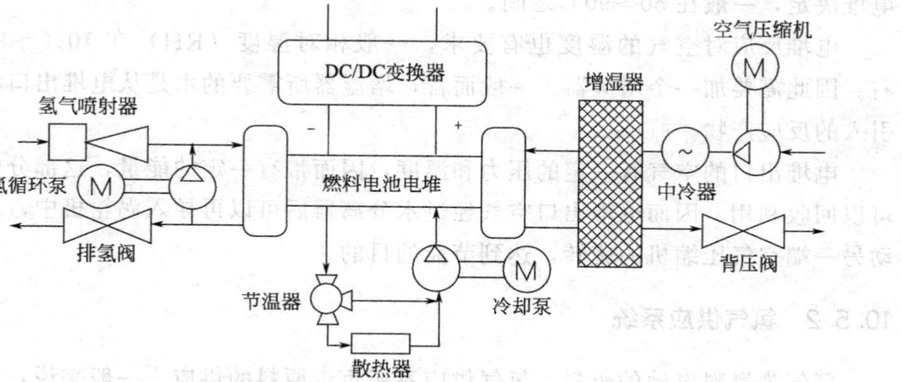

图 10-19 典型的质子交换膜燃料电池系统

10.5.1 空气供应系统

如图 10-20 所示，空气供应系统通常包含空气过滤器、空气压缩机、空气中冷器、增湿器和气路阀件等零部件。

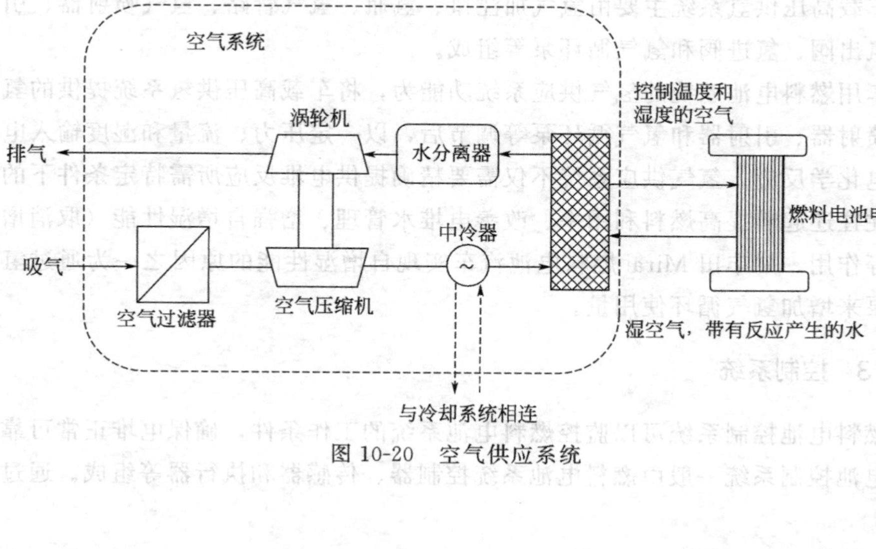

图 10-20 空气供应系统

电堆工作时，外界环境的空气通过过滤器的过滤，去除环境中的颗粒，如NO_x、硫化物等可能导致催化剂中毒的成分，并在压缩机和中冷器的协同工作下达到电堆工作需求的气体压力与温度，同时在必要时经过增湿器增湿后进入电堆阴极侧参与反应。另外，空气路阀件主要用于空气路流量分配与压力调节。吸入空气的量由燃料电池所需要输出的电功率决定，可通过调节空压机的电机转速控制吸入量。

经过压缩后的空气一般温度都会比较高，需要经过中冷器冷却，冷却温度由电堆决定，一般在50～90℃之间。

电堆反应对空气的湿度也有要求，一般相对湿度（RH）在70%～90%左右。因此需要加一个增湿器。一般而言，增湿器所需要的水是从电堆出口的空气引入的反应产物。

电堆出口的空气有一定的压力和温度，因而带有一定的能量，这部分能量也可以回收利用。因而电堆出口空气经过水分离器后可以再导入涡轮机中，用以推动另一端空气压缩机的旋转，达到节能的目的。

10.5.2 氢气供应系统

氢气为燃料电池的燃料，氢气供应系统负责原料的供应。一般来说，氢气供应系统可以分为两部分：一部分为车载高压供氢系统，一般由气瓶供应商或者供氢系统供应商提供；另一部分为低压供氢部分，一般集成在燃料电池发动机上。

低压供氢部分一般包括氢气喷射器和排氢阀等零部件。由车载高压供氢系统供给的氢气通过喷射器调节后以一定压力和流量进入电堆阳极侧参与反应，并在必要时开启排氢阀，排出阳极侧积累的氢气和液态水。

车载高压供氢系统主要由氢气加注口、氢瓶、氢气管路、氢气喷射器、引射器、氢出阀、氢进阀和氢气循环泵等组成。

车用燃料电池系统的氢气供应系统功能为，将车载高压供氢系统提供的氢气通过喷射器、引射器和氢气循环泵等调节后，以一定压力、流量和湿度输入电堆参与电化学反应。氢气供应系统不仅需要精确提供电堆反应所需特定条件下的氢气，往往还起着提高燃料利用率、改善电堆水管理、增强自增湿性能（取消增湿器）等作用。如丰田 Mirai 燃料电池汽车实现自增湿性能的原因之一为通过氢气循环泵来增加氢气循环使用量。

10.5.3 控制系统

燃料电池控制系统可以监控燃料电池系统的工作条件，确保电堆正常可靠运行。电池控制系统一般由燃料电池系统控制器、传感器和执行器等组成。通过电流、电压、温度和压力等传感器的实时测量，系统控制器根据当前系统状态按一定的控制策略控制各执行器动作，以实现对燃料电池系统请求的响应。

图 10-21 为燃料电池控制系统结构，包括空压机及其控制箱、电压检测器和燃料电池系统控制模块等。其中，空压机控制箱和燃料电池系统控制模块之间有双向的数据信号交流传输通道，控制模块向空压机控制箱发出指令，空压机控制箱在作出反应后，将反馈信息（如空压机转速）输送给燃料电池系统控制模块，形成闭环结构。在收到各部件的信号之后，燃料电池系统控制模块根据目前的状态对控制参数进行调整，通过 CAN 总线与管理系统建立信号交流，优化电池系统的性能。电池电压作为重要的运行参数，需要采用电池电压监测器监控，使得出现电压过低情况时，燃料电池系统控制模块可以及时收到警示信息，并给出相应指令。

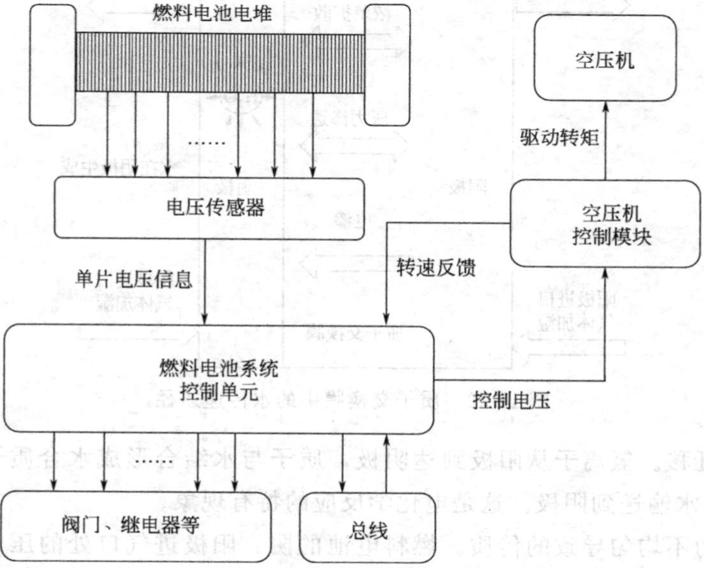

图 10-21 燃料电池控制系统结构图

10.5.4 水热管理系统

燃料电池的水热管理系统一般包括冷却泵、节温器和散热器等。它的主要作用是在冷却液循环的条件下，将电堆反应生成的热量排出系统外，以维持燃料电池电堆合适的反应温度。

在质子交换膜水含量适宜的情况下，燃料电池才能表现出良好的性能，当空气中的水分很低时，特别是对于大功率电堆，需要给膜提供大量增湿水，这种情况下通常需要配置增湿系统，主要包括空气增湿器和氢气增湿器。

燃料电池运行过程中，电池性能受到包括电催化剂活性、电极内传质、电极导电性和质子交换膜的电导率等几方面的影响。而实际动态工况运行过程中，水热管理问题对电池影响极为明显，处理不当会导致电池性能显著下降。

燃料电池反应不仅会产生水蒸气，还有液态水存在。不仅如此，水还是质子在质子交换膜内进行传递的必要条件，因此良好的水管理非常必要。膜在传递质子时，质子须以液态水为载体，与水结合之后形成水合氢离子，才能完成传递过程。若膜没有足够的水分，导致不够湿润，会造成脱水、变皱和破裂等问题，对质子的传递过程非常不利，电流密度会急剧降低；含量过高则会淹没电极、堵塞催化层内传质通道。

电池运行时，膜中的水主要可以以如图 10-22 所示的三种方式传递。

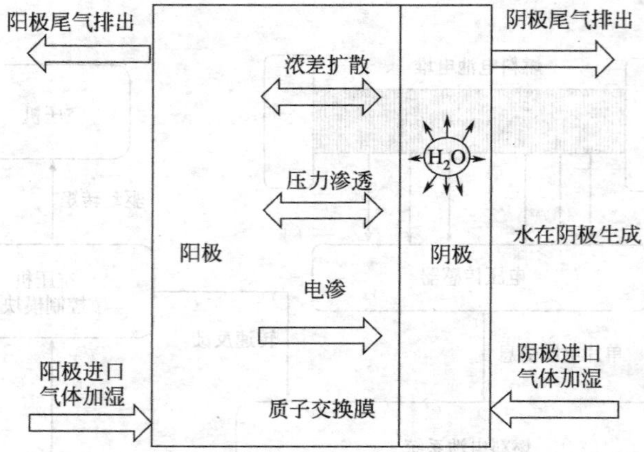

图 10-22　质子交换膜中的水传递途径

① 电迁移。氢离子从阳极到达阴极，质子与水结合形成水合质子，在电场的作用下将水输送到阴极。这是电化学反应的特有现象。

② 压力不均匀导致的传质。燃料电池的阴、阳极进气口处的压力不同，使得阴、阳极反应气体传输速度也不同，在膜的两侧存在压力差。受到压力梯度的影响，水会从膜的一侧移动到另一侧。

③ 浓度差导致的传质。燃料电池电堆在反应发生时，反应产生的水以及以电迁移形式转移的水都向电堆的阴极侧移动，导致阴极侧含水量较高。在这种情况下，由于浓度差的存在，水会从阴极侧向阳极侧扩散。

可以看出，只有上述三个过程的传质达到平衡，水在膜中才能达到运动平衡，也就是说，水向电极两侧扩散时具有相同的速率，水在膜上的通量等于零。一旦水的管理不善，水在膜中的运动就会失去平衡，电池也会无法正常运行。更值得注意的是，如果含水量过高，会造成电极水淹，轻者会影响电池的性能，重者可能导致电池故障，由此可见，控制质子交换膜的含水量，对于燃料电池的性能极其重要，因此要保持良好的水平衡。

10.6　燃料电池的应用

燃料电池是一种新的发电方式，使得能源得到更加高效的利用，同时在发电过程中可以显著减少废弃污染物的排放。由于这些突出的优点，燃料电池在能源革命中占据了举足轻重的地位。

燃料电池的另一个突出特点是它的输出功率等级可以随着整体尺寸的增加而增大，这也意味着可以通过改变系统尺寸获得不同功率等级的燃料电池，因而大大扩展了燃料电池的应用范围。

燃料电池主要的应用领域包括便携式电源、固定式电源、交通运输三个方面。图 10-23 为燃料电池的不同应用领域，可以看到从 10W 到 10^7W 的功率范围内，燃料电池可以应用到从个人使用的充电宝到大型电站，且根据实际应用场合的不同，所使用的燃料电池的类型也会有所不同。

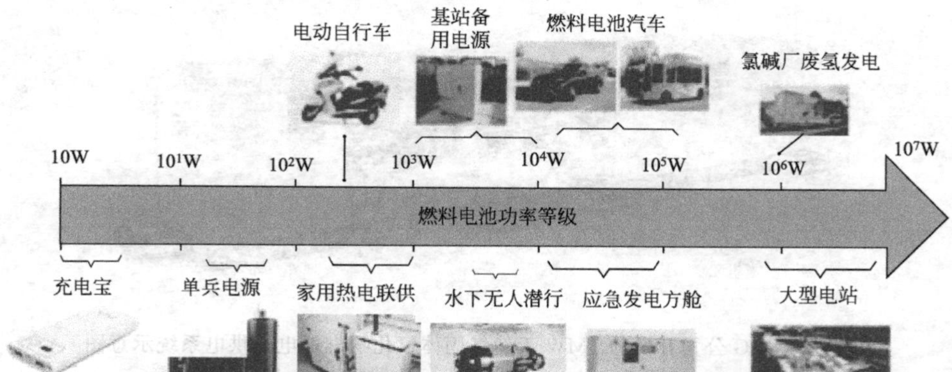

图 10-23　不同功率的燃料电池应用领域

10.6.1　便携式电源

便携式电源属于移动电源的一个分类，一般指体积小、方便随身携带的移动电源。随着各种移动设备逐渐得到应用，便携式电源的市场增长极快，众多电源技术纷纷在这一领域得到运用。便携式电源使用对象通常为个人，要求重量很轻、体积小巧而且能量密度高，可减少携带的负担。燃料电池非常符合这些要求，其能量密度可以达到传统锂离子电池的 2～5 倍，加注燃料所需时间远小于充电时长，并可根据实际需要调整燃料储存容量。

鉴于便携式电源要求结构轻便，且工作温度不宜过高，PEMFC 成为理想的电源类型。尽管 AFC 也可以实现常温下工作，但对氧化剂的要求较高，增加了燃料携带的负担，作为便携式电源使用受限。现在，PEMFC 已经应用于移动充电装置、单兵电源等方面。

10.6.2 固定式电源

燃料电池的固定式应用主要包括分布式供电、固定式发电、热（冷）电联供等领域。凭借着燃料来源广、污染小、能量转化效率高、不需要贵金属催化剂等优点，固体氧化物燃料电池在固定式电源领域得到了广泛关注。

大中型固定式发电装置，目前代表性的有芬兰的 Convion 公司开发的 58kW 固体氧化物燃料电池发电系统，其发电效率为 53%，总的能量效率达到了 85%；BloomEnergy 公司与韩国韩东南电力公司（KOEN）在韩国京畿道城南市盆唐区的盆唐发电厂完成了 8350kW 机组燃料电池发电系统；LG Fuel Cell Systems 开发了 200kW 增压式固体氧化物燃料电池发电系统，如图 10-24 所示，发电效率为 57%，目前正在开展 1MW 商业化发电系统的研制。

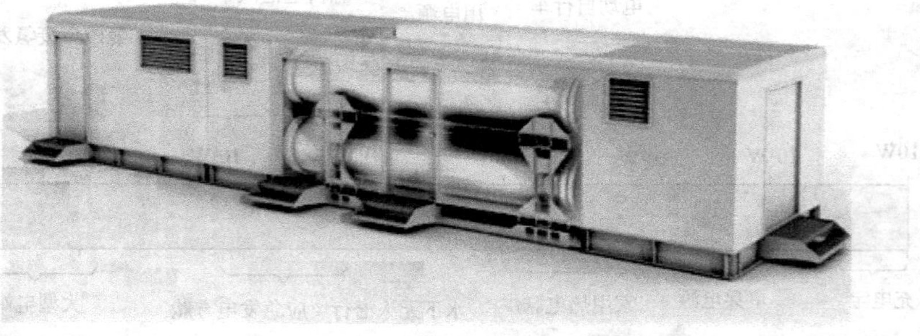

图 10-24 LG 公司开发的 1MW 天然气固体氧化物燃料电池供电系统示意图

当固体氧化物燃料电池应用于微型热电联供系统时，其优势主要体现在以下方面：①通过热电联供系统，可以同时实现对建筑的供暖和供电，能量利用率可以达到 90%以上，具有显著的能效优势；②通过模块串联，可方便地调节机组容量，且所用燃料可以依托于现有的燃气管道网络，比普通的热电联合系统表现出更优秀的适用性；③环境友好，燃料电池工作过程中产生的有害污染物极少。因此燃料电池应用于民用建筑，能够系统性地提高民用建筑的节能减排效果。目前，一套 1～5kW 家用微型热电联供系统的体积与一个冰箱相仿，可安装于室外或地下室。

然而，目前固体氧化物燃料电池的发展和推广仍然面临着一些问题需要解决。一是工作温度较高，目前一般在 500～1000℃；二是耐久性和成本问题。若能够在更低的温度下可靠运行，就能够使用更便宜的材料，并能够改善其耐久性。

10.6.3 交通运输

目前全球17%的温室气体是交通动力使用的化石燃料产生的，造成了严重的大气污染问题。为了从根源上解决空气污染的问题，开发清洁能源技术、更新交通动力系统成为研究者密切关注的课题。

在交通运输方面，燃料电池可以应用于AGV、汽车、无人机和铁路机车等方面。日本富士经济曾经对全世界范围内燃料电池的市场前景进行评价，预计到2025年全世界燃料电池的整体产值将达到人民币3400亿元。其中，汽车行业占市场规模有望达到人民币1900亿元，占燃料电池市场超过一半，具有极大的增长潜力。

PEMFC以H_2为燃料，无污染物排放，具有替代传统内燃机的潜力。作为一种新型车用能源系统，PEMFC具有以下优点：①能够兼顾输出功率和燃料补充速度，驾驶体验与传统燃油汽车接近；②生成产物只有水，可有效缓解环境污染问题；③热效率显著高于内燃机，能耗更低；④运行过程中几乎没有振动和噪声，有利于提升驾驶体验。

很多国家都在尝试将燃料电池引入交通动力中，并作出了积极的努力。2015年，丰田汽车公司生产制造了世界上第一辆以PEMFC为主要动力的商业化汽车——Mirai。这款车的上市极大地促进了燃料电池汽车产业的发展。表10-6为燃料电池汽车Mirai的性能参数，可以发现，其在功率、低温启动、续航里程等方面都与传统内燃机汽车相当。

表10-6 燃料电池汽车Mirai的性能参数

电堆功率/kW	114	百公里加速/s	10.9
体积功率密度/$kW \cdot L^{-1}$	3.1	整车尺寸/mm	4890×1815×1535
扭矩/N·m	330	轴距/mm	2780
电机功率/kW	113	耗氢量/$kg \cdot (100km)^{-1}$	0.8
续航里程/km	700	氢罐规格/MPa	70
最高车速/$km \cdot h^{-1}$	155	冷启动温度/℃	−30

相比传统燃油汽车，燃料电池汽车的主要优势是：①只排放水，没有污染物；②工作效率可以达到内燃机的两倍；③运行平稳且发出的噪声很低，在低温条件下也可以很快完成启动。

燃料电池汽车的基本结构具有很多种类。纯燃料电池电动汽车由于其成本较高、对燃料电池系统的可靠性和动态响应能力具有很高的要求，并且存在制动过程损失的能量不能被回收的缺点，目前应用不多。燃料电池汽车通常采用混合动力的方式，通过将超级电容器或蓄电池组与燃料电池相结合，组成动力系统，其结构示意如图 10-25 所示。增加超级电容器或蓄电池组后，可通过辅助燃料电池实现快速启动、制动能量回收与大功率运行等功能。这样可降低对燃料电池的动态响应能力和功率输出过高的要求，并可以降低成本，有利于燃料电池在车用动力系统的推广应用。

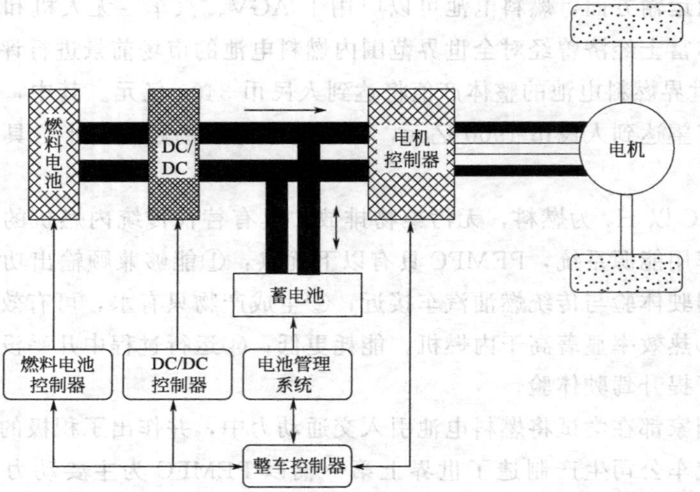

图 10-25　混合动力燃料电池汽车动力系统结构示意图

图 10-26 和图 10-27 为不同电池技术的汽车的车重、温室气体排放量随续航里程的变化图。从中可以发现，相比应用其它电池技术的汽车，燃料电池汽车整

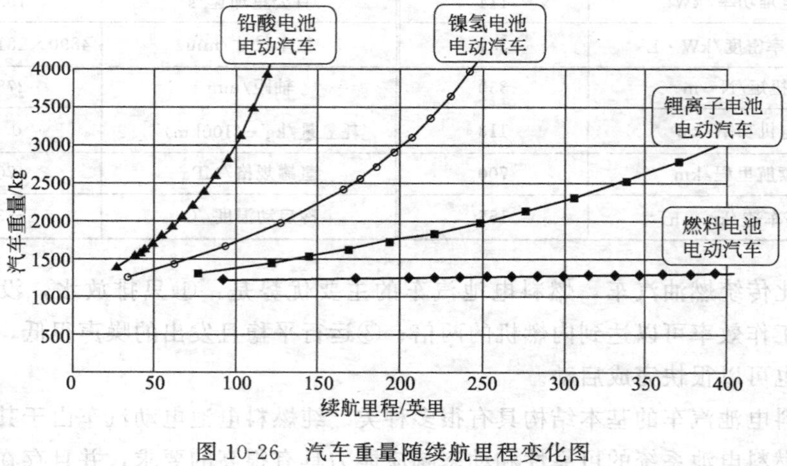

图 10-26　汽车重量随续航里程变化图

车重量和温室气体排放量随续航里程的增加基本上没有显著增加，这是燃料电池相比其它电池技术的一个显著特点。

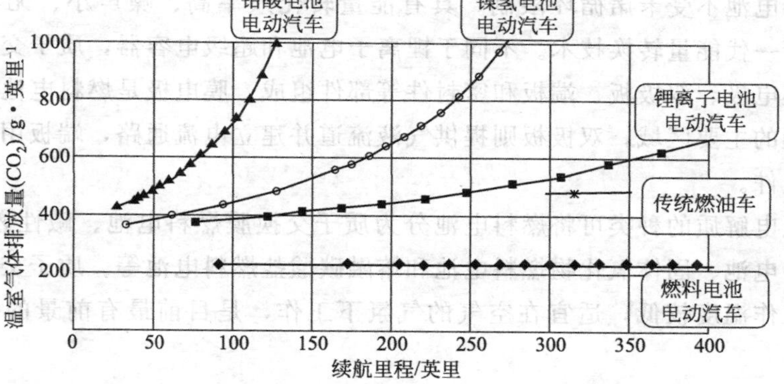

图 10-27 CO_2 排放量随续航里程变化图

除了车辆以外，燃料电池技术在其它交通运输领域也发挥着重要作用。全球首个商用客轮项目 ZEMSHIP 项目启动于 2007 年，安装了两个峰值功率为 48kW 的燃料电池，可运送 100 名乘客，并于 2008 年 8 月投入使用，其动力系统配置如图 10-28 所示。2019 年 12 月，中国首艘氢燃料电池船亮相中国国际海事展，该船为 2100 吨级内河自卸货船，搭载 4×135kW PEMFC 作为主动力源，辅以 4×250kW·h 锂电池组进行峰值电力补偿，船上搭载 35MPa 氢气瓶储存燃料，可以续航 140km。

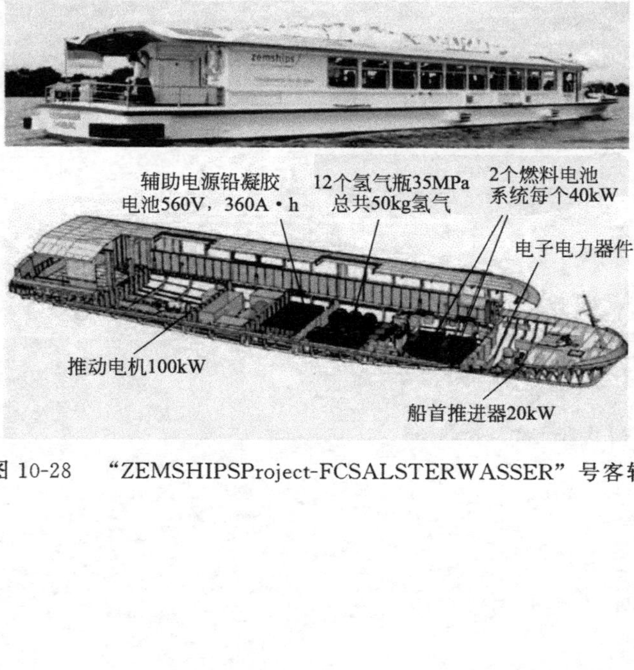

图 10-28 “ZEMSHIPSProject-FCSALSTERWASSER”号客轮

10.7 总结与展望

燃料电池不受卡诺循环限制，具有能量转化效率高、噪声小、无污染等优点，是新一代能量转换技术。不同于锂离子电池和超级电容器，质子交换膜燃料电池由膜电极、双极板、端板和密封件等部件组成。膜电极是燃料电池化学能转化成电能的主要区域，双极板则提供气液流道并建立电流通路，端板用于固定和支撑各组件。

按照电解质的种类可将燃料电池分为质子交换膜燃料电池、碱性燃料电池、磷酸燃料电池、固体氧化物燃料电池和熔融碳酸盐燃料电池等。质子交换膜燃料电池的工作温度较低，适宜在空气的气氛下工作，是目前最有前景的燃料电池类型。

不同于锂离子电池和超级电容器，燃料电池本身只是电化学反应场所，因此对于反应物和产物的运输传质等功能，需要设计燃料电池系统进行热管理和控制。因此除了燃料电池电堆外，燃料电池系统还需要包括空气供应系统、氢气供应系统、控制系统和水热管理系统。

凭借其技术优势，燃料电池已经在汽车、无人机、固定式热电联供等领域得到了应用。目前要实现燃料电池的广泛使用还有一些问题需要解决，包括关键零部件的性能优化和成本控制等环节，以及燃料供应系统、辅助设备的升级、运行控制的实现与优化等在实际应用过程中需要面对的问题。

符号表

a	活度、塔菲尔公式中的常数项
b	塔菲尔关系中的斜率
c	浓度、物质的量浓度
C	电容
C_d	界面微分电容
d	距离
D	扩散系数
e^-	电子
E	电动势、电场强度、能量
F	法拉第常数、作用力
g	重力加速度
G	吉布斯自由能、电导
h	高度、普朗克常量
H	焓
I	电流、离子强度
j	电流密度
$\vec{j}$	还原反应绝对速度（以电流密度表示时）
$\overleftarrow{j}$	氧化反应绝对速度（以电流密度表示时）
j_a	阳极电流密度
j_c	阴极电流密度
j_0	交换电流密度
j_d	极限扩散电流密度
$j_{净}$	净反应速度（以电流密度表示时）
J	流量
k	动力学公式中的指前因子
K	电极反应速率常数、平衡常数
l	长度
L	阿伏伽德罗常数
m	质量、质量摩尔浓度
M	分子量
M	金属
n	反应电子数、转速
O	氧化态物质
P	功率

p	压力、气体分压、动量
q	溶剂化程度、电荷
Q	电量、反应热、汞滴质量
r	半径、距离
R	电阻、理想气体常数
R	还原态物质
S	面积、电极表面积、熵
t	时间、离子迁移数、温度（℃）
T	温度（K）
u	离子淌度、液体对流速度
U	能量，电压
v	速度
V	电压、体积
w	线性极化公式中的常数
W	功、能量
x	距离
y	摩尔分数
Z	离子的价数
α	反应级数、阻抗，单电子转移步骤还原反应的传递系数
$\vec{\alpha}$	单电子转移步骤还原反应的传递系数、电离度
$\overleftarrow{\alpha}$	多电子转移步骤还原反应的传递系数
β	单电子转移步骤氧化反应的传递系数
γ	活度系数
δ	扩散层厚度
$\delta_{边}$	普兰德边界层厚度
ε	介电常数、电池的效率
η	超电势、黏滞系数
η_a	阳极超电势
η_c	阴极超电势
θ	表面覆盖度
κ	电导率
λ	当量（或摩尔）电导、波长
μ	化学位
$\overline{\mu}$	电化学位
ν	化学计量数、动力黏滞系数
π	圆周率

ρ	密度、电阻率、体电荷密度
σ	界面张力
τ	过渡时间
τ_t	松弛时间
φ	相对电极电位
$\varphi^{\ominus}$	标准平衡电极电位
$\varphi_{平}$	平衡电位
φ_0	零电荷电位
φ_a	零标电位、阳极电位
φ_c	阴极电位
$\varphi_{1/2}$	半波电位
$\Delta\varphi$	极化值
ϕ	内电位
ψ	外电位
χ	表面电位
Ψ	波函数
ω	角速度

参考文献

[1] 查全性. 电极过程动力学导论 [M]. 3 版. 北京：科学出版社，2013.

[2] Фрумкин А Н. 电极过程动力学 [M]. 北京：科学出版社，1957.

[3] 曹楚南. 腐蚀电化学原理 [M]. 3 版. 北京：化学工业出版社，2008.

[4] Antropov L. 理论电化学 [M]. 北京：高等教育出版社，1984.

[5] 李荻. 电化学原理 [M]. 北京：北京航空航天大学出版社，2008.

[6] Bard A J，Faulkner L R. 电化学方法——原理和应用 [M]. 2 版. 北京：化学工业出版社，2005.

[7] 郭鹤桐. 理论电化学 [M]. 北京：中国宇航出版社，1984.

[8] Bockris J O'M，Drazic D M. 电化学科学 [M]. 北京：人民教育出版社，1980.

[9] 黄子卿. 电解质溶液理论导论（修订版）[M]. 北京：科学出版社，1983.

[10] 田昭武. 电化学研究方法 [M]. 北京：科学出版社，1984.

[11] Tomauiob H. 金属腐蚀及其保护的理论 [M]. 北京：中国工业出版社，1964.

[12] Anson F. 电化学与电分析化学 [M]. 北京：北京大学出版社，1981.

[13] Albery W J. Electrode Kinetics [M]. Oxford：Clarendon Press，1975.

[14] Pourbaix M. Atlas of Potential/pH Diagrams [M]. Oxford：Pergaman，1962.

[15] Pourbaix M. Lectures on Electrochemical Corrosion [M]. New York：Plenurn Press，1973.

[16] 韩德刚. 物理化学 [M]. 北京：高等教育出版社，2006.

[17] Avery H E，Shaw D J. 基础物理化学计算 [M]. 北京：科学出版社，1983.

[18] 吉泽四朗. 电池手册 [M]. 北京：国防工业出版社，1991.

[19] 于芝兰. 金属防护原理 [M]. 北京：国防工业出版社，1993.

[20] 章葆澄. 电镀工艺学 [M]. 北京：北京航空航天大学出版社，1993.

[21] Cao F，Barsukov I V，Bang H J，et al. Evaluation of Graphite Materials as Anodes for Lithium-Ion Batteries [J]. Journal of The Electrochemical Society，2000，147（10）：3579-3583.

[22] Cao Q，Zhang H P，Wang G J，et al. A novel carbon-coated $LiCoO_2$ as cathode material for lithium ion battery [J]. Electrochemistry Communications，2007，9：1228-1232.

[23] Chatterjee J，Liu T，Wang B，et al. Highly conductive PVA organogel electrolytes for applications of lithium batteries and electrochemical capacitors [J]. Solid State Ionics，2010，181：531-535.

[24] Chen Z，Qin Y，Amine K，et al. Role of surface coating on cathode materials for lithium-ion batteries [J]. Journal of Materials Chemistry，2010，20（36）：7606-7612.

[25] Crain D，Zheng J，Sulyma C，et al. Electrochemical features of ball-milled lithium manganate spinel for rapid-charge cathodes of lithium ion batteries [J]. Journal of Solid State Electrochemistry，2012，16：2605-2615.

[26] Fergus J W. Recent developments in cathode materials for lithium ion batteries [J]. Journal of Power Sources, 2010, 195: 939-954.

[27] Hassoun J, Scrosati B. Review—Advances in Anode and Electrolyte Materials for the Progress of Lithium-Ion and beyond Lithium-Ion Batteries [J]. Journal of The Electrochemical Society, 2015, 162 (14): A2582-A2588.

[28] Jung Y S, Cavanagh A S, Dillon A C, et al. Enhanced Stability of $LiCoO_2$ Cathodes in Lithium-Ion Batteries Using Surface Modification by Atomic Layer Deposition [J]. Journal of The Electrochemical Society, 2010, 157 (1): A75-A81.

[29] Watson V. Preparation of Encapsulated Sn-Cu@graphite Composite Anode Materials for Lithium-Ion Batteries [J]. International Journal of Electrochemical Science, 2018, 13: 7968-7988.

[30] Watson V G, Haynes Z D, Telama W, et al. Electrochemical performance of heat treated SnO_2-SnCu@C-Felt anode materials for lithium ion batteries [J]. Surfaces and Interfaces, 2018, 13: 224-232.

[31] Yao K, Liang R, Zheng, J P. Freestanding Flexible Si Nanoparticles-Multiwalled Carbon Nanotubes Composite Anodes for Li-Ion Batteries and Their Prelithiation by Stabilized Li Metal Powder [J]. Journal of Electrochemical Energy Conversion and Storage, 2016, 13: 011004.

[32] Yao K, Zheng J P, Liang Z. Self-Healing Phenomenon Observed During Capacity-Control Cycling of Freestanding Si-Based Composite Paper Anodes for Li-Ion Batteries [J]. ACS Applied Materials & Interfaces, 2018, 10 (8): 7155-7161.

[33] Zhang M, Wang T, Cao G. Promises and challenges of tin-based compounds as anode materials for lithium-ion batteries [J]. International Materials Reviews, 2015, 60 (6): 330-352.

[34] Zheng J P, Moss P L, R Fu, et al. Capacity degradation of lithium rechargeable batteries [J]. Journal of Power Sources, 2005, 146: 753-757.

[35] Jin L, Li G, Liu B, et al. A novel strategy for high-stability lithium sulfur batteries by in situ formation of polysulfide adsorptive-blocking layer [J]. Journal of Power Sources, 2017, 355: 147-153.

[36] Suna C, Liu J, Gong Y, et al. Recent advances in all-solid-state rechargeable lithium batteries [J]. Nano Energy, 2017, 33: 363-386.

[37] Zhang G Q, Zheng J P, Liang R, et al. Lithium-Air Batteries Using SWNT/CNF Buckypapers as Air Electrodes [J]. Journal of The Electrochemical Society, 2010, 157 (8): A953-A956.

[38] Yuan L X, Wang Z H, Zhang W X, et al. Development and challenges of $LiFePO_4$ cathode material for lithium-ion batteries [J]. Energy & Environmental Science, 2011, 4

(2)：269-284.

[39] Wang Y，Song Y，Xia Y. Electrochemical capacitors：mechanism，materials，systems，characterization and applications [J]. Chemical Society Reviews，2016，45 (21)：5925-5950.

[40] 章磊，黄军，郑俊生，等. 超级电容器的能量限制与提升措施 [J]. 化工进展，2017，36 (5)：1666-1674.

[41] Beguin F，Presser V，Balducci A，et al. Carbons and Electrolytes for Advanced Supercapacitors [J]. Advanced Materials，2014，26 (14)：2219-2251.

[42] Yu M，Lin D，Feng H，et al. Boosting the Energy Density of Carbon-Based Aqueous Supercapacitors by Optimizing the Surface Charge [J]. Angewandte Chemie International Edition in English，2017，56 (20)：5454-5459.

[43] Nanbu N，Ebina T，Uno H，et al. Physical and electrochemical properties of quaternary ammonium bis (oxalato) borates and their application to electric double-layer capacitors [J]. Electrochimica Acta，2006，52 (4)：1763-1770.

[44] Mastragostin，M，Soavi F. Strategies for high-performance supercapacitors for HEV [J]. Journal of Power Sources，2007，174 (1)：89-93.

[45] Ishimoto S，Asakawa Y，Shinya M，et al. Degradation Responses of Activated-Carbon-Based EDLCs for Higher Voltage Operation and Their Factors [J]. Journal of the Electrochemical Society，2009，156 (7)：A563-A571.

[46] Naoi K. 'Nanohybrid Capacitor'：The Next Generation Electrochemical Capacitors [J]. Fuel Cells，2010，10 (5)：825-833.

[47] Weingarth D，Noh H，Foelske-Schmitz A，et al. A reliable determination method of stability limits for electrochemical double layer capacitors [J]. Electrochimica Acta，2013，103：119-124.

[48] Lee H Y，Goodenough J B. Supercapacitor Behavior with KCl Electrolyte [J]. Journal of Solid State Chemistry，1999，144 (1)：220-223.

[49] Simon P，Gogotsi Y，Dunn B. Where Do Batteries End and Supercapacitors Begin? [J]. Science，2014，343：1210-1211.

[50] Zheng J P，Cygan P J，Jow T R. Hydrous Ruthenium Oxide as an Electrode Material for Electrochemical Capacitors [J]. Journal of The Electrochemical Society，1995，142：2699-2703.

[51] Zheng J P，Jow T R. High energy and high power density electrochemical capacitors [J]. Journal of Power Sources，1996，62：155-159.

[52] Cao W J，Zheng J P. Li-ion capacitors with carbon cathode and hard carbon/stabilized lithium metal powder anode electrodes [J]. Journal of Power Sources，2012，213：180-185.

[53] Cao W, Zheng J, Adams D, et al. Comparative Study of the Power and Cycling Performance for Advanced Lithium-Ion Capacitors with Various Carbon Anodes [J]. Journal of The Electrochemical Society, 2014, 161: A2087-A2092.

[54] Cao W, Shih J, Zheng J, et al. Development and characterization of Li-ion capacitor pouch cells [J]. Journal of Power Sources, 2014, 257: 388-393.

[55] Shellikeri A, Watson V, Adams D, et al. Investigation of Pre-lithiation in Graphite and Hard-Carbon Anodes Using Different Lithium Source Structures [J]. Journal of the Electrochemical Society, 2017, 164 (14): A3914-A3924.

[56] Yao K, Cao W J, Liang R, Zheng J P. Influence of Stabilized Lithium Metal Powder Loadings on Negative Electrode to Cycle Life of Advanced Lithium-Ion Capacitors [J]. Journal of the Electrochemical Society, 2017, 164 (7): A1480-A1486.

[57] Zheng J S, Zhang L, Shellikeri A, Cao W, Wu Q, Zheng J P. A hybrid electrochemical device based on a synergetic inner combination of Li ion battery and Li ion capacitor for energy storage [J]. Scientific Reports, 2017, 7: 41910.

[58] 郑俊生，章磊，黄军，等.负极预嵌锂对锂离子电容器性能的影响 [J]. 同济大学学报（自然科学版），2017，45 (11)：1701-1706.

[59] Boltersdorf J, Delp S A, Yan J, et al. Electrochemical performance of lithium-ion capacitors evaluated under high temperature and high voltage stress using redox stable electrolytes and additives [J]. Journal of Power Sources, 2018, 373: 20-30.

[60] Breitwiese M, Moroni R, Schock J, et al. Water management in novel direct membrane deposition fuel cells under low humidification [J]. International Journal of Hydrogen Energy, 2016, 41: 11412-11417.

[61] Cho Y I, Jeon Y, Shul Y G. Enhancement of the electrochemical membrane electrode assembly in proton exchange membrane fuel cells through direct microwave treatment [J]. Journal of Power Sources, 2014, 263: 46-51.

[62] Corgnale C, Hardy B, Chahine R, et al. Hydrogen storage in a two-liter adsorbent prototype tank for fuel cell driven vehicles [J]. Applied Energy, 2019, 250: 333-343.

[63] Dai W, Wang H, Yuan X Z, et al. A review on water balance in the membrane electrode assembly of proton exchange membrane fuel cells [J]. International Journal of Hydrogen Energy, 2009, 34 (23): 9461-9478.

[64] Frey T, Linardi M. Effects of membrane electrode assembly preparation on the polymer electrolyte membrane fuel cell performance [J]. Electrochimica Acta, 2004, 50 (1): 99-105.

[65] Goule M A, Khorasany R M H, Torre C D, et al. Mechanical properties of catalyst coated membranes for fuel cells [J]. Journal of Power Sources, 2013, 234: 38-47.

[66] Klingele M, Breitwieser M, Zengerle R, et al. Direct deposition of proton exchange

membranes enabling high performance hydrogen fuel cells [J]. Journal of Materials Chemistry A, 2015, 3 (21): 11239-11245.

[67] Li H, Tang Y, Wang Z, et al. A review of water flooding issues in the proton exchange membrane fuel cell [J]. Journal of Power Sources, 2008, 178: 103-117.

[68] Li M, Bai Y, Zhang C, et al. Review on the research of hydrogen storage system fast refueling in fuel cell vehicle [J]. International Journal of Hydrogen Energy, 2019, 44: 10677-10693.

[69] Martin S, Garcia-Ybarra P L, Castillo J L. High platinum utilization in ultra-low Pt loaded PEM fuel cell cathodes prepared by electrospraying [J]. International Journal of Hydrogen Energy, 2010, 35 (19): 10446-10451.

[70] Martin S, Martinez-Vazquez B, Garcia-Ybarra P L, et al. Peak utilization of catalyst with ultra-low Pt loaded PEM fuel cell electrodes prepared by the electrospray method [J]. Journal of Power Sources, 2013, 229: 179-184.

[71] Min C, He J, Wang K, et al. A comprehensive analysis of secondary flow effects on the performance of PEMFCs with modified serpentine flow fields [J]. Energy Conversion and Management, 2019, 180: 1217-1224.

[72] Owejan J P, Owejan J E, Gu W. Impact of Platinum Loading and Catalyst Layer Structure on PEMFC Performance [J]. Journal of The Electrochemical Society, 2013, 160 (8): F824-F833.

[73] Su H, Jao T C, Barron O, et al. Low platinum loading for high temperature proton exchange membrane fuel cell developed by ultrasonic spray coating technique [J]. Journal of Power Sources, 2014, 267: 155-159.

[74] Wang Q, Dai N, Zheng J, et al. Preparation and catalytic performance of Pt supported on Nafion® functionalized carbon nanotubes [J]. Journal of Electroanalytical Chemistry, 2019, 854: 113508.

[75] Weber A Z, Kusoglu A. Unexplained transport resistances for low-loaded fuel-cell catalyst layers [J]. Journal of Materials Chemistry A, 2014, 2: 17207-17211.

[76] Williams M V, Kunz H R, Fenton J M. Influence of Convection Through Gas-Diffusion Layers on Limiting Current in PEM FCs Using a Serpentine Flow Field [J]. Journal of The Electrochemical Society, 2004, 151 (10): A1617-A1627.

[77] Yang Y, Zhang X, Guo L, et al. Different flow fields, operation modes and designs for proton exchange membrane fuel cells with dead-ended anode [J]. International Journal of Hydrogen Energy, 2018, 43: 1769-1780.

[78] Ye L, Gao Y, Zhu S, et al. A Pt content and pore structure gradient distributed catalyst layer to improve the PEMFC performance [J]. International Journal of Hydrogen Energy, 2017, 42 (10): 7241-7245.

[79] Zhang J, Tang Y, Song C, et al. PEM fuel cell open circuit voltage (OCV) in the temperature range of 23℃ to 120℃ [J]. Journal of Power Sources, 2006, 163: 532-537.

[80] Zhao Y, Li X, Li W, et al. A high-performance membrane electrode assembly for polymer electrolyte membrane fuel cell with poly (arylene ether sulfone) nanofibers as effective membrane reinforcements [J]. Journal of Power Sources, 2019, 444: 227250.

[81] Zheng J, Dai N, Zhu S, et al. Membrane electrode assembly based on buckypaper with gradient distribution of platinum, proton conductor and electrode porosity [J]. Journal of Alloys and Compounds, 2018, 769: 471-477.

[82] Zheng J S, Wang M X, Zhang X S, et al. Platinum/carbon nanofiber nanocomposite synthesized by electrophoretic deposition as electrocatalyst for oxygen reduction [J]. Journal of Power Sources, 2008, 175 (1): 211-216.

[83] Zheng J S, Zhang X S, Li P, et al. Microstructure effect of carbon nanofiber on electrocatalytic oxygen reduction reaction [J]. Catalysis Today, 2008, 131: 270-277.

[84] Zheng J S, Zhang X S, Li P, et al. Effect of carbon nanofiber microstructure on oxygen reduction activity of supported palladium electrocatalyst [J]. Electrochemistry Communications, 2007, 9: 895-900.

[85] Zhong D, Lin R, Liu D, et al. Structure optimization of anode parallel flow field for local starvation of proton exchange membrane fuel cell [J]. Journal of Power Sources, 2018, 403: 1-10.

[86] 吕波，邵志刚，瞿丽娟，等. PEMFC用聚丙烯/酚醛树脂/石墨复合双极板研究 [J]. 电源技术，2019，9：1488-1491.

[87] 李俊超，王清，蒋锐，等. 质子交换膜燃料电池双极板材料研究进展 [J]. 材料导报，2018 (15)：2584-2595.

[88] 骆明川. 燃料电池电极反应机理及低铂催化剂的研究 [D]. 北京：北京化工大学，2016.

[89] 杨润红，陈允轩，陈庚，陈梅倩，李国岫. 燃料电池的应用和发展现状 [J]. 平顶山学院学报，2006 (2)：79-83，86.

[90] 郑俊生. 质子交换膜燃料电池关键材料制备技术——催化剂和新型膜电极研究 [D]. 上海：同济大学，2010.

[91] 张熊，孙现众，马衍伟. 高比能超级电容器的研究进展 [J]. 中国科学：化学，2014，44 (07)：1081-1096.

[92] 魏兆平. 氢燃料电池电动汽车技术 [J]. 中国汽车，2019 (9)：34-37.

[93] 孙现众，张熊，王凯，等. 高能量密度的锂离子混合型电容器 [J]. 电化学，2017，23 (5)：586-603.

[94] 浦文婧，芦伟，谢凯，等. 宽温型锂离子电池有机电解液的研究进展. 材料导报，2020，34 (7)：07036-07044.

[95] 王振华，彭代冲，孙克宁. 锂离子电池隔膜材料研究进展 [J]. 化工学报，2018，69

(1)：290-302.

[96] 唐子威，侯旭，裴波，等.锂离子电池电解液研究进展［J］.船电技术，2017，37（6）：14-15，19.

[97] 陈权启.磷酸钒锂和磷酸铁锂锂离子电池正极材料研究［D］.杭州：浙江大学，2008.

[98] 张新河，王娜，汤春微，等.锂硫电池研究进展［J］.电源技术，2018（6）：905-908.

[99] 胡燕娇.电动汽车蓄电池能量管理系统的研究［D］.镇江：江苏大学，2012.